有色金属电积用
二氧化铅复合电极材料

陈步明　郭忠诚　黄　惠　著

北　京
冶 金 工 业 出 版 社
2021

内容提要

本书阐述了有色金属电积用二氧化铅复合电极材料的结构、性能、制备方法及其应用情况。其中包括通过化学、电化学和热分解方法制备了锌电积用金属基复合二氧化铅阳极，并对其进行电催化活性和耐腐蚀性能分析。全书共分5章：第1章综述了有色金属电积用阳极的研究进展，第2章介绍了二氧化铅的制备技术及基本特性，第3章介绍了铝基二氧化铅阳极材料的制备技术，第4章介绍了钛基二氧化铅复合电极材料的制备技术，第5章介绍了不锈钢基二氧化铅复合电极材料的制备技术。通过在工业电解液模拟进行实验，介绍了阳极在电解过程中的槽电压、电流效率和强化寿命，重点解决湿法冶金行业中存在的能耗和寿命问题。本书是作者十多年在该领域研究成果的系统整理和总结，具有较强的理论性和实用性。

本书可供从事电冶金提取有色金属的科技工作者阅读，也可作为高等院校材料学、金属表面处理、电化学、冶金、化工等相关专业师生的教材或教学参考书。

图书在版编目(CIP)数据

有色金属电积用二氧化铅复合电极材料/陈步明，郭忠诚，黄惠著.—北京：冶金工业出版社，2019.2（2021.3重印）
ISBN 978-7-5024-8058-5

Ⅰ.①有…　Ⅱ.①陈…　②郭…　③黄…　Ⅲ.①铅—金属电极—研究　Ⅳ.①O646.54

中国版本图书馆CIP数据核字(2019)第032190号

出 版 人　苏长永
地　　址　北京市东城区嵩祝院北巷39号　邮编　100009　电话　(010)64027926
网　　址　www.cnmip.com.cn　电子信箱　yjcbs@cnmip.com.cn
责任编辑　于昕蕾　美术编辑　彭子赫　版式设计　孙跃红
责任校对　李　娜　责任印制　禹　蕊
ISBN 978-7-5024-8058-5
冶金工业出版社出版发行；各地新华书店经销；北京中恒海德彩色印刷有限公司印刷
2019年2月第1版，2021年3月第2次印刷
148mm×210mm；8.625印张；252千字；261页
35.00元
冶金工业出版社　投稿电话　(010)64027932　投稿信箱　tougao@cnmip.com.cn
冶金工业出版社营销中心　电话　(010)64044283　传真　(010)64027893
冶金工业出版社天猫旗舰店　yjgycbs.tmall.com
（本书如有印装质量问题，本社营销中心负责退换）

前　言

在有色金属的冶炼过程中，大约90%锌、30%铜和100%锰是采用湿法冶金技术提取的。以湿法炼锌为例，电积锌是在硫酸锌、硫酸锰和硫酸中进行的电化学反应。铅及铅合金电极是广泛用于硫酸及硫酸盐介质、中性介质和铬酸盐介质中的不溶性阳极。铅及铅合金阳极具有价格便宜、容易成型、表面氧化膜即使破损也能自行修复、在硫酸电解液中操作稳定等优点。对电解有色金属阳极发展而言，阳极板从最初的铸造型发展为现在的冷热轧型，元素也从最初的铅银二元合金发展为现在的铅银钙锶稀土五元合金，使用时间从4~6个月到现在的18~22个月。但是长期的电积生产实践中发现铅基合金阳极具有致命缺陷：(1) 铅阳极质量大、强度低，在使用中容易发生弯曲变形，造成短路，从而降低了电流效率；(2) 铅阳极导电性差，电能消耗大；(3) Pb-Ag合金需添加0.5%~1.0%（质量分数）的银，阳极的制作成本较高。

目前，随着电解行业的快速发展，规模不断扩大，国内大部分矿资源已开始逐渐衰竭，而国内现有存在的较大的一些尚未开发的矿以及部分的进口矿石虽然品位较高，但因为矿石中所含的氯、氟元素比较高，对于目前国内的生产工艺是一种挑战。目前，由于现有生产工艺过程中无法有效去除其中的氯、氟元素，那么电解过程中，氯、氟元素在电解液中形成的氯、氟离子就会严重超过正常值，并与铅合金阳极产生化学反应，形成氯化铅和氟化铅结晶，于是大大损害铅合金阳极的使用寿命。因此，研发耐腐蚀、高导电、抗变形、长寿命、低成本的新型节能惰性阳极材料一直是人们致力追求的目标，是研究与开发的重点。

本书主要作者自2004年起开始从事有色金属电积用低成本、高催化复合二氧化铅阳极方面的研究，十多年来，课题组在锌电积阳极材料的选择、制备、结构表征和性能等方面进行了深入的研究。本书从二氧化铅的制备及基本特性、基本理论出发，在全面阐述用于锌电积的铝基二氧化铅、钛基二氧化铅和不锈钢基二氧化铅复合电极材料的结构、性能、制备方法和应用的基础上，系统总结了十多年来在电催化、高耐腐蚀性复合二氧化铅阳极方面的科研成果，对有色金属电积用阳极方面的一些热点问题进行了评述。

本书共分5章，第1章由黄惠教授撰写，第2~4章由陈步明副教授撰写，第5章由郭忠诚教授撰写，全书由陈步明副教授统稿。在著书过程中引用了一些参考文献的图、表、数据等，在此向相关作者表示感谢。

本书的完成，离不开多年来在实验室工作过的博士和硕士研究生坚持不懈的努力，在此对他们表示感谢。本书的撰写工作，得到了昆明理工大学杨显万教授、龙晋明教授、徐瑞东教授以及郭忠玉、周建峰、汪世川、闫文凯、陈胜等的大力支持。本书的出版也得到了国家自然科学基金（51564029）、云南省技术创新人才基金和云南省冶金电极材料工程技术研究中心的支持，在此表示衷心的感谢。

由于作者水平有限，加之时间较为仓促，书中不妥之处，恳请各位专家和学者批评指正。

作　者

2019年1月

目　录

1 绪 论

1.1 有色金属电积用阳极的研究进展

有色金属的电沉积是一种电解过程，是有色金属冶金过程中的一个重要部分。其目的是将电解液中的金属离子在阴极上放电析出，阳极上则析出相应的气体，如氯、氧等。阳极材料的选择不仅直接影响电耗、电极寿命，还影响阴极产品的质量，因此电极材料的选择应满足以下要求：（1）具有良好的导电性；（2）较强的耐腐蚀性；（3）力学性能和加工性能好；（4）电极寿命长；（5）催化活性良好。

在有色金属湿法冶金过程中，电积过程中电能的消耗在冶炼整体能耗中占据很大比重，阳极又是电积工序的关键部件之一，在环境保护要求日益严格，市场竞争越发激烈的背景下，有色金属电积用阳极的研究对有色金属工业技术升级变得更加重要。

在锌电积工业中，普遍使用 Pb-(0.5%~1%)Ag 合金阳极和 Pb-(0.3%~0.4%)Ag-(0.03%~0.08%)Ca 合金阳极。在铜电积工业中，一般采用轧制 Pb-0.08%Ca-1.25%Sn 阳极，使用寿命可达 7 年以上。在镍、钴电积工业中，普遍采用高温稳定性较好的 Pb-Sb 合金。铸造的 Pb-(6%~10%)Sb 合金具有亚共晶结构，能够抵抗阳极板的蠕变和弯曲。电积锰工业采用 Pb-Ag-As 阳极，As 的加入能够提高阳极的力学性能，也可减少 MnO_2 的产生。表 1-1 列出了常见有色金属电沉积常用的阳极、阴极及工艺参数情况。

表 1-1　常见有色金属电沉积常用的阳极、阴极及工艺参数情况[1]

金属	电解方法	阳极	阴极	隔膜	槽电压/V
Zn	电积	Pb 合金	铝	无	3.1~3.4
Cu	电积	Pb 合金	不锈钢	无	约 2

续表 1-1

金属	电解方法	阳极	阴极	隔膜	槽电压/V
Cu	精炼	粗铜	铜或不锈钢	无	0.2~0.3
Mn	电积	Pb 合金	不锈钢	有	4.2~5.3
Ni	精炼	粗镍	镍	有	3.2~4.2
Ag	精炼	粗银	不锈钢或碳	有	1.3~5.4
Au	精炼	粗金	金	无	0.5~2.8
Pb	精炼	粗铅	铅	无	0.35~0.45
Sn	精炼	粗锡	锡	无	0.3
Cr	电积	Pb 合金	不锈钢或镍基合金	有	4.2
Co	精炼	粗钴	Co 或不锈钢	有	3~3.4
Sb	电积	Fe 板，钢	钢	无	2.7~3.0
Sb	电积	Fe 板	钢	有	2.5~2.9
Cd	电积	Pb 合金	铝	无	约 4.0

对于有色金属电积而言，槽电压会影响阴极产品的质量，过高的槽电压会降低电流效率，增加电耗。因此，槽电压是电解过程中最重要的经济技术指标之一。表 1-2 列出了部分有色金属电积的槽电压分布情况。

表 1-2　有色金属电积的槽电压的分布

项　目		电压降/V	分配比/%
锌电积	硫酸锌分解电压	2.4~2.6	75~85
	电积液电阻电压降	0.4~0.6	13~17
	阳极电阻电压降	0.02~0.03	0.7~0.8
	阴极电阻电压降	0.01~0.02	0.3~0.5
	接触点上电压降	0.03~0.05	1.0~1.4
	阳极泥电压降	0.15~0.2	5.0~6.0
	槽电压	3.1~3.4	100.00

续表 1-2

项　　目		电压降/V	分配比/%
铜电积	电解铜理论分解电压	约 0.9	约 45
	阳极析氧过电位	约 0.5	约 25
	阴极沉积铜过电位	约 0.05	约 2.5
	电解液电阻和接触点电阻的电压降	约 0.5	约 25
	槽电压	约 2.0	100.00
锰电积	阳极电位	约 2.32	约 46
	阴极电位	约 1.34	约 26
	电解液电压降	约 1.09	约 22
	隔膜电压降	约 0.11	约 2
	接触电压降	约 0.2	约 4
	槽电压	约 5.06	100.00
镍电积	硫酸镍分解电压	约 2.09	49~65
	溶液、接触、极板电阻	1.11~2.11	34~50
	槽电压	3.2~4.2	100.00

铅合金阳极能耐酸腐蚀，易于加工成型，制造成本低，使用寿命长。但是其缺点也十分明显，首先是铅阳极表面形成的 PbO_2 具有较高的析氧过电压，在常用电流密度下 PbO_2 上的超电压可达到 1V，高的氧过电压会产生无用的热，在锌电积的情况下，还必须安装冷却装置以降低电解液的温度。其次，这种阳极强度较低，在生产过程中容易因产生变形而引起短路。最后，阳极中的铅进入电解液后与阴极产品一起析出，降低阴极产品品质[2,3]。

铅及铅合金阳极材料在硫酸介质中，可以形成一层 PbO_2 不溶性氧化膜。其发生过程如下[4]：

$$2H_2O = O_2 + 4H^+ + 4e^- \qquad E^{\ominus} = 1.229V \qquad (1-1)$$

$$Pb = Pb^{2+} + 2e^- \qquad E^{\ominus} = -0.126V \qquad (1-2)$$

$$Pb + SO_4^{2-} - 2e^- = PbSO_4 \qquad E^{\ominus} = -0.356V \qquad (1-3)$$

$$Pb^{2+} + 2H_2O - 2e^- = PbO_2 + 4H^+ \qquad E^{\ominus} = 1.45V \qquad (1-4)$$

$$PbSO_4 + 2H_2O - 2e^- = PbO_2 + SO_4^{2-} + 4H^+ \qquad E^{\ominus} = 1.68V \qquad (1-5)$$

由于铅电极表面形成 PbO_2 具有较好的催化活性，所以电解提取有色金属能很好的进行。但是，铅阳极表面生成的 PbO_2 很不致密，与铅阳极结合力也差，使得电解液中的离子易通过膜层进入到铅金属表面，导致铅金属继续溶解。同时，电解液的流动冲刷阳极板使得 PbO_2 膜层逐渐脱落，槽电压升高，电耗增大。

1.1.1 铅合金阳极

1.1.1.1 铅银阳极

德国鲁尔锌有限公司的研究中心于 1978 年开始研制新型的阳极合金[5]，研究发现 Pb、Ag、Ca 合金或 Pb、Ag、Sr 合金性能优异，其中 Ag 含量可以降到 0.25%，但 Ca、Sr 含量必须分别为 0.05%～0.1%和 0.05%～0.25%。这种阳极材料的腐蚀率降低 30%，电导率提高 9%以上，阳极寿命估计可达 8 年。为了进一步提高 Pb-Ag-Ca 系合金阳极的性能，日本学者梅津良昭、野坂等[6]以及德国学者 Hein 等人[7]，还有国内沈阳冶炼厂、株洲冶炼厂、葫芦岛锌厂、柳州有色总厂及贵州省新材料开发基地杨光棣等人[8]，都对 Pb-Ag-Ca 系不溶性阳极进行了研究[9,10]，发现：与铅银阳极相比，该阳极可以获得较高品位的锌，但阳极回收时银钙损失大，而且锌中铅含量接近于国际（<0.0030%）的上限，因此有待于进一步研究。

Petrova 等[11]研究了二元铅银和铅钙以及三元铅钙银合金（用作硫酸盐电解锌提取的阳极），并对其电化学行为、耐蚀性和制备方式等方面进行了研究。轧制制备的阳极具有结构致密和均匀性较好的特点，与传统铸造制备的铅银合金阳极相比，轧制制备的铅银合金阳极具有更优秀的耐腐蚀性和更低的阳极极化电位。钙含量为 0.06%的三元合金的铸造阳极导致固溶体中 Pb_3Ca 的沉淀。热轧合金形成具有细晶粒结构的 Pb_3Ca 固溶体，沿轧制方向呈现。冷轧合金也通过轧制具有明显取向结构的趋势。铸造和轧制的铅钙阳极具有比纯铅更好的电化学和腐蚀特性；通过研究三元和四元铅合金[12] Pb-0.18%Ag-0.012%Co、Pb-0.2%Ag-0.06%Sn-0.03%Co 和 Pb-0.2%Ag-0.12%Sn-0.06%Co 的电化学性能和腐蚀性能，发现钴夹杂的合金电极可以减少阳极极化并且提高合金的耐腐蚀性。Pb-0.2%Ag-0.12%Sn-0.06%Co 合金表现出类似于 Pb-1%Ag 的电化学和腐蚀性能，可用作后者的替代物，用于工业上电积锌的阳极的材料。

W. Zhang 等[13]通过常规电化学方法和电化学阻抗谱（EIS）研究了一种 Pb-0.25%Ag-0.1%Ca 合金阳极和三种商业 Pb-0.6%Ag、Pb-0.58%Ag 和 Pb-0.69%Ag 合金阳极在硫酸锌电解质中评估其活性和腐蚀行为。Pb-0.69%Ag 合金阳极具有最低的析氧过电位，紧接着是 Pb-0.6%Ag 和 Pb-0.58%Ag 合金阳极；然后在添加 $MnSO_4$ 的电解液中测试以上电极，依旧是 Pb-0.69%Ag 合金阳极具有最低的腐蚀电流，其次是 Pb-0.6%Ag、Pb-0.25%Ag-0.1%Ca 制备的合金阳极和 Pb-0.58%Ag 制备的合金阳极。

刘良绅、柳松[14]发现了钙的加入可以使铅银合金晶粒变细，且钙的加入可以使铅银合金阳极中银的含量下降，使得新的合金阳极活性持平，降低了阳极成本。对 Pb-Ag-Ca 三元合金力学性能做了研究，发现该合金具有稳定的力学性能、良好的耐腐蚀性及使用寿命长等优点，认为此种合金在锌电积中可以代替传统的 Pb-Ag 二元合金阳极材料。云南兰坪有色金属冶炼厂使用云南冶金材料研究所制造的低银铅钙带孔阳极已取得较好的经济效益。

Lupi 等[15]对 Pb-0.05%Ca 和 Pb-0.2%Ag-0.2%Sb 阳极进行了测试，以证实缩小电解锌的能耗和资金成本的可行性，试验表明，Pb-0.05%Ca 阳极能够替代 Pb-0.8%Ag 阳极。尽管比 Pb-0.8%Ag 阳极的能耗高，但较低的材料成本可以充分补偿这一点。

杨海涛、刘焕荣、张永春等[16]研究了在铅钙银合金中（Pb-0.3%Ag-0.06%Ca）添加 Sb 元素，增强了合金阳极的析氧活性，表观交换电流密度是未添加 Sb 时的两倍，大大提升了合金的电催化活性，降低了槽电压，节约能耗，适合广泛的工业应用。

李霞、尚鸿员[17]研究认为 Ca 含量在 0.1%下合金耐腐蚀性最强，铅-钙-铝合金在 15%硝酸中耐蚀性要优于铅银合金，平均槽电压也低于铅银合金，且电流效率高。

康厚林、张淑兰[18,19]等对 Pb-Ca-Sr-Ag 四元合金阳极做了研究，得出：四元合金阳极槽电压比铅银合金阳极平均下降 0.128~0.31V，每吨锌可节电约 100kW·h，节银 70%左右，年节银量达 1500kg，每公斤按 3500 元计算，价值达 525 万元，且四元合金板与二元板相比具有耐腐蚀性能好、电导率高、槽电压低、板面不易弯曲变形、电解槽产量能大幅度提高等显著优点。

有研究[20]比较了 Pb-Ag、Pb-Ca-Sr-Ag 的各个参数，见表 1-3。

表 1-3 Pb-Ag 与 Pb-Ca-Sr-Ag 的参数比较

阳极种类	含银量/%	制造成本	布氏硬度	抗拉强度/MPa	抗弯强度/MPa	伸长率/%	吨锌耗板/片	使用寿命/月
Pb-Ag	0.75~1	高	6.15	23.06	29.24	45	8~11	0.24~0.4
Pb-Ca-Sr-Ag	0.2	低	9.4	34.05	46.9	24.9	>18 个月	<0.18

从这些参数我们可以看出，此阳极是一种经济效益好、具有很大发展前景的新型合金阳极。

王恒章[21]研究了二元、三元、四元合金铅阳极对湿法炼锌中析出锌产量、电流效率及电锌品质的影响，比较它们的耐腐蚀性能，结果见表 1-4。

表 1-4 各种阳极耐腐蚀性对比

阳极种类	吨锌阳极单耗/kg	使用寿命/月	腐蚀率/%
Pb-Ag	5.6	12	6.9
Pb-Ca-Ag	2.01	15	3.65
Pb-Ca-Sr-Ag	1.27	16	2.71

结果表明，此四元合金阳极具有能降低阳极的制备成本，提高电效，降低电耗，耐腐蚀性强等优点。

1.1.1.2 其他铅合金阳极

研究者除了对铅银合金以及以铅银合金为基础的多元合金进行

研究外，还研究了其他铅基合金阳极，如 Pb-Ca、Pb-Sn、Pb-Sr、Pb-Sb、Pb-Ti、Pb-Al、Pb-Zn 等，以及添加稀土元素的铅合金阳极。

Lupi、Pilone 对新铅合金阳极进行研究[15,22]，用乙二醇做去极化的长时间电积试验表明，Pb-0.05%Ca 阳极能很好地代替传统 Pb-0.8%Ag 阳极，还可以带来如下工业效益：(1) 能通过缩短极距来提高产量；(2) 能增加阳极厚度，延长阳极寿命，降低返熔费用。

Wislei 等[23]针对 Pb-2.2%Sb 合金阳极的电化学特性的对比实验研究发现，多孔 Pb-2.2%Sb 合金的电流密度比树枝状 Pb-2.202% Sb 合金低约 3 倍。Pb-2.2%Sb 制备的合金阳极的电流密度远远低于 Pb-1%Sb 阳极和 Pb-6%Sb 制备的合金阳极的电流密度。

杨光棣等[24]对比了 Pb-Sb 合金、普通 Pb-Ca 合金及变质 Pb-Ca 合金的电化学特性，并对提高铅钙合金性能的途径加以讨论。

文献 [25] 研制了锌电积用 Pb-(0.5%~6%)Co 合金阳极材料。当 Co 含量超过 0.5%时，该阳极的耐蚀性要比铅银（1%Ag）阳极的好，达到 3.0%时，阳极过电位比铅银（1% Ag）阳极低 0.08~0.1V。Alamdari 等[26]研究了钴对铅阳极性能的影响。分析证实，与纯铅阳极相比，含有 3%Co 的轧制样品具有最佳的耐腐蚀性。轧制样品的恒电位测试表明，Co 含量达到 3%时，氧析出电位从 1.64V 降低到 1.5502V。

龙雪梅等[27]制备了铋含量（质量分数）为 0~7.33%的铅铋合金。用线性电位扫描、交流阻抗法以及气体收集实验研究了铅铋合金在硫酸溶液中的析氧行为，确定了相关的电化学动力学参数。研究结果表明，当铅铋合金中铋含量小于 0.100%时，铋的存在对析氧反应几乎无影响，而当铋含量大于 0.83%时，铋加快氧气的析出，且随铋含量增加，析氧过电位降低，电荷交换反应电阻减小，析氧量增加。

李鑫等[28]采用熔融浇铸的方法制得 Pb-Ca-Sr-Ag-RE 合金阳极，结果表明：(1) 铅基合金中添加稀土，合金硬度虽略有降低，但可满足锌电解阳极板对合金材料的硬度要求。(2) Pb-Ca-Sr 合金中添加银对耐腐蚀性的提高明显优于稀土。锌电积阳极板用较廉价的RE金属部分代替价格较昂贵的Ag，耐蚀性虽略有降低，但仍能满足工艺要求。（3）Pb-Ca-Sr合金中添加0.03%~0.05%稀土可降低析氧过电位约40mV；Pb-Ca-Sr-Ag（0.27%Ag）合金中添加0.03%RE，析氧过电位降低约90mV。合金中添加0.03%RE，银含量由0.27%降为0.135%，析氧过电位降低约100mV，用该合金作锌电积用阳极板，可降低阳极板生产成本，同时降低锌电解的槽电压，降低锌电解生产成本。因此，可以认为在Pb-Ca-Sr-Ag合金中用RE部分取代Ag用于锌电解阳极板，具有很好的应用前景。李党国等[29]也采用相似的方法，制备稀土低钙高锡型铅钙合金，再利用极化曲线、阳极恒流腐蚀、室温析气实验等研究了此合金在硫酸中的阳极行为，研究结果表明稀土的加入改善了合金的电化学性能。周彦葆等[30]研究了稀土元素Sm代替Pb-Ca-Sn合金中的Ca对铅合金在硫酸溶液中的阳极行为的影响。刘芳清等[31]研究了镨和钕的加入可以降低铅阳极的阻抗，从而增大电催化活性，镨可以增大孔隙率来降低阻抗，镨离子和钕离子的掺杂也可使阻抗降低。戴峻、王荣、季巍巍等[32]研究了铅锡合金中锡的加入，可以提升合金的耐腐蚀性，降低阳极的阻抗。

D. G. Li等[33]研究了Pb-Sb-Re合金和传统Pb-Sb合金的力学性能，结果表明：Pb-Sb-Re合金的强度略有下降，而韧性则大幅增加，这有利于后续的合金材料的制备，Pb-Sb-Re合金的阳极耐腐蚀性较好，导电性能优于传统的Pb-Sb合金。铈可抑制阳极铅腐蚀产物的形成，可以弥补Sb含量较低时产能损失的影响。铈还促进了Sb含量低的Pb-Sb合金的耐腐蚀行为。

稀土的加入[28]会使铅基合金的硬度下降，但是可以满足锌电积中对阳极板的硬度要求。在铅钙锶合金中加入稀土元素制备的四元合金的耐腐蚀性不如加入银制备的铅钙锶银合金，但是廉价且能满足锌电积工艺要求，在铅钙锶合金中加入0.03%~0.05%的稀土元素制备的阳极，可以使析氧电位降低，能够降低槽电压，缩减生产成本。

1.1.1.3 铅阳极表面改性

一般来说，新阳极表面没有氧化物保护膜，当被放入电解槽后，阳极破损速率比旧阳极的破损速率高出3~5倍，并且阴极产品中铅含量增高，电流效率降低2%左右。阳极上要形成稳定的氧化物保护膜一般需要16个星期以上。为了解决阳极、特别是新阳极的破损问题，除了要改变阳极合金的成分、改善阳极的加工工艺外，还要对新阳极进行表面改性。

在国外，采用氟化物、稀硫酸作为电解液，在低电流密度下，使新阳极表面形成一层致密的二氧化铅膜，以提高阳极寿命。在国内，葛鹏[34]将铅阳极置于硫酸钴溶液中，进行阳极预极化处理，可以有效降低电极在硫酸盐溶液中作为电解阳极使用时的析氧过电位。其缺点是电极的寿命不长，且失效后难以修复。另外，Dykstra与Kelsall[35]研究了PTFE（聚四氟乙烯）黏结PbO_2于铅基表面的Pb/PbO_2电极，发现这种电极可使析氧电位降低约100mV。然而，它也有两个很大的缺点：（1）由于活性层的机械强度低，与基体的结合力也不强，因而这种阳极的寿命也不长；（2）由于疏水的PTFE表面在表面张力的作用下会产生较大的气泡，使得电解液相与电极接触面积减少以及PTFE本身属于绝缘体，所以该电极电阻较大。

为了提高铅基合金阳极材料的表面活性和耐腐蚀性能，科研工作者们开始在铅基阳极材料的表面上探索与制备导电氧化物的涂层。用电化学方法在铅表面电沉积上一层聚苯胺，能提高铅阳极的耐腐蚀性，同时价格也便宜[36]。采用直接在Pb-Ca和Pb-Sb合金基体表面镀锡的方法[37]，研究表明，镀锡将改变铅基合金的电化学性能，如果其铅合金的表面镀锡层过于厚，铅基合金阳极材料在硫酸体系中只显示出锡的电化学性能，并且随着铅合金阳极的表面上锡含量的加大，铅基合金材料的耐蚀性也会得到加强。采用电化学氧化$IrCl_6^{3-}$的方法在铅和Pb-Ag合金阳极表面上沉积IrO_x[38]，电化学极化测试该阳极在55mA/cm^{2}的电流密度下，其阳极电位要比Pb-Ag合金阳极低约450mV，随着极化时间的增加，该阳极表面的IrO_x膜层在电积溶液中会慢慢溶解，从而其电催化性也会降低，其阳极电位会逐渐增加，在 8 天后，该阳极的阳极电位只比铅银合金阳极的低约 100mV，该阳极的稳定性有待于进一步研究与探索。林洪波等[39]研究在 Pb-Ag 阳极表面上的涂层制备，其结果表明，在镀液中加入各种需要电镀出来的金属元素的硝酸盐，可成功电镀制备出相应的氧化物或复合氧化物涂层，其中在 Pb-Ag 合金阳极的表面电镀制备的 $PbO_2/MnO_2/Co_3O_4$ 涂层能增大比表面积，析氧活性得到增加。复合电镀制备的 PbO_2/MnO_2 或 PbO_2/Co_3O_4 活性层的析氧活性会优于单一电镀制备的 PbO_2 活性层，PbO_2/MnO_2 活性层的性能优于 PbO_2/Co_3O_4 活性层的性能，说明表面电镀制备活性层中 Mn 元素的效果要优于 Co。电镀制备的双复合活性层的 $PbO_2/MnO_2/Co_3O_4$ 的电化学性能要优于电镀制备的单一 PbO_2/MnO_2 或 PbO_2/Co_3O_4 活性层。以纯铅为基体，在其表面上复合电沉积 Pb-MnO_2 合金层的研究结果表明，MnO_2 具有良好的电催化性，可降低阳极的析氧过电位，降低了槽电压，节省了贵金属的消耗，但是该阳极的耐蚀性不够，其寿命也较短[40,41]。

在电催化剂中，RuO_2 在酸性溶液中的析氧过电压最低。将涂覆有 RuO_2 的海绵钛颗粒用压制或轧制的方法固定到 Pb-Ag 合金基体中而制成的阳极材料，因而兼具 Pb 合金阳极和 DSA 的优点，其显著特点是由于有 RuO_2 基涂层，电极的电催化活性高，具有较低的析氧过电压，可降低单位产量的直流电耗，而且明显地减少了产品中 Pb 污染。较长时间（30 周）的工业试验表明，使用此种电极，在含 $H_2SO_4$150g/L 溶液中，在常规铜电积的电流密度，即 30mA/cm^2 下，槽电压下降 300~330mV，能耗降低了 15%，实现平均节能为 330kW·h/t 铜。用此种阳极生产的铜，遭受的 Pb 污染降低。此种活性铅阳极的使用寿命约为 3 年[2]。

1.1.1.4 铅合金阳极的制备新技术

铅合金阳极材料通常用铸造及压延两种方法制造[42]。相同成分的材料，压延阳极较铸造阳极强度高，寿命长。铅银阳极的压延加工工艺为：熔炼 Pb-Ag 合金→铸成厚 25~50mm 的坯锭→轧制成厚 6mm 的铅板→剪切成阳极板→阳极棒浇铸（铜棒酸洗，热镀锡后铸铅)→Pb-Ag合金板与导电棒焊接。在熔炼铅合金过程中，熔体易于氧化生成浮渣，但只要熔炼温度不高，氧化不会十分严重，且表面浮渣易于清除，故一般不需要特殊的覆盖。当熔炼温度较高时，为防止严重的氧化烧损，可在液面上适当覆盖石墨粉、木炭屑或稻草灰等。对于合金熔炼过程还需要注意的问题是若合金元素本身熔点较低且易与铅在铅液中较好地熔合（如锑、镉等)，则可按含量的中间值配料，直接加入铅液中。若合金元素熔点高（如铜、银、钙等）或虽然熔点低但易于生成高熔点化合物以及易于挥发易氧化的元素(如硒及碱金属等)，则最方便的方法是首先制造已知成分的中间合金，然后再以中间合金的方式加入熔体中。大气铸造或真空扩散焊制备的铅系合金阳极 Pb-5%Sn、Pb-0.5%Ag 和 Pb-1%In-0.5%Ag，结果表明，采用真空扩散焊方法的阳极失重小、析氧过电势低且在 $50A/dm^2$ 电流密度下的放电电势低。

在传统的铅基阳极的制备基础上，现如今的科研工作者们对其结构设计进行了大量的改进研究，包括：(1) 板面多孔状；(2) 框架式；(3) “三明治式”；(4) 板栅式；(5) “反三明治式”。

光求旺等[43]设计的一种阳极板采用铅铋合金，其铅板上的设计为均匀分布的若干个透孔，这样的设计可以起到平衡电压的作用。赖延清等[44]设计的一种有色金属电积用的节能型阳极，该阳极是用金属导电基板和至少一块具有多孔状的金属层一起组成的；将这类阳极的结构分别命名为框架式、“三明治式”、板栅式。框架式即多孔金属层镶嵌在导电金属基板内形成的复合结构；“三明治式”即导电金属基板为中间层，多孔金属层分布于其两侧面形成的复合结构；板栅式即多孔金属层镶嵌在板栅式导电金属基板内形成的复合结构。此发明在不改变槽结构的情况下有以下优点：降低有色金属电积时阳极的电流密度，阳极的析氧电位降低，能耗得到减少，减轻阳极的质量，阳极的蠕变以及变形的问题得到一定的解决，阳极表面在电积过程中所形成的氧化膜更加致密，从而降低了阳极的腐蚀速率，延长使用寿命。蒋良兴等[45~47]研究的利用以上反重力渗流铸造工艺提出的一种外层为多孔铅，中心为加强金属板的“反三明治”结构复合多孔阳极。“反三明治”结构的阳极能大大提高多孔阳极的拉伸力学性能并降低了电阻率。李劼等[48]研究了有色金属电积用铅基多孔节能型阳极的制备方法。该方法是利用了反重力法制备 Pb 基多孔节能阳极。此方法既具有渗流铸造法的优点，又通过对铅基熔体使用外力的驱动，让其朝着反重力方向渗流，从而使得填料粒子和铅基熔体的润湿性问题得到有效解决，有效地克服了铅基熔体在冷却的过程中所产生的补缩问题。郭忠诚等[49]研究的一种有色金属电积用的新型阳极的制备方法，制备的工艺流程为：将纯 Pb 块在中控炉中熔化后，加入银含量为 0.1%~0.2%的 Ag-Co 和 Sn-Co 中间合金，等这些合金一并熔化后再添加 Pb-Ca 中间合金、Sb 块以及余量的 Pb 块，在此过程后至少搅拌 10min 并静等 5min，待合金自然冷却一些后除掉其产生的浮渣，浇铸成为待用的初级合金板，待冷却后进行轧制，再对轧制的铅合金板进行增表处理，最后校平、剪切成所需要形状的阳极板。运用这种方法制备的新型铅合金阳极本身不仅有较强的机械性和耐蚀性，而且将其运用于湿法冶金电积铜、锌、钴等有色金属的过程中能大幅度降低电解槽电压及能耗。

1.1.2 钛基涂层阳极

钛基涂层阳极是以钛为基体，在其表面制备电极层。与铅及铅合金相比，其形状尺寸稳定，机械强度好，不会发生弯曲形变等优点。该电极已广泛应用到无机、有机、环保等领域。在锌电积方面，钛基涂层电极可以消除阳极铅对锌产品的污染，降低析氧过电位和能耗。

早期的钛基电极是以钛为基体直接电沉积制备 β-PbO_2，这种电极表层与基体的接触较差。当电极极化后，在钛基与二氧化铅镀层之间会生产一宽度约等于 20μm 厚度的疏松过渡层，而且过渡层与二氧化铅之间有一条明显的裂缝，在电流进一步作用下镀层会沿着裂缝处与基体发生脱落[50]。

为了改善和提高电极的寿命、导电性和耐蚀性，研究人员开发出了新型二氧化铅电极。此电极一般由钛基体、底层、中间层以及表层组成。底层一般是为了改善二氧化铅镀层与基体的结合能力；中间层是为了增强 β-PbO_2 镀层与电极结合的牢固性，以及缓和镀层中的电极畸变的发生。

目前被用来作为底层的材料主要有铂族金属及其氧化物，银及其铅银合金，钛钽复合氧化物等[51]。其性质如下：

铂族金属及其氧化物：该底层具有很好的导电性，同时增强镀层与钛基体的结合力。但是，当电解质通过二氧化铅进入到底层表面上会发生电解，释放出气体冲刷二氧化铅表层，因而二氧化铅镀层遭到破坏。并且这种底层的成本较贵，工业化较困难[52]。

银及其铅银合金：该底层既保证电极的导电性又能改善电极的耐腐蚀性，同时比铂族金属及其氧化物底层便宜，降低电极成本。有文献表明：铅银合金中银的含量（质量分数）为11%时，底层效果最佳[53]。

钛钽复合氧化物：在钛基体上涂敷 $TaCl_5$ 和 $TiCl_4$ 的盐酸水溶液，干燥后，在520℃的环境中加热10min，制备出钛钽氧化物。该底层具有导电性、耐腐蚀性好，电化学活性小等特征。在电解过程中电解质穿过表层到底层上也不会发生电解反应，有利于保护二氧化铅表层[54,55]。

其他底层：将钛和不锈钢进行预处理，然后在上面涂敷Sn层和Ni层，然后再沉积 PbO_2，该阳极在各种情况下都很稳定[56]。

中间层的制备主要有：α-PbO_2 镀层，锡锑氧化物，钽作中间层。

α-PbO_2 镀层：研究发现在碱性条件下可以制备出 α-PbO_2 镀层。α-PbO_2 的氧-氧原子之间距离处于钛基氧化产物 TiO_2 和 β-PbO_2 之间。用它做中间层可以很好地使 β-PbO_2 与基体结合，又能缓和电沉积畸变的发生。又因 α-PbO_2 比较致密能很好地提高电极的寿命。并且，本课题组对 α-PbO_2 掺杂做了一些研究，发现掺杂后的 α-PbO_2 镀层性能有一定的提高[57,58]。

锡锑氧化物：在Ti基上采用聚合前躯体法制备 $SnO_2+Sb_2O_3$ 中间，可明显提高Ti基 PbO_2 电极的使用寿命，锡锑氧化物中 Sb_2O_3 的质量分数应为12%~25%。Ti基表面经过处理后涂刷 $SnCl_4 \cdot 5H_2O+SbCl_3+HCl$ 的正丁醇溶液，然后烘干，在500℃左右反复烧结多次，然后在酸性体系中镀制 β-PbO_2 表层，该电极的寿命明显提高[59~62]。

钽做中间层：Anodre Saval[63]在Ta表面制备出PbO_2电极，发现该电极的电化学性能良好，并且寿命是Ti/PbO_2电极的几倍。Kumagai[64]在钛基体上溅射一层钽做中间层，然后涂敷活化层制备出电极材料。研究发现该电极材料的使用寿命大大延长。

表层的研究主要是以二氧化锰、二氧化锡和$\beta-PbO_2$做电极的表层。

钛基二氧化锰阳极具有良好的耐腐蚀性，析氧过电位低；锌电积过程中不污染锌产品。陈振方[65]以钛为基体制备$Ti/PbO_2/MnO_2$电极，通过测定界面电阻、极化曲线和强化电解，结果表明：此电极具有成本低、催化活性好，且提高阴极产品纯度等优点。此外用恒电流法研究了PbO_2-Ti/MnO_2电极上析氧反应动力学，得到析氧反应动力学参数。发现二氧化锰的催化活性比二氧化铅的好。于文强[66]以金属钛片为基体，在醋酸锰溶液，采用电沉积制备了Ti/MnO_2电极，发现沉积电位为0.5V的Ti/MnO_2电极，在2mol/L Na_2SO_4溶液中，比电容是393.2F/g。广州某研究所以钛基二氧化锰为阳极进行锌电积的半工业化试验，对电积锌的含铅量分析，其结果大大超过国家1级锌标准。同时，生产每吨锌可节电455kW·h，与传统铅合金电极相比节电约16%[53]。沈阳冶炼厂锌冶炼车间也对锌电解用钛基二氧化锰复合阳极进行了研制，发现其可以大大提高锌的质量，减少能耗，提高电极的机械强度等，认为该阳极应用到锌电解生产上是有希望的。但是，钛基二氧化锰作锌电积的阳极材料还存在一些缺点，比如强度低、导电性较差和寿命短。崔玉虹[67]研究钛基二氧化锡掺杂Ce电极的性能，结果表明，Ce掺杂后可以降低二氧化锡电极对苯酚降解中间产物的效率。Comninellis[68]利用Ti/Pt和$Ti/SnO_2-Sb_2O_5$电极进行对比试验，结果发现，$Ti/SnO_2-Sb_2O_5$电极材料对苯酚降解速率好于Ti/Pt。

$Ti/\beta-PbO_2$的制备一般是在$Pb(NO_3)_2$或者$Pb(AC)_2$体系。目前对表层的研究主要是在掺杂方面的研究。对于二氧化铅的掺杂主要有离子掺杂和颗粒掺杂。

(1) 离子掺杂。Yeo和Nielsen研究发现Bi离子掺杂可以有效提高阳极的析氧催化活性，且发现异相速率常数比PbO_2电极大得多[69~71]。Mohd[72]发现 Bi 离子掺杂与电镀液的 pH 值有很大关系，一般在弱酸下会经历水解和沉淀，甚至用 0.1mol/L HNO_3 观察到这一点。Popovié[73]利用数学模型对掺杂 Bi 离子的 PbO_2 电极进行析氧反应的研究。发现其氧化性比 PbO_2 电极的氧化性好。

赵海燕[74]采用热分解-电镀法在 Ti 基上制备了 Fe^{3+} 掺杂 PbO_2 电极，Fe^{3+} 和 F^- 共掺杂 PbO_2。结果表明 Fe^{3+} 掺杂能改善电极的导电性能，并且 Fe^{3+} 和 F^- 之间有协同作用。Velichenko[75]研究发现掺杂到 PbO_2 中的 Fe 与电极表面的电荷和 Fe^{3+} 在溶液中的电荷有关，电极表面电荷或者 Fe^{3+} 在溶液中的电荷的减少有利于电沉积 PbO_2 中 Fe 的增加（外来离子在 PbO_2 中吸附解释）。Leonardo[76]利用掺杂 Fe^{3+} 和 F^- 的 PbO_2 电极进行有机物电解，发现掺杂后的 PbO_2 电解效率比未掺杂提高 10%以上。

Cattarin[77]在氨基磺酸体系掺杂钴离子制备出 PbO_2 电极，当 Co 含量为 20%时，镀层表面均匀致密，通过 XPS 对镀层分析发现 Co 以 2 价和 3 价共存。Renzo Bertoncello[78]制备掺杂 Ru^{3+} 的 PbO_2，发现该电极的耐腐蚀性较好。且比掺杂 RuO_2 颗粒制备的电极光滑得多。F^- 掺杂抑制了 PbO_2 晶体的生长，但对其晶相组成没有太大的影响，仅对其晶面生长取向产生一定的影响，并且有效地减少 Ti 基体的氧化[79]。

（2）颗粒掺杂。Bertoncello[80]也在不同的镀液体系制备掺杂 RuO_2 颗粒的 PbO_2 电极，研究镀液体系对制备电极的析氧活性的影响，结果发现，在硝酸+醋酸镀液体系制备出的掺杂 RuO_2 颗粒的 PbO_2 电极催化活性最好。Dan Yuanyuan[81]对掺杂纳米 Co_3O_4 制备 $Ti/SnO_2-Sb_2O_5/PbO_2$ 电极在碱性溶液中析氧性能进行研究，结果表明：纳米 Co_3O_4 能提高电极的析氧催化活性，当镀液中 Co_3O_4 纳米粒子为 8mmol/L 时，电极涂层中 Co_3O_4 掺杂量最大。谢香兰[82]在 Ti 上使用脉冲电镀制备 Ti/Pb-WC-PANI，发现掺杂 WC 可以提高电催化活性，姜妍妍[83]和周建峰[84]也分别采用直流电镀和双脉冲电镀制备 Ti/Pb-WC-PANI，与谢香兰研究结果一致。蔡天晓[85]在 $\beta-PbO_2$ 电极中加入纳米级 TiO_2，发现镀层的脆性大大降低，从而使其可在温度为90℃的H_2SO_4介质中使用，镀层不会从基体上脱落，而是自然损耗。

目前，用于硫酸溶液中的钛基DSA研究工作已有不少。其中用于电解提取金属的钛基DSA阳极虽然自20世纪80年代以来已有较多研究。但其中工业化应用的并不多。其主要原因，一是成本过高，二是使用寿命不长，研究和开发工作仍在继续中。

1.1.3 不锈钢基体惰性阳极材料

至今为止，DSA阳极基体材料的选择大多是选用金属钛作为基体。但是，钛的成本较高，表面容易形成氧化膜，随着经济的发展和金属资源的消耗，人们不断在尝试寻找新的材料来替代钛作为基体。目前，以不锈钢基作为DSA阳极材料基体的研究成果不断涌现。

叶匀分[86]的研究表明以不锈钢作基体制备PbO_2电极是可行的，黏附力较好，层间欧姆电位降小；而以钛作为PbO_2电极的基体，层间有明显的欧姆电位降。PbO_2电极电化学优于铂电极。Feng[87]对不锈钢基制备α-PbO_2的催化活性进行研究，并确定α-PbO_2镀层的镀液体系为含有饱和PbO的氢氧化钠溶液。苗治广[88]在不锈钢基上电沉积PbO_2-WC-ZrO_2复合镀层，研究了电沉积工艺参数对复合镀层的影响，确定了最佳工艺条件：$J=3A/dm^2$，$t=2.5h$，$T=25℃$，$\rho(ZrO_2)=40\sim50g/L$，$\rho(WC)=30\sim40g/L$，获得的镀层结构均匀、致密。将该阳极应用于电积锌，其析氧电位为1700mV，明显低于纯铅阳极（1850mV）。曹建春[89]报道了在不锈钢基体上电沉积制备PbO_2/PbO_2-CeO_2复合电极材料，研究了电沉积工艺参数对不锈钢表面沉积二氧化铅的影响。采用XRD、SEM对得到的电极进行了相结构和形貌分析，把该新型电极材料应用于电积锌过程与传统的铅电极进行了对比，发现采用不锈钢基PbO_2/PbO_2-CeO_2复合电极的槽电压和电流效率都有所改善。张殿宏[90]以不锈钢为基体材料，运用溶胶-凝胶工艺方法制备不锈钢基Sb掺杂SnO_2电极材料。将该电极材料用作阳极，工业纯钛板为阴极，Na_2SO_4为电解液进行苯酚溶液电解实验。结果发现：随着苯酚量的增加，苯酚和COD的去除率降低，去除量增大。电极材料具有很好的电催化效果，3h 的电解实验可使苯酚的浓度从 100mg/L 降到 3.8mg/L，COD 去除率达到 95%。宋曰海[91]制备了不锈钢基 CeO_2-PbO_2 阳极材料，发现该材料具有较高的开路电位，良好的耐蚀性，析氧电位达到 2.01V。并且在催化处理模拟罗丹红 B 染料废水时，具有良好的催化效果。

1.1.4 铝基惰性阳极材料

铝具有单向载流的性质，用作阴极时导电，用作阳极时不导电，符合金属基体的选择原则。导电性和导热性优于金属钛。同时，铝表面的氧化膜有很强的耐腐蚀性能和价格便宜等特点，由此可认为选用铝作为金属基体可大大降低 DSA 阳极基体的成本。近年来，选用铝作为基体制备 DSA 阳极及其工艺参数和性能的研究有广泛的报道。

陈步明[92]研究了硝酸铅和醋酸铅镀液体系中电沉积二氧化铅阳极，将制备电极材料进行 SEM、XRD、电化学和加速腐蚀试验测试，结果发现在硝酸铅镀液中制备的 Al/β-PbO_2 电极催化活性最好，粗糙度最大，择优生长较醋酸体系制备电极减弱，且电极寿命延长，槽电压低。黄惠[93]对电沉积 Al/Pb-WC-ZrO_2 系复合电极材料的组成、表面微观形态和电化学性能进行了研究，结果表明：Al/Pb-WC-ZrO_2 系复合镀层的相结构为结晶态；加入 CeO_2 能使镀层晶粒变细，但不利于 WC 和 ZrO_2 的共沉积；Al/Pb-WC-ZrO_2 系复合电极的析氧催化活性最好。曹梅[94]以 Al 为基体，以 $SnO_2+Sb_2O_3$ 和 $SnO_2+Sb_2O_3+MnO_2$ 为中间层，然后电化学沉积 PbO_2 来制备电极材料。研究发现：热氧化温度和涂层成分对镀层性能影响不大，化学镀液中的氧化剂对镀层性能影响较大，氧化剂（$(NH_4)_2S_2O_4$）取 0.5～0.7mol/L 最佳。在不含锰的涂层中 Sn、O、Sb 分别占 45.6%～49.4%、33.5%～34.2%、5.6%～8.7%。在含锰的涂层中 Mn、Sn、O、Sb 分别占 38.8%～53.2%、26.1%～28.3%、14.7%～15.7%、6.1%～13.5%。在 $ZnSO_4$-H_2SO_4 电解质溶液中，测定 Al/$SnO_2+Sb_2O_3$/PbO_2 电极材料进行锌电积时的槽电压为 3.3V，电流效率为 87%；Al/$SnO_2+Sb_2O_3+MnO_2$/PbO_2 电极材料进行锌电积时的槽电压为 3.2V，电流效率为86.5%，且两种电极的加速试验寿命都在18h以上。常志文[95]研究了Ag对Al/Pb-WC-ZrO_2-Ag复合电极材料电化学性能的影响，结果表明，银粉的质量浓度为3~4g/L时制得的Al/Pb-WC-ZrO_2-Ag复合电极材料综合性能较好，此时析氧动力学参数为$a=680mV$，$b=186mV$，$i_o=2.21\times10^{-4}A/cm^2$。另外，在Ag粉的质量浓度为3g/L时，获得的镀层中WC、ZrO_2和Ag的质量分数分别为9.93%、3.59%和0.85%。研究CeO_2固体颗粒对Al/Pb-WC-ZrO_2-CeO_2复合电极材料电化学性能的影响，结果表明，当CeO_2的质量浓度为10~20g/L时制备的Al/Pb-WC-ZrO_2-CeO_2复合电极相对较好。此时析氧动力学参数为$a=792mV$，$b=121mV$，$i_o=8.92\times10^{-7}A/cm^2$。另外，在Ag粉的质量浓度为3g/L时，获得的镀层中WC、ZrO_2和Ag的质量分数分别为5.84%、2.29%和1.32%。刘小丽[96]用电沉积法在Al/导电涂层/α-PbO_2上制备了β-PbO_2-WC-TiO_2复合电极材料，确定了最佳制备工艺条件，并与传统Pb-Ag(1%)阳极相比，该新型复合电极可使电积锌槽电压降低，电流效率提高。同样，石小钊[97]也以铝作为基体，掺杂固体颗粒制备了复合二氧化铅电极，确定了最佳复合掺杂WC、TiO_2、ZrO_2和SnO_2制备β-PbO_2镀层的最佳工艺条件。

1.1.5 其他基体惰性阳极材料

王峰[98]研究了Pt为基体PbO_2膜电极的制备。以此新型电极作为工作电极组成三电极工作系统，并通过增大电位气泡更新法对电极再生，以阻止电极表面被污染。应用恒电位伏安法的原理测定电流值，保证了测量的重现性。通过对试液COD值的测定，表明此法有好的应用价值。李国防、魏敏等[99,100]采用电沉积方法制备Fe/PbO_2电极，研究了电镀液配方、电沉积温度、电流密度、添加剂以及底层的制备对电极外观、电极的导电性和使用寿命的影响，采用正交试验得出了制备铁基PbO_2电极的最佳工艺条件：先在低温40℃、大电流密度55mA/cm^{2}条件下电沉积2h制备α-PbO_2底层，而后在高温70℃、小电流密度35mA/cm^{2}条件下电沉积4h制备β-

PbO_2，并且 PbO_2 镀层的晶胞致密、大小均匀。池迪书等[101]在 ABS 塑料基体上用沉积二氧化铅的方法制备出了二氧化铅电极，对电极的阳极特性、二氧化铅腐蚀速率、沉积层与塑料表面结合力等性能，以及该电极在湿法电解炼铅、电解制取臭氧和高氯酸钠等方面的应用进行了研究，取得了有实际应用价值的结果。周海晖[102]以环氧塑料为基体制备二氧化铅电极，通过电化学性能测试，发现该电极具有很好的电化学性能且耐腐蚀性能良好。Das[103]以石墨为基体电沉积铅，然后氧化生产二氧化铅。此外，Andrzej[104]也研究了在石墨上电沉积二氧化铅电极。

1.2 二氧化铅电极的发展

二氧化铅电极在水溶液中电解时具有氧发生电位高、氧化能力强、耐蚀性好、导电性好、可通过大电流等特征，很早以前就在电解工业中用作不溶性电极。早在 1934 年二氧化铅电极就作为 Pt 电极的替代品在过氯酸盐的生产中使用。1943 年已经工业化生产，当时的名称叫做“致密的过氧化铅”电极，是将二氧化铅板状电极连结起来用在过氯酸盐生产中。二氧化铅板状电极存在许多问题：虽然它坚硬致密，但电积畸变大，具有陶瓷制品特有的脆性，容易损坏；机械加工困难，成品率低；导电性不够好，接触电阻大，在导电板上安装困难；电极质量大，不易大型化。

早期以石墨、陶瓷、金属钽、铌、锆、铂或钛等为电极基体，在其表面阳极电沉积法镀覆二氧化铅。二氧化铅层一般用导电性、耐蚀性均比较好的 β-PbO_2。早期只是电沉积 β-PbO_2 镀层。但以导电材料为基体的二氧化铅电极，在实际使用中常因基体钝化或不耐腐蚀而影响电极的正常使用，甚至导致电极完全毁坏。1978 年天津化工研究院制备了棒状陶瓷二氧化铅电极在电解高氯酸钠、高碘酸、溴酸钠和氯酸钠生产中代替铂和石墨阳极，收到良好的技术和经济效果。但是由于陶瓷基二氧化铅电极具有加工性能差、机械强度低等缺点，从而限制它的应用。目前研究最多的还是铅合金的表面改性二氧化铅和钛基二氧化铅。

由于未使用的铅银阳极上没有氧化物保护层，当该阳极放入镀槽后，其腐蚀速率要比正常生产时的腐蚀速率高出 3~5 倍，并且阴极产品中的铅含量增高，电流效率比正常生产时低 2%左右。阳极上要形成稳定的氧化物保护层，一般需要操作 16 个星期以上。为了解决阳极特别是新阳极的腐蚀问题，除了改变阳极的合金成分、改善阳极的加工工艺外，还可以对新阳极进行表面改性，即采用阳极的预先造膜技术。在 1968 年，国外采用氟化物、硫酸盐作为电镀液，在电镀锌的电流密度下进行阳极电镀[105]，从而形成一层致密坚实的 PbO_2 保护层。文献［106］曾采用预制双层膜的方法对阳极进行表面改性，首先采用电刷镀的方法在阳极表面刷镀一层 $\alpha-PbO_2$ 膜，这层 $\alpha-PbO_2$ 膜与铅基体之间的结合性能好，但疏松多孔，不够致密。然后再采用槽内转化的方法在 $\alpha-PbO_2$ 膜层外生成一层 $\beta-PbO_2$ 膜，其特点是与铅基体间的结合力差，但膜层组织结构致密。有人认为在镀液中存在 Mn^{2+} 的情况下，阳极在镀槽中工作时，在阳极表面生成一层玻璃态的沉降物。这层玻璃态的沉降物是 $MnO_2-\beta-PbO_2$ 的混合型氧化物，具有更好的保护性能。但铅银合金这种阳极存在一些固有的缺点：消耗大量贵金属银；机械强度低，容易变形，从而引起短路，使用寿命短；不能承受大电流密度，在大于 500mg/L 氯离子的环境中耐腐蚀性较差。

早在 20 世纪 80 年代初，美国矿务局曾研究用于锌电积的 Ti/PbO_2 阳极。由于阳极本身电阻高，其析氧过电压高（试验槽电压比 Pb-Ag 阳极高出 100~300mV）而且寿命仅 1~7 周，因而未获得成功。1989 年日本开发了一种以钛为基体，涂敷 α 型和 β 型二氧化铅的新型电极。在构造上，钛与二氧化铅之间有一特殊的底层，它能大幅度改善钛与二氧化铅的密合性，这种底层由钛、钽或铌的复合氧化物组成，在底层上先涂以少量 $\alpha-PbO_2$，再涂以 $\beta-PbO_2$。这种新型电极具有良好的性能，它可以在很高的电流密度下使用。工业用电极一般电流密度为 $10\sim20A/dm^2$，该电极能在 $30\sim50A/dm^2$ 下使用，也能在 $200A/dm^2$ 下使用，只是涂层的消耗有所增大而已。由于钛基体与二氧化铅完全密合，因此电流不仅仅流过二氧化铅层，而是从钛基体流到二氧化铅层，使电极面上电流分布均匀，通电效率大大提高。用这种新型电极作阳极，在硫酸等介质中进行电解耐久性试验，结果比镀铂电极的寿命长，特别是在含有机物的情况下，这种电极具有突出的长寿命。1990 年上海交通大学小型硫酸锌电镀锌静态实验[107]证明，采用钛基二氧化铅阳极，电积锌中的铅含量可以降到 0.004%。

近年来，国内一些公司例如宝鸡市昌立特种金属有限公司、苏州市枫港钛材设备制造有限公司、西安泰金工业电化学技术有限公司等制备了系列湿法冶金行业用新型的二氧化铅阳极。该电极主要特征如下。（1）结构由钛基材（Gr1、Gr2、TA1、TA2）、贱金属（$Sn-SbO_x$）/贵金属氧化物（$Ir-TaO_x$）涂层、复合 $\alpha-PbO_2$ 层、复合 $\beta-PbO_2$ 层。（2）使用条件：1）硫酸浓度<30%；2）温度<80℃；3）电流密度<5000A/m²；4）F 离子含量<60mg/L；5）涂层厚度为 0.8~3mm；6）pH 值为 1~12；7）电极形状为网状。（3）制备的优越性：1）在涂层体系采用复合中间层，该中间层没有龟裂纹可以有效地保护基体钛，不被腐蚀和防止钛基材钝化；2）在中间层制备中采用梯度烧结方式，有效提高涂层的致密度，减小涂层内应力，从而提高阳极寿命；3）经处理后的钛表面呈多孔蜂窝状，大大提高了中间层和钛基体的结合力；4）引入了 $\alpha-PbO_2$ 镀层，增强二氧化铅镀层和电极基体结合的牢固度，缓和电积畸变的产生，还可以使 $\beta-PbO_2$ 分布均匀；5）通过中间层的改变，可承受 2000mg/L 氯离子的腐蚀。

新型钛基二氧化铅阳极和传统铅阳极的对比：（1）节能，在同等电解条件下，钛基二氧化铅阳极的槽电压比铅阳极槽电压平均低 0.2V，节能达 5%~10%；（2）环保，克服铅基合金阳极在电解过程中自身消耗造成的污染电解液和污染阴极产品等缺点，阴极产品品质高；（3）高效，铅阳极在大电流下会快速溶解，钛基二氧化铅阳极则可承受 500A/m² 以上电流，适用于在生产中短期大产出的要求，电流效率可达到 93%~95%，而传统铅阳极电流效率只有 89%~91%；（4）性价比高，钛基二氧化铅的价格是铅阳极价格的 1.7 倍，是钛基贵金属涂层阳极价格的 0.4 倍，寿命是铅阳极的 2 倍以上，和钛阳极的寿命相当，电流效率仅次于钛阳极，因此性价比最高。

1.3 二氧化铅电极的研究现状

1.3.1 金属/PbO_2 电极

金属钛以其耐腐蚀性高、质量轻、强度大等特点，结合其热膨胀率与 PbO_2 的热膨胀率相近，被广泛用作 PbO_2 的基体。钛基体二氧化铅电极是一种不溶性金属氧化物阳极材料，由于具有良好的导电性和电催化活性，且在酸中耐蚀性强、稳定性高，在电化学领域备受青睐。目前文献中报道最多的阳极是钛基 PbO_2 阳极[108~110]，即 Ti/PbO_2 电极。可使用电沉积制得 Ti/PbO_2 电极，由于电镀过程中，镀层不可避免会有一些晶界缝隙，电解时产生的氧气会透过晶界缝隙氧化基体，形成导电性差的氧化钛，钝化基体，致使电极性能趋于恶化，影响 PbO_2 电极的工作稳定性和使用寿命，因此，制备电极的过程中一般先镀上 α-PbO_2 中间层以抑制钝化。此过程增加了电极制作成本和工艺复杂性，难以从根本上解决基体的钝化问题。铂电极在镀制时不存在基体钝化问题，但 Pt/PbO_2 电极过于昂贵，无法广泛使用[111]。

铅表面经处理后通过电化学氧化也可制成 Pb/PbO_2 电极，但相比同样方法制备的钛基体电极来讲，其活性 β-PbO_2 含量低。镍、金、不锈钢等其他金属也可被用作电极基体材料，也曾有学者在铅镉合金上镀二氧化铅制备复合电极，但其稳定性稍差。

1.3.2 陶瓷/PbO_2 电极

由于陶瓷耐蚀性强、不导电，因此，该电极不存在基底钝化问题。其制备方法通常是将陶瓷净化和活化处理后电沉积 PbO_2，获得陶瓷/PbO_2 电极。此类电极在高碘酸、溴酸钠、氯酸钠、硫酸钾的生产中取得了良好的应用效果。

然而，陶瓷本身机械强度较低、易破碎，不宜制成板状、片状，因而不能设计出可大规模生产的电解槽；另外由于陶瓷电极笨重，高温烧制困难，生产周期长，成品率低，致使陶瓷基体的二氧化铅电极成本较高。

1.3.3 塑料/PbO_2 电极

有研究者[112]用化学方法沉积 PbO_2 可制备塑料/PbO_2 电极。有研究表明[102]，以环氧板为基底，将环氧板进行清洗、除油、粗化处理、化学沉积 α-PbO_2，然后外层电沉积 β-PbO_2。这样制得的环氧板电极稳定性好、耐腐蚀性强、质量轻，且可以加工成各种形状。以聚丙烯塑料板为基体的 PbO_2 电极进行化学粗化后可以省去除油、中和处理等步骤，对粗化的塑料板清洗两次，化学沉积 α-PbO_2 两次后，再电沉积 β-PbO_2。

需要指出的是，塑料基 PbO_2 电极由于塑料板的软化温度低，而电镀液温度高，且基底与镀层的热膨胀率相差较大，因此 PbO_2 层容易脱落。另外塑料基 PbO_2 电极使用温度较低，限制了其应用范围。

1.3.4 石墨/PbO_2 电极

石墨具有优良的导电性，表面容易处理，沉积方式多采用电沉积。以石墨为基体制备 PbO_2 电极，虽然石墨价格便宜，但具有可加工性好，能实现复杂的几何造型，质量轻，可减少单个电极的数量，因为可捆绑做成组合电极，热稳定性好，不变形无毛刺等优点，缺点是 PbO_2 与石墨基体结合得不理想，PbO_2 容易从基体上脱落，进而影响电极的使用寿命。因此，目前石墨基 PbO_2 电极仅处于实验室研究。

1.4 电沉积掺杂二氧化铅

通过加入离子对电沉积二氧化铅的研究很多，其目的是改善镀层的性能，扩宽其应用领域。关于二氧化铅掺杂 Bi、F、Fe、Co、Ce、Ru、As 以及 Ag 等作为催化剂用来在有机物和无机物中进行析氧反应的研究报道不少；一般所得到的氧化物镀层是通过含 Pb^{2+} 的溶液阳极氧化生成的纯 PbO_2 以及掺杂外来元素的 PbO_2 构成。许多复合二氧化铅材料通过加入颗粒表现特殊的性能。通过加入氧化物悬浮颗粒在含 Pb^{2+} 的碱或酸性溶液，制备的电催化材料用来析氧反应的研究不少，例如 Co_3O_4、RuO_2、PbO_2、CeO_2 以及 TiO_2 等具有催化活性和惰性的颗粒。国内外对各种掺杂元素和固体颗粒进行了多方面的研究，现分别介绍如下。

1.4.1　掺杂离子的影响

1.4.1.1　Bi^{3+}离子的影响

在 1987 年，Yeo 和 Johnson 报道掺 Bi-PbO_2 比纯 PbO_2 的析氧反应活性高[69]。析氧反应是指金属氧化物晶格中的氧排出表面，然后通过水在阳极上放电的氧原子来取代。其反应如下[70]：

$$MO_x + R \longrightarrow MO_{x-1} + RO \tag{1-6}$$

$$MO_{x-1} + H_2O \longrightarrow MO_x + 2H^+ + 2e^- \tag{1-7}$$

式中，MO_x 为金属氧化物（PbO_2 或 Bi-PbO_2）；MO_{x-1} 为缺氧的金属氧化物；R 为反应物；RO 为氧化产物。随着 Bi 掺杂在二氧化铅中，其析氧反应的半波电势（$E_{1/2}$）与电极电势 $E^{\ominus}(Bi^{3+}/Bi^{5+})$ 接近，低于纯二氧化铅所必需的电势。Yeo 和 Johnson[69] 采用电流法测定 Bi 掺杂 PbO_2 的异相速率常数比未掺杂的电极的大很多，Bi 还能使二氧化铅膜的稳定性提高。起初，Yeo 和 Johnson 采用 Bi 作为掺杂剂是因为 Bi 最高价氧化物（Bi_2O_5 或 $BiO_{2.5}$）的氧含量比 PbO_2 的高。由于在电沉积 Bi-PbO_2 时，外加电势使 Bi^{3+} 能充分地氧化为 Bi^{5+}。因此，他们猜想掺杂 Bi 产生的高氧填补了 PbO_2 晶格缺氧的缺陷[69]。但是，后来试验发现掺杂剂不能满足这种“化学计量规则”[69,71]。后来采用 XRD 对膜进行一系列的研究发现，Bi 掺杂 PbO_2 的镀层，其择优取向的生长不同于纯二氧化铅的生长方向。在 Bi-PbO_2 镀层生长时，富氧优先出现在其表面上，简单地认为 Bi 掺杂起到增强的结果。其后，这种想法被放弃是因为不同掺杂离子在析氧反应中的影响与掺杂二氧化铅膜的晶格趋向之间没有必然的联系。掺杂剂增强氧化是因为其减弱了金属与氧的结合能，使得析出的氧气更易氧化；与此同时，PbO_2 的晶格中的空隙保证了 Bi 的掺杂[71]。Nielsen 等[70] 以 Au 作基体，镀液分别是 10mmol/L $Pb(NO_3)_2$+1.0mol/L $HClO_4$ 和 10mmol/L $Pb(NO_3)_2$+1.0mol/L $HClO_4$+0.5mmol/L $Bi(NO_3)_2$。电势都为 1.6V(vs. SCE)。采用 AES（俄歇电子能谱）和 EELS（电子能量损失能谱学）表征了 PbO_2 和 Bi-PbO_2 的表面性能对析氧反应速率的影响。结果发现：纯二氧化铅表面有氯元素，而掺杂的二氧化铅无氯元素。Larew 等[113]采用 EQVM（石英晶体微天平）发现在酸性电沉积得到的掺 Bi 的 PbO_2 电极表面会发生电吸附，在 0.1mol/L $HClO_4$ 中有 BiO_2ClO_4 形成和在 0.1mol/L HNO_3 中形成 BiO_2OH。Gordon 等[114]采用 XPS 证明 Bi-PbO_2 镀层中 Bi/Pb 的摩尔比与镀液中的 $[Bi^{3+}]/[Pb^{2+}]$ 几乎相等。Kawagoe 等[115]采用 XRD 分析当 $[Bi^{3+}]/[Pb^{2+}] \leqslant 1$ 时，所得到的晶相与 β-PbO_2 金红石结构相同；而 $[Bi^{3+}]/[Pb^{2+}]=8$ 时，所得到的晶相是无定形的。其比例结果与文献［71］所说的不一致。Feng Jianren 等[116]采用钛作基体发现 Bi-PbO_2 的镀层不易得到，这是因为钛在强酸下会溶解，一般在 pH4.2~4.5 之间沉积最好；而 Bi^{3+} 在 pH>4.2 时会发生水解。其后采用双镀层，先镀一层结合力好的掺 F 的 PbO_2 中间层，再在此镀层上镀掺 Bi-PbO_2。Popović 等[73]制备了掺 Bi-PbO_2 电极，并通过建立数学模型来研究该电极的析氧反应。得到半波电势（$E_{1/2}$）与 Bi(Ⅴ) 相对密度（$\rho=\Gamma_{Bi(V)}/\Gamma_{Pb(IV)}$）呈函数关系式。在低密度下（$0.11 \leqslant \rho \leqslant 0.4$），$E_{1/2}$与 $\ln(\rho/(1+\rho)^2)$ 呈线性关系；在高密度下（$0.4 \leqslant \rho \leqslant 0.84$），$E_{1/2}$与 $\ln(1/(1+\rho))$ 呈线性关系。由于 Bi(Ⅴ) 的氧化还原电位在 1.7V 左右，而 PbO_2 的氧化还原电位在 1.2V 左右，所以 Bi-PbO_2 复合电极的氧化性比单纯的 PbO_2 电极的氧化性要好[117]，因此，Bi-PbO_2 脱色率高。但与文献［118］所表明的掺杂 Bi 离子电极效果最差、脱色率低于未修饰的电极相矛盾。这可能是检测和反应途径不同的结果。

1.4.1.2 F^-离子的影响

外来离子的吸附对电沉积二氧化铅的沉积速度影响很大，这可能是由于被含氧粒子所覆盖的影响。因此，人们对 F^-离子对电沉积过程的影响产生了很大的兴趣。Fukuda 等[119,120]证实了 F 能取代吸附的氧的物质。F^-有利于 PbO_2 在钛基上的沉积，因为开始电沉积时的电势负移[115]。在此种情况下，虽然产生的氧化物在析氧反应中表现较低的催化活性，但镀层与基体结合力明显增强。而早期 Gilroy 和 Stevens[121]得出的结论是加入 F^-抑制二氧化铅的生长；这可能是因为加入的 F^-浓度很高的缘故。Velichenko 等[111]研究认为 F 有利于提高 Pb(Ⅱ) 的氧化速率，显示惰性的含氧粒子对二氧化铅的沉积机理起到积极的作用。当电极的转速增大时，F 的影响越来越明显，表明掺杂离子的扩散影响电沉积反应。这暗示在非平衡吸附状况下，随着电极转速的增加，二氧化铅和掺杂离子的沉积速度有很大的提高。Amadelli 等[122]采用 SIM 和 XPS 表征了掺杂离子对电沉积二氧化铅的影响，发现活化膜中有 $PbO_xF_y^-$($x=0\sim3$，$y=1$，2) 和 $TiO_xF_y^-$($x=2\sim4$，$y=1$，2) 出现，认为 F^-掺杂在 β-PbO_2 中并使其表面吸附的水减少。Amadelli 为了进一步研究其催化活性，制备掺 F^-的二氧化铅电极用来析 O_2 和 O_3。通过对比未掺杂的二氧化铅，在一定的电流下，掺 F^-二氧化铅使析氧电势偏向更高，但在 F^-浓度更高时，这种上升主要从低的电流中体现。另外，当电沉积二氧化铅时增加掺杂离子浓度，产生 O_3 的电流效率开始增加，然后下降到某一较低值。二氧化铅的表面模型采用基团Ⅰ（见图 1-1）。两相邻的含氧物质进行析氧反应（图 1-1 基团Ⅰ中的粗线）。F 修饰二氧化铅中，两个 F 离子取代两个 OH^-离子（见图 1-1 基团Ⅱ）；在此情况下，暗示着 F 的表面修饰主要是改变析氧物质的表面覆盖率。Amadelli 进一步认为 F^-离子的出现减弱表面氧化物与水的作用，导致转移电荷电阻 R_{ct}增加，可能抑制了水合层的形成，水合平衡反应如下：

$$PbO_2 + H_2O \rightleftharpoons PbO(OH)_2 \tag{1-8}$$

水合层能与阴阳离子发生交换反应，F^-将导致下面的反应：

$$PbO_{2-x}(OH)_y + F^- \rightleftharpoons PbO_{2-x}(OH)_{y-1}F + OH^- \tag{1-9}$$

F^-的行为与电势有关：在低电势范围内（$E<1.9V$），F^-导致水放电的速度减少；而在高的电势领域（$E>1.95V$），它的主要的影响是减慢中间反应的吸附。Velichenko 等[123]进一步加入含 F^-的化合物添加剂（如 F^-、$C_4F_9O_3SK$ 和 Nafion）对掺 F 二氧化铅进行研究发现，掺杂在二氧化铅的添加剂的量与两个重要的因素有关：(1) 电极表面的电荷，即电沉积电势或电流密度以及不同化合物的特殊吸

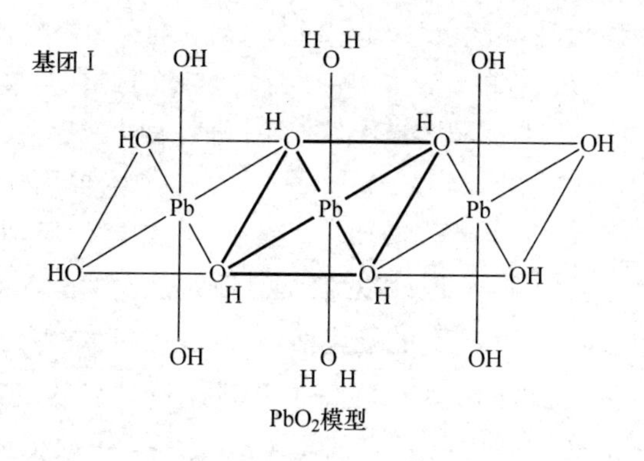

PbO_2模型

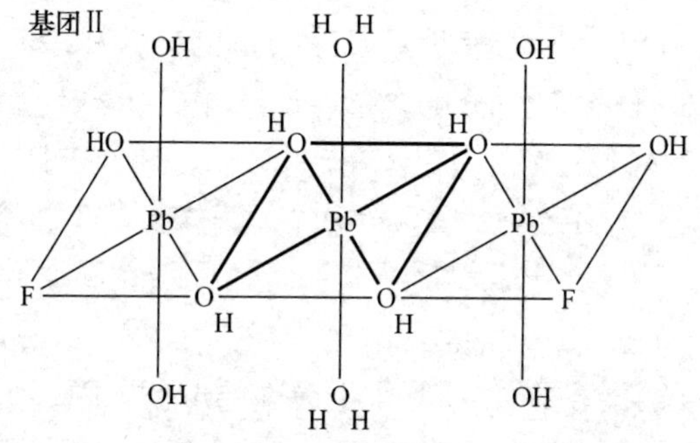

F^-离子修饰后的模型

图 1-1 采用二价重叠的修正忽视（MNDO）来估计
基团中的 OH 基被 F 基取代的模型[122]

附；(2) 添加剂物质在溶液中的电荷，电极表面电荷的增加导致电沉积在二氧化铅的掺杂量的增加。F 存在掺 F-PbO_2 镀层中的凝胶层和结晶层中。在凝胶层中抑制氧原子扩散到结晶层中；在结晶层中，F-PbO_2 的导电性因 F^- 进入缺氧晶格中而下降，使得 Pb^{3+} 难以氧化为 Pb^{4+}，从而掺 F-PbO_2 的稳定性比未掺 PbO_2 的强[124]。

1.4.1.3 Fe^{3+}和 Fe^{3+}+F^- 离子的影响

Feng 和 Johnson[125] 以 Au 为基体在含有 1.0mol/L $HClO_4$+5mmol/L $Pb(NO_3)_2$+(0~8) mmol/L $Fe(NH_4)_2(SO_4)_2 \cdot 6H_2O$ 镀液中制备的 Fe-PbO_2 电极分别用在含 Mn^{2+}的酸性和有氰化物的碱性体系中氧化。

结果表明其催化活性随 $Fe(NH_4)_2(SO_4)_2 \cdot 6H_2O$ 量的增加而升高，并且用在碱性氰化物的氧化的电极 Fe-PbO_2 的催化活性比 Bi-PbO_2 的高。Fe(Ⅲ) 在电沉积溶液中仅仅稍微地增加二氧化铅沉积的速度但不会改变沉积机理。当 F^- 离子加入到含 Fe^{3+} 电沉积二氧化铅镀液中时，其掺 Fe 的含量显著增加。尽管 Fe 在二氧化铅中含量低，但 Fe(Ⅲ) 明显地影响 Fe-PbO_2 的催化活性和力学性能。掺 Fe 二氧化铅对 O_3 产生[111,126]起到高的催化活性。Fe 在 PbO_2 中的含量与 Fe^{3+} 在溶液中的浓度成正比[75]。随着电势或电流密度的提高，掺杂 Fe 的含量减少，这是因为溶液中的正电荷变多了；为了减少正电荷，一种是水解，含有 OH 的粒子具有低的正电荷，例如：$Fe(OH)_2^+$ 或 $Fe(OH)^{2+}$，pH 值增大，Fe 的含量增加。当 pH>1 时，Fe(Ⅲ) 水解程度更大，水解的速度大，即使在低 pH 值范围内，溶液也呈黄色。另一种方法是阴离子与 Fe^{3+} 离子形成配合物减少正电荷，例如加入 F^- 与其形成 $[Fe(OH)_xF_y]^{(3-x-y)+}$。Fe^{3+} 能分别在高温和低温下取代 Pb(Ⅳ) 和 Pb(Ⅱ)。Velichenko 等[75]发现掺杂在 PbO_2 中的 Fe 的含量与两个重要因素有关：(1) 电极表面的电荷，即电沉积电势或电流密度以及不同化合物的特殊吸附；(2) Fe(Ⅲ) 物质在溶液中的电荷，其由于水解形成不同的化合物和在溶液中以配合剂的形式存在。电极表面或含 Fe(Ⅲ) 物质电荷的减少导致电沉积在二氧化铅的 Fe 量增加。该结果可通过外来离子在 PbO_2 的吸附试验进行解释。Leonardo 等[76]在含有 1mmol/L Fe^{3+} 和 30mmol/L F^- 电沉积二氧化铅镀液中制得的电极用来对有机物电解，其 TOC（有机碳含量）减少了 95%，而纯 β-PbO_2 和 Nb/BDD 电极减少分别是 84% 和 82%；但 Fe 和 F 掺杂的 PbO_2 的耐蚀性不及纯二氧化铅电极。

1.4.1.4　Co^{2+} 离子的影响

早期，Co^{2+} 的阳极氧化是在中性 $CoSO_4$ 溶液直接阳极氧化得到很薄的 CoO_x 镀层[127]，但将此阳极用来进行析氧反应时，发现几分钟后就与基体完全脱落。为了得到 Co 含量较高、力学性能和导电性能都比较好的 PbO_2+CoO_x 复合材料，Cattarin 等[77]在含有 Pb^{2+} 和

Co^{2+}的氨基磺酸盐溶液中同时阳极氧化。Co_3O_4低的导电性导致DSA电极欧姆损耗[128]，但此观点后来被Baronetto等[129]否定。Cattarin等[77]在实验初期，对其做了一些探索性的研究：为了获得共沉积的Pb和Co的氧化物，反应物质必须选择可溶性的低价态离子（Pb^{2+}和Co^{2+}），然而所对应的高价态氧化物是不可溶的。二氧化铅可以从许多不同的电解液中阳极镀：在适当的酸性（pH<5）和强碱性获得β或α相二氧化铅。在pH值为9.3时，可溶性的Pb^{2+}物质最少。另外，在pH>6时，Co(Ⅱ)会形成不可溶的氧化物/氢氧化物，且它的可溶性作为$HCoO_2^-$在碱性介质中很低，在低的pH值下，Co(Ⅲ)氧化物/氢氧化物不稳定，所以在电沉积Pb和Co的氧化物，中等酸性是最好的。因此开始采用的电沉积镀液是$Pb(NO_3)_2$和$Co(NO_3)_2$溶液，醋酸作为缓冲液，调节pH=4~6。尽管，所有的因素都考虑了，但镀层还是不可避免从Ni基上脱落。此结果开始认为是由内应力造成的；按照以前的观点[130]，在镀液中加入一些添加剂（例如糖精或对甲苯磺酰胺）可以缓解应力；但结果对附着力没有显著的改善。

Cattarin等[77]后来研究发现采用氨基磺酸体系阳极镀PbO_2与阴极镀铅相似，都能得到较好的镀层。试验证明，在氨基磺酸盐和硝酸组成的镀液，在Ni基上得到结合力良好均匀的镀层。所得到的结果是：在新的沉积方法下，X_{Co}(镀层中Co/(Co+Pb)的摩尔比)可以达到0.5，大大超过悬浮颗粒Co_3O_4在电沉积二氧化铅得到的比例。但X_{Co}在大于0.2时，其力学性能不好；X_{Co}在小于0.2时，镀层均匀，非常光滑，为多相晶体。虽然不清楚Co以什么形式的化合物掺杂在二氧化铅里，但通过XPS显示Co是以Co(Ⅱ)或Co(Ⅲ)形式存在。通过对比复合镀层PbO_2+CoO_x和$PbO_2+Co_3O_4$发现，虽然前者Co的含量达到所预期的目标，但后者的导电性能和机械强度都优于前者。针对以上的优缺点，Cattarin等[131]进一步在制备前者的镀液中加入Co_3O_4悬浮颗粒，即得到（PbO_2+CoO_x）$+Co_3O_4$复合镀层。极化1h后阳极析氧反应电位差别大，100h后其催化活性相差小，这说明不能确定掺杂粒子在二氧化铅中是否长期具有不变的催化活性，还有待于进一步的研究。Velichenko等[132]采用Pt作基体，在硝酸溶液中制备掺 Co-PbO_2，随温度的升高其 Co 的含量减少，搅拌和掺杂 F^-有利于 Co 的含量增加。Co 的含量随温度的升高而减少是因为温度升高电沉积的电势降低了。F^-有利于 Co 的含量增加可能是由于 F^-与 Co 形成配合物 $[Co(OH)_xF_y]^{(2-x-y)-}$，使得电荷偏负，由于其更容易吸附，增大了 Co 在电极表面的浓度。Velichenko 等[132]和 Cattarin 等[77]所制得的掺杂 Co-PbO_2 的表面形貌完全不同，是基体的影响还是镀液的影响有待于进一步研究。

1.4.1.5 Ce^{3+}、Ru^{3+}、As^{3+}、Ag^+及 Mn^{2+}离子的影响

Shiyun[133,134]等采用 Pt 作基体，常温时在 0.01mol/L $Pb(NO_3)_2$，少量 $Ce(NO_3)_3$ 以及 1mol/L $HClO_4$ 组成的镀液中制得掺 Ce-PbO_2，得出在 Ce(Ⅲ)/Pb(Ⅱ) 的浓度比为 0.125 时，所得晶粒致密，分布较均匀，其粒径范围在 10~20nm。而当比值增大时，Ce-PbO_2 镀层粗糙，且不稳定。掺杂离子改变相组成[71]，使得 α 相强于未掺杂的 PbO_2，有利于电极材料导电率的提高，从而有利于提高电催化过程的电流效率；掺 Ce 使得基体上的晶体呈现择优取向的生长，这可能是 Ce(Ⅲ) 替代 Pb(Ⅳ) 然后被氧化成 Ce(Ⅳ) 的结果[135,136]。但与 Song 等[137]所得出的晶相和表面形貌不完全相同。掺杂纳米 Ce-PbO_2 修饰电极的 I_o 值（9.15×10^{-5} A/cm²）远大于 PbO_2 修饰电极的 I_o 值（97.38×10^{-7} A/cm²），这是因为纳米 Ce-PbO_2 修饰电极表面有更多的活性位点，能提高阳极水分解产生羟基自由基的速度，从而提高阳极氧转换反应的速率。

Bertoncello 等[78]在氨基磺酸盐溶液（1.0~1.2mol/L $NH_2SO_3^-$，pH 1.4~3.5）、硝酸（1.1mol/L NO_3^-）和高氯酸盐溶液（1.1mol/L ClO_4^-）中，保持 Pb^{2+}量不变（0.5mol/L）和改变 Ru^{3+}量来共沉积 PbO_2 和水合氧化钌。尽管其在 0.5mol/L 的硫酸中使用比 PbO_2+RuO_2 腐蚀得快，但作为阳极已非常稳定。最具有催化活性的电极是在氨基磺酸盐中获得，其 φ 约为 1.7V，$[Ru^{3+}]=5\times10^{-3}$ mol/L；低 Ru^{3+}浓度产生低活性膜，更高会使其与 Ti 基体结合力减弱。SEM 分析发现，PbO_2+RuO_x 镀层粗糙度比 RuO_2 掺颗粒制得 PbO_2+RuO_2 低很多。

Yeo 等[138]以 Au 为基体，高浓度的 As(Ⅲ) 在高电位扫描下发现，即使电沉积 1h 也不会出现二氧化铅，这说明 As(Ⅲ) 显著地抑制二氧化铅的晶核形成和生长。这种抑制可能是由于 As(Ⅲ) 在该电势氧化，同时阻止 Pb(Ⅱ) 在 Au 基体上的氧化；也可能是在诱导期形成的 PbO_2 被 As(Ⅲ) 化学腐蚀了，其反应为

$$As^{3+}+PbO_2+4H^+\longrightarrow As^{5+}+Pb^{2+}+2H_2O \qquad (1-10)$$

因此，电沉积的 PbO_2 晶体很容易在高浓度 As(Ⅲ) 存在下脱落。在阴离子中，SO_4^{2-} 有利于二氧化铅的沉积，所以含 As(Ⅲ) 物质中加入 SO_4^{2-} 可弥补 As(Ⅲ) 的欠缺。

Ge 等[139]用制备的 Ag-PbO_2 电极在碱性的脂环胺中进行阳极析氧反应，发现反应物的预吸附有利于催化：(1) 电子轨道的去溶剂化使氧原子向吸附的 OH 迁移，也就是氧不可能通过隧道机理发生迁移；(2) 反应物在电极表面滞留的时间大大延长，使得氧迁移在电极表面发生。顾静等[140,141]由 $AgNO_3$、$Pb(NO_3)_2$ 和 NaF 等按一定比例组成的溶液中在一定的正电位下、恒电流修饰铂电极，制备的纳米 Ag_2O_2-PbO_2 对大肠杆菌和 DNA 机制的研究提供了新思路。该课题组也制备了掺锰纳米 PbO_2 修饰电极用来对生物体进行色谱电化学的检测[142]。

1.4.1.6 其他离子的影响

Yeo 等[69]对电极的反应活性根据 Koutecky-Levich 方程评定：

$$\frac{1}{i}=\frac{1}{nFAkC^b}+\frac{1}{0.62nFAD^{2/3}\nu^{-1/6}C^b\omega^{1/2}} \qquad (1-11)$$

式中 k——表观异相速率常数；

A——盘电极面积，cm^2；

D——溶液中氧的扩散；

ν——溶液的动力学黏度，cm^2/s；

C^b——溶液中氧的浓度，mol/cm^3，

ω——电极旋转的角速度，rad/s；

n——氧还原的电子转移数。

分别采用Tl^{3+}、In^{3+}、Ga^{3+}、As^{5+}和Bi^{3+}掺杂制备的二氧化铅电极在1.0mmol/L Mn^{2+}+1.0mol/L $HClO_4$进行阳极氧化，所得到的速率常数最大的是Bi-PbO_2，其次是As-PbO_2，最小的是In-PbO_2，这说明掺Bi-PbO_2析氧活性最好。但很难确定某种离子比其他离子更能影响二氧化铅的晶核形成和生长，这是因为每种金属盐对应不同的阴离子，而且阴离子本身特性及浓度也影响工艺[143,144]。然后加入阴离子钠盐如NaH_2PO_4、NaCl、$NaKC_4H_4O_6$、$NaC_2H_3O_2$、Na_2SO_4和NaF进行研究。结果发现：SO_4^{2-}、NO_3^-、F^-有利于PbO_2的生长速度，尤其是SO_4^{2-}，大大增强了二氧化铅的沉积，SO_4^{2-}的加入使诱导时间大大减少。这可能是由于在相同的电势下，SO_4^{2-}的电荷比OH^-更负，使得其更容易到达双电层与Pb(Ⅱ)形成晶核；一旦$PbSO_4$形成后转化为PbO_2(φ=1.60V(vs. SCE))。PO_4^{3-}抑制PbO_2的形成可能是由于产生的$H[Pb(OH)_2]PO_4$不易转化PbO_2[145]。

1.4.2 掺杂活性颗粒的影响

1.4.2.1 掺杂Co_3O_4颗粒

Musiani等[146]列出加入悬浮颗粒金属离子溶液中阳极氧化的方程式为

$$M^{n+}+\text{悬浮颗粒}+me^- \longrightarrow MO_{(m+n)/2}\text{-复合基材料} \qquad (1-12)$$

其反应式被假想成用以制备氧化物复合阳极镀层。最早制备的复合镀层是PbO_2+PTFE[147~149]复合材料，此电极疏水性能强，有利于有机反应物在电极上的吸附，改善了二氧化铅的使用寿命和稳定性。复合电沉积氧化物的目的如下：（1）电沉积制备的复合材料是由高导电的氧化物基体（PbO_2）和电催化活性氧化物（Co_3O_4）分散相组成；（2）作为电极材料用来析氧反应。PbO_2+Co_3O_4组合是因为PbO_2是工业上重要阳极材料且Co_3O_4用在析氧反应中催化活性好，价格不贵。以Ni作基体，Co_3O_4悬浮颗粒的粒径小于1μm，采用含Pb^{2+}的两种不同的镀液（即酸性和碱性）：1）0.13mol/L $Pb(CH_3COO)_2$+0.9mol/L $Pb(NO_3)_2$（pH=4.4）；2）0.1mol/L

$Pb(CH_3COO)_2$+3mol/L NaOH。Co_3O_4 的浓度 C（悬浮液中颗粒的体积分数）在 0~0.02 之间来制备复合镀层[146]。复合电沉积的元素成分通过 EDX 得到 Co 的原子数分数 $P_{Co}=N_{Co}/(N_{Co}+N_{Pb})$，$N_{Co}$、$N_{Pb}$ 分别为 Co、Pb 的原子数；这些数据可以转化为复合电沉积中 Co_3O_4 的体积分数 α：

$$\alpha = \{1 + [\rho_P m_m n_P (1 - P_{Co}) / \rho_m m_P n_m P_{Co}]\}^{-1} \qquad (1-13)$$

式中，下标 P 和 m 分别指颗粒和氧化物基体；ρ_P、ρ_m 分别为它们氧化物的密度；m_P、m_m 分别为它们的摩尔质量；n_P、n_m 分别为对应的氧化物中金属原子数目。

将所得到的复合氧化物镀层分别在 1mol/L NaOH 和 1mol/L $HClO_4$ 镀液中进行稳态电流密度-电势曲线研究。结果发现：掺杂的 Co_3O_4 颗粒增大镀层的表面粗糙度和所得晶体以择优取向的方向生长。只有在足够高的搅拌速度下可获得均匀的镀层。在碱性条件下制得的 $PbO_2+Co_3O_4$ 复合镀层具有很好的析氧催化活性。该课题组进一步研究[150]采用 XPS 表征 Co 的含量，其准确性比 EDX 高，与真实值接近；提出了电流密度与粗糙度的关系：

$$j = r[(1 - \theta) j_m + \theta j_p] \qquad (1-14)$$

式中，r 为粗糙度，是有效面积与几何面积的比值；j_m、j_p 分别为氧化物基和掺杂相的理想表面的电流密度。通过比较 $Ni+Co_3O_4$、$PbO_2+Co_3O_4$、$Tl_2O_3+Co_3O_4$ 复合镀层，得出 Co_3O_4 颗粒的电催化活性与基体有很大关系，即使低 α 和很光滑的 $PbO_2+Co_3O_4$ 复合镀层也比粗糙的 $Ni+Co_3O_4$ 活性高很多。

1.4.2.2 掺杂 RuO_2 颗粒

Musiani 等[80] 采用 Au 作基体在 0.13mol/L $Pb(CH_3COO)_2$ + 0.9mol/L $Pb(NO_3)_2$(pH = 4.4) 复合电沉积 PbO_2+RuO_2，所得复合氧化物镀层在 0.5mol/L H_2SO_4 中进行析氧反应，发现复合镀中 RuO_2 显著提高了 PbO_2 的电催化活性，其析氧过电位下降到 600 多毫伏。当 RuO_2 的悬浮颗粒的浓度 w≈0.5%时，复合镀层的催化活性最好。镀层越厚，催化活性越好；析氧电流密度大，催化活性好。其使用寿命比热分解制备的 Ti/RuO_2[151] 长而没有 $PTFE/RuO_2$[152] 的长。Bertoncello 等[78] 进一步以 Ti 作基体，在不同的镀液研究其析氧活性，与 PbO_2+RuO_x 做对比，然后通过在不同的镀液制备 PbO_2+RuO_2 复合镀层，并比较其寿命，结果表明：在醋酸+硝酸的镀液体系中获得了活化性最好的复合镀层。Huet[153] 对制备的不同阳极材料（PbO_2、PbO_2+RuO_2、$PbO_2+Co_3O_4$、PbO_2+CoO_x）进行了析氧催化活性的比较发现，电催化活性的大小顺序为：$C(PbO_2+Co_3O_4) \approx B(PbO_2+RuO_2) > D(PbO_2+CoO_x) > A(PbO_2)$。

1.4.2.3 掺杂其他活性颗粒

Casellato 等[110] 采用掺杂 PbO_2 颗粒复合电沉积二氧化铅制得多孔的 PbO_2 电极。通过加入导电粒子复合电沉积得到的粗糙度和多孔性使表面的不规则性更加扩大。电沉积制备的悬浮颗粒 $\alpha-PbO_2$ 和 $\beta-PbO_2$ 颗粒磨细，其平均粒径为 0.5μm。然后将磨细的颗粒加入两种不同的镀液中：（1）0.1mol/L 的醋酸铅+3mol/L 的氢氧化钠溶液。（2）0.6mol/L 的氨基磺酸铅+0.1mol/L 的磺酸溶液。所得到的复合镀层的 $\beta-PbO_2$ 含量（质量分数）能达到 30%。在 1mol/L 的 $NaNO_3$ 溶液中测定复合电沉积材料的阻抗，以确保 PbO_2 在溶液界面良好的稳定性[143,154]。$\alpha-PbO_2+\beta-PbO_2$ 比 $\alpha-PbO_2$ 在更低的频率下可获得阻抗的虚构部分。以前研究 PbO_2 基复合材料的析氧活性时，提高活性的主要理由是机理反应发生了变化（通过塔菲尔斜率证实），但表面粗糙的影响不可忽视。为了说明该观点，Casellato 等[110] 在频率相关容量比 Rc≌20，电势变化（vs. SCE）范围为 0.7～1.0V 时，测试稳态析氧电流发现：$\alpha-PbO_2+\beta-PbO_2$ 比 $\alpha-PbO_2$ 通过的电流高 15～18 倍，而 $PbO_2+Co_3O_4$ 和 PbO_2+RuO_2[78,145] 的电极几何的因素影响小。虽然 $\alpha-PbO_2+\beta-PbO_2$ 的粗糙度很大，关于其催化活性的高低和寿命的长短有待于进一步的研究。在二氧化铅中，稀土的掺杂起到细化晶粒，提高镀层耐蚀性和结合力，同时降低镀层内应力的作用[89,155]。该课题组进一步制备 $PbO_2-WC-ZrO_2$ 复合电极[156]，此电极含有具有活性的 WC 和惰性的 ZrO_2 颗粒；既能提高电极的电催化活性，又降低镀层的内应力，使电极的寿命大大提高。

1.4.3 掺杂惰性颗粒的影响

Casellato 等[157]以 Ni 作基体，惰性 Al_2O_3（ρ=3.80，粒径<1μm）、TiO_2(ρ=3.97，粒径为 0.3μm）为悬浮颗粒，在酸碱两种镀液中进行复合电沉积二氧化铅，讨论转速 ω 与 α（复合镀层中的惰性颗粒的体积含量）的关系发现 ω 较低时，其 α 非常小；而当 $\omega \geqslant$900r/min，α 变化显著。在碱性条件下复合镀 PbO_2/TiO_2 得到 α 与 C 的关系，其等温吸附线与 Guglielmi[158]报道的结果一致；α 与电流密度 j 的关系是 α 随电流密度增加而减小，但与 Guglielmi 描述的结果矛盾。对复合电沉积 PbO_2/TiO_2 和 PbO_2/Al_2O_3 进行实验研究，得出共同特征：（1）α 随颗粒浓度 C 的增大而升高，直到达到一极值；（2）极值 α 在高电流密度下和较高的浓度 C 下获得；（3）α 随电流密度增大而减小，在高浓度 C 下，减少程度很小。通过 XRD 表征，惰性 Al_2O_3 和 TiO_2 颗粒不影响 PbO_2 的择优取向生长；SEM 和 EDX 发现，颗粒内（靠近 Ni 基体）和外表面形貌大不相同，前者光滑，后者较粗糙；前者的 α 小，后者的 α 大。关于其使用寿命及催化活性有待于进一步研究。

蔡天晓等[85]以钛作电极，将 $Pb(NO_3)_2$、纳米级 TiO_2(50nm)、NaF 分别按 260g/L，5g/L，5g/L 比例配制成镀液，制得的 β-PbO_2 脆性大大降低，从而使其可在温度为 90℃ H_2SO_4 介质中使用，镀层不会从基材剥落，而是自然损耗。

1.5 电沉积二氧化铅机理的研究进展

电沉积二氧化铅过程中起到重要作用的是基体表面的晶核形成，是电沉积二氧化铅形成的第一步[143]，晶核形成是不可溶氧化物在基体表面上形成尽可能稳定的最小晶体。开始很少的晶体是以尖点或螺纹形在基体表面，然后晶体向外生长，最后完全覆盖基体表面。Yeo 等[138]以 Au 为转盘电极（0.496cm^2），镀液：1.0mmol/L Pb(Ⅱ)+1.0mol/L $HClO_4$，电势（vs. SCE）0.30~1.55V 条件下，研究不同转速（100~2500r/min）的 i-t 曲线，以四个阶段表征了电沉积的二氧化铅，见图1-2。

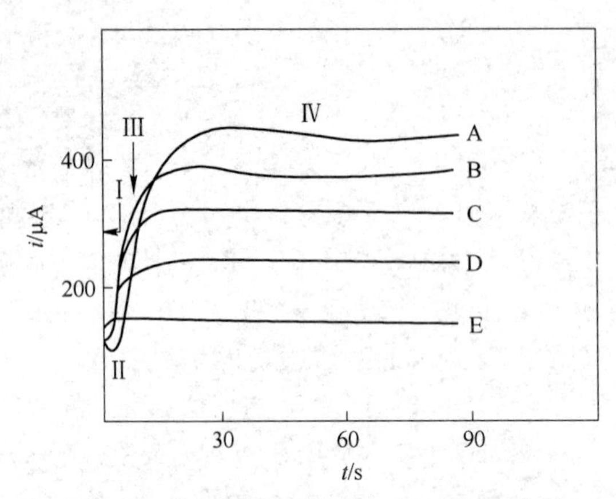

图1-2 单电势阳极电沉积PbO_2的i-t曲线

A—2500r/min；B—1600r/min；C—900r/min；D—400r/min；E—100r/min

第Ⅰ阶段：在很短的时间内，双层电荷产生很大的电流峰值；第Ⅱ阶段：对应的是PbO_2晶核形成的诱导期，其电流非常小；诱导期过后，PbO_2核子生长的稳态集聚，产生第Ⅲ阶段：其对应i-t曲线中上升趋势部分，诱导期可认为是双层电荷电流终止和上升电流开始之间的时间间隔。当转速升高，上升电流增加之后，得到稳态电流，即第Ⅳ阶段产生。稳态电流与转速的平方根呈正比。诱导时间代表诱导期，其被晶核形成由机理控制。因此，有必要对二氧化铅反应机理进行研究。

最早Fleischmann等[159~162]提出PbO_2晶核形成和生长的可能反应机理，得到了广泛支持。反应式如下：

$$H_2O \longrightarrow OH_{ads} + H^+ + e^- \tag{1-15}$$

$$Pb^{2+} + (OH)_{ads} + OH^- \longrightarrow Pb(OH)^{+}_{2,ads}(\text{慢}) \tag{1-16}$$

$$Pb^{2+} + (OH)_{ads} + OH^- \longrightarrow Pb(OH)^{2+}_{2,ads} + e^-(\text{慢}) \tag{1-17}$$

$$Pb(OH)^{2+}_{2,ads} \longrightarrow PbO_2(s) + 2H^+ \tag{1-18}$$

其认为吸附在电极表面的$Pb(OH)^{+}_{2,ads}$和$Pb(OH)^{2+}_{2,ads}$是不可溶的物质，这可能是因为大多数研究的PbO_2电沉积在不搅拌的条件下进行；Chang等[163,164]和Yeo[138]采用RDE（旋转圆盘电极），在高速搅拌状态下对机理进行研究，发现中间产物是可溶性物质。

其后，Velichenko 等[165,166]认为在 Au 和 Pt 电极上形成的 PbO_2 发生在三个阶段：第一阶段，含氧物质的形成，例如在电极上化学吸附 OH_{ads}；第二阶段，这些物质和含铅化合物形成可溶的中间产物 Pb(Ⅲ) 物质；第三阶段，Pb(Ⅲ) 物质电化学形成 PbO_2。根据上述提出的反应机理，PbO_2 生长速度与反应（1-20）形成的中间产物的量有关，电极表面上 $Pb(OH)^{2+}$ 的浓度以及反应（1-21）的速度随转速 ω 的增加而减少。当过电位较低时，反应中的第二个电子转移为控制步骤；过电位较高时，Pb^{2+} 的扩散控制 PbO_2 的形成。其机理反应式如下：

$$H_2O \longrightarrow OH_{ads} + H^+ + e^- \tag{1-19}$$

$$Pb^{2+} + OH_{ads} \longrightarrow Pb(OH)^{2+} \tag{1-20}$$

$$Pb(OH)^{2+} + H_2O \longrightarrow PbO_2 + 3H^+ + e^- \tag{1-21}$$

接着 Velichenko 等[132]对机理反应做了稍微的改动，并通过有效活化能和阻抗测试对机理进行了表征。将原来的 3 个改为 4 个，也就是将反应（1-21）分成两个反应式，但其反应的阶段不发生变化。其反应式如下：

$$Pb(OH)^{2+} + H_2O \longrightarrow Pb(OH)_2^{2+} + H^+ + e^- \tag{1-22}$$

$$Pb(OH)_2^{2+} \longrightarrow PbO_2 + 2H^+ \tag{1-23}$$

从式（1-22）和式（1-23）可以看出，在反应第二阶段增加了可溶性的中间产物 $Pb(OH)_2^{2+}$。然后进一步阐述阴离子的加入对反应机理的影响，并提出了相应的反应式。因为加入的负电荷离子被胶体 PbO_2 颗粒吸附，使其在反应（1-19）~反应（1-23）之后，发生相应的电化学和化学反应。其反应式分三步：（1）在溶液中电化学形成氧化物粒子；（2）胶体 PbO_2 颗粒吸附无机阴离子、聚合电解质和表面活性剂；（3）通过电泳现象在电极表面上进一步结晶。反应式分别如下：

$$Pb^{2+} + 2H_2O \longrightarrow PbO_{2(vol.)} + 4H^+ + 2e^- \tag{1-24}$$

$$PbO_{2(vol.)} + R \longrightarrow PbO_2\text{-}R_{ads.(vol.)} \tag{1-25}$$

$$PbO_2\text{-}R_{ads.(vol.)} \longrightarrow PbO_2\text{-}R_{ads.(sur.)} \tag{1-26}$$

Beck[144]提出的反应机理分四个阶段，第一阶段，铅离子在水溶液形成水合平衡；第二阶段，水合含铅物质被基体表面吸附；第三阶段，在基体表面上形成$Pb(OH)_2^+$和$Pb(OOH)_{ad}^+$中间产物；最后阶段，$Pb(OOH)_{ad}^+$脱氢产生PbO_2。此机理得到Hyde等[167]和Suryanarayanan等[168]的支持，但Hyde等[167]认为电极表面存在中间产物是不可移动且为不溶性的物质，利用电位-pH和定位透镜（SOM）表征可能是Pb_3O_4。其反应式如下：

$$Pb_{aq}^{2+} + H_2O \longrightarrow Pb(OH)_{aq}^+ + H^+ \tag{1-27}$$

$$Pb(OH)_{aq}^+ \longrightarrow Pb(OH)_{ad}^+ \tag{1-28}$$

$$Pb(OH)_{ad}^+ + H_2O \longrightarrow Pb(OH)_{2ad}^+ + H^+ + e^- \tag{1-29}$$

$$Pb(OH)_{2ad}^+ \longrightarrow Pb(OOH)_{ad}^+ + H^+ + e^- \tag{1-30}$$

$$Pb(OOH)_{ad}^+ \longrightarrow PbO_2 + H^+ \tag{1-31}$$

Campbell等[169]提出醋酸溶液的反应机理，其证明反应中有Pb（Ⅳ）物质的存在，但是否存在Pb（Ⅲ）尚不能确定。反应式如下：

$$Pb(CH_3COO)_2 \longrightarrow Pb(CH_3COO)_2^+ + e^- \tag{1-32}$$

$$2Pb(CH_3COO)_2^+ \longrightarrow Pb(CH_3COO)_2 + Pb(CH_3COO)_2^{2+} \tag{1-33}$$

$$Pb(CH_3COO)_2^{2+} + 2H_2O \longrightarrow PbO_2 + 2CH_3COOH + 2H^+ \tag{1-34}$$

Petersson等[170]提出，金属Pb基在H_2SO_4溶液中制备二氧化铅的整个反应机理分四个阶段，分别是氧化初期、膜的生长、进一步氧化和进一步反应，Ghasemi等[171]支持其反应机理。其反应式如下：

$$Pb+HSO_4^- \longrightarrow PbSO_4+H^++2e^- \tag{1-35}$$

$$2Pb+SO_4^{2-}+H_2O \longrightarrow PbO \cdot PbSO_4+2H^++4e^- \tag{1-36}$$

$$4Pb+SO_4^{2-}+4H_2O \longrightarrow 3PbO \cdot PbSO_4 \cdot H_2O+6H^++8e^- \tag{1-37}$$

$$Pb+H_2O \longrightarrow PbO+2H^++2e^- \tag{1-38}$$

$$PbSO_4+2H_2O \longrightarrow \beta\text{-}PbO_2+HSO_4^-+2e^-+3H^+ \tag{1-39}$$

$$PbO+H_2O \longrightarrow \alpha\text{-}PbO_2+2e^-+2H^+ \tag{1-40}$$

$$\alpha\text{-}PbO_2 \longrightarrow \beta\text{-}PbO_2 \tag{1-41}$$

从式（1-35）~式（1-41）可知，Pb 表面形成 $PbSO_4$ 钝化膜，SO_4^{2-} 离子穿过膜进一步氧化铅，使产生电势梯度；为了保持增长层电中性，将 H^+ 转移到电解溶液中。结果，镀层内部的 pH 值升高，将形成稳态碱性 $PbSO_4$ 和 PbO[172]，文献［173~176］通过电化学测试证明了 PbO 的存在。PbO 进一步氧化形成 α-PbO_2，而 β-PbO_2 是通过 $PbSO_4$ 氧化和不稳定的 α-PbO_2 转化而成的。

1.6 二氧化铅电极的应用

1.6.1 电催化氧化方面的应用

PbO_2 电化学催化性和耐腐蚀性好，可作为贵金属铂的替代物；其电阻率仅为 4×10^{-5} ~ $5\times10^{-5}\Omega\cdot cm$，具有优良的导电性能；$PbO_2$ 中铅处于最高价（+4 价），因此它具有很强的氧化性。由于以上原因，使得 PbO_2 在电解工业中，成为了一种不可或缺的阳极材料。

PbO_2 作为阳极材料，在电催化氧化中的应用主要有以下几个方面：

（1）电解氧化合成有机化合物。S. Abaci 等[177]曾分别利用 α 型和 β 型 PbO_2 电解合成苯醌，有效地提高了其电流效率，降低了能耗。在卤仿制备中，用 PbO_2 电极代替铂电极效果较为理想，其电流效率可达 80%~90%，转化率可达 98%~99%，产品纯度可达 99.5%~99.9%。M. Nakamura 等[178]发现 PbO_2 在环丙烷开环生成 β-胺基酯的反应中，具有高化学选择性。

（2）电解制备臭氧。电解制造臭氧时采用 Pt 作为阳极材料，其成本较高。为了降低生产成本，可使用析氧过电位相近的 PbO_2 电极取代铂电极用于臭氧的生产，可以提高电流效率，获得良好的经济效益[179]。

（3）卤酸盐工业。PbO_2 电极在卤酸盐工业生产中的应用，中国无论在生产和研究方面都占有优势。20 世纪 80 年代，大连化物所就已利用 PbO_2 电极作为阳极，用次氯酸氧化生产高氯酸；天津化工研究设计院以钛基 PbO_2 电极为阳极，采用电化学技术合成高氯酸，其转化率及电流效率都比较高；以 PbO_2 电极为阳极生产溴酸盐和碘酸盐的技术也比较成熟，特别是在碘酸盐生产中，PbO_2 的催化性能更为突出。

（4）湿法冶金工业。PbO_2 电极耐 H_2SO_4 腐蚀，适宜在 Zn、Cu、Ni、Co 等硫酸盐电解液中提炼金属，同时，PbO_2 阳极也具有电流效率高、能耗低等特点。

（5）环保领域。PbO_2 电极具有较高的析氧过电位，它的这一特性在环保领域有着广阔的应用前景。日常生活中有越来越多难降解有机污染物或生物毒性污染物的产生，使得传统的废水处理技术面临极大的挑战。例如，甲醛树脂、药物、农药和合成纤维生产过程中所产生的苯酚，用传统方法很难除净。其原因是苯酚因具有生物杀伤特性，会导致活性细菌数量的降低而无法用生物法降解；通过焚烧处理则会产生毒性更大的二噁烯；采用超临界氧化、光催化氧化处理，由于废水混浊度高以及氯离子的存在也很困难。而以 PbO_2 为阳极采用电化学工艺处理这类废水，可使苯酚几乎完全除去，COD 的去除率在 90%以上。用 PbO_2 电极处理 4-羟基苯乙烯废水的研究结果证明，一般只需 3~6h 就可以将其完全降解为无机物或二氧化碳。在 PbO_2 电极上通过电化氧化去除反式 3-4 二羟基苯乙烯的效率也非常高。在酸性溶液中电化氧化 2-萘酚，PbO_2 电极与其他电极相比，析氧过电位较高，活性保持也较长久。陶瓷基 PbO_2 电极在电流密度为 0.4A/dm^3 下，可以使 CN^- 废水质量浓度明显下降，含 Cu^+ 废水质量浓度从原来的 450mg/L 下降到 58mg/L。

1.6.2 析氧方面的应用

PbO_2 阳极具备的高导电性、高化学稳定性、耐蚀性、价格低廉等优点，使其适宜作为阳极材料在电解析氧反应中使用。Tarter 和 Elder 在 1968 年便对 α 型和 β 型 PbO_2 在水溶液中电解析氧反应进行了研究[180]。水电解的阳极析氧是一个高度不可逆的电化学反应。PbO_2 具有较高的过电位，这会导致水电解的能耗较大。近年来，降低 PbO_2 析氧过电位，减少其在水电解生产中的能耗，是该领域内研究的重点。很多研究人员通过阳极表面修饰和添加法对 PbO_2 进行了改性。于德龙等人[109]曾报道在加有添加剂的电解液中制备的 PbO_2 电极，具有较高的比表面积，且在酸性溶液中析氧的催化活性明显提高了，从而使 PbO_2 电极的析氧过电位得到了降低。Larew 和 Larry 等人[113]制备了掺杂 Bi 的 PbO_2 电极，发现电极表面的 Bi^{5+} 离子活性点，降低了 O_2 在电极表面的析出电位。Musiani 等[110]制备了掺杂 Co 和 Ru 的 PbO_2 电极，并与纯 PbO_2 电极进行了对比研究，结果表明，$PbO_2+Co_3O_4$ 和 PbO_2+RuO_2 电极具有更高的电催化活性和较低的析氧过电位。

1.6.3 储能方面的应用

1.6.3.1 铅酸电池

铅酸蓄电池的板栅及活性物质主要由铅及其氧化物制成，电解液是硫酸溶液。充电状态下，正极主要成分为二氧化铅，负极主要成分为海绵状铅；放电状态下，正负极的主要成分均为硫酸铅。

充电：

阳极： $$PbSO_4+2H_2O-2e^- \longrightarrow PbO_2+4H^++SO_4^{2-} \tag{1-42}$$

阴极： $$PbSO_4+2e^- \longrightarrow Pb+SO_4^{2-} \tag{1-43}$$

放电：

负极： $$Pb+SO_4^{2-}-2e^- \longrightarrow PbSO_4 \tag{1-44}$$

正极： $$PbO_2+4H^++SO_4^{2-}-2e^- \longrightarrow PbSO_4+2H_2O \tag{1-45}$$

由于成本低、可重复充电和容易生产制造，铅酸蓄电池在交通、通信、电力、军事、航海、航空等各个领域，都起到了不可或缺的重要作用。根据铅酸蓄电池不同的结构与用途，主要可分为四大类：

(1) 启动用铅酸蓄电池；

(2) 动力用铅酸蓄电池；

(3) 固定型阀控密封式铅酸蓄电池；

(4) 其他类，包括小型阀控密封式铅酸蓄电池、矿灯用铅酸蓄电池等。

1.6.3.2 超级电容器

超级电容器是介于传统电容器和电池之间的新型储能器件。在储能、高功率脉冲电源和后备电源等诸多领域具有广泛的应用前景。根据电化学电容器储存电能的机理不同，可以将它分为双电层电容器、赝电容器和混合电容器。双电层电容器电极通常由具有高比表面积的活性炭粉末、活性炭纤维等多孔炭材料组成；赝电容器是由金属氧化物电极构成，金属氧化物的电极表面会发生高度可逆的化学吸附、脱附或氧化、还原反应，从而产生和电极充电电位有关的电容；而混合超级电容器网是将金属氧化物作为阳极，活性炭材料作为阴极构成的电容器。

目前金属氧化物基电容器研究最为成功的电极材料主要是 RuO_2，但是由于贵金属的资源有限且价格过高，所以其应用范围受到限制，无法普及应用。PbO_2 的价格低廉、导电性好、化学稳定性高，可取代 RuO_2 作为阳极材料应用在超级电容器中。Burke 等人[181]曾提出将 PbO_2 作为阳极材料，活性炭 AC 作为阴极材料，电解质溶液与铅酸电池相同，组成一个类似铅酸电池的超级电容器，该电容器不但具有高能量密度，且成本大大降低。L. J. Gao 等人[182,183]对 PbO_2/AC 混合超级电容器做了进一步研究，研究表明该电容器具有较好的比电容性质、较高的能量密度和循环稳定性。但是，由于 PbO_2 电极材料需要在强酸介质（一般为 1. 28g/L）中才能表现出其最佳的电容性能，所以此类电容器在使用时存在很大的安全性问题，而且 PbO_2 电极材料的电容性能也需要进一步地提高。

1.7 二氧化铅在有色金属电积用存在的问题及挑战

除不同基体 PbO_2 电极制备过程中存在的缺陷外，复合电极在制备方面还存在两大局限。

首先，制备过程比较复杂。基体活化一般都要经过 2 个以上的过程才能完成，且制备工艺复杂、冗长，较难控制。

其次，该类电极从结构上仅相当于在传统电极外表面镀上 β-PbO_2 活性催化层，所进行的电化学过程与传统方法相比虽具有催化作用的特点，但过程中能耗、电流效率、副反应多等局限性并无太大改变。

有色金属电积广泛使用的 Pb 基合金阳极在使用方面仍有许多缺点：

（1）Pb-Ag 合金由于需要添加 0.5%~1.0%（质量分数）的银，因而阳极的制作成本较高。

（2）Pb-Ag 合金仍有一定的腐蚀速率，阳极 Pb 进入了阴极沉积物 Zn 中使产品遭到污染。

（3）阳极上析氧的超电压较高，导致生产因电耗高而成本增加。此外，由此产生的热量需加散热设备，也因此增加了费用。

（4）需要定期清理阳极和电解槽，给生产造成一定的损失。

（5）阳极上的电力线分布不均匀，以及阳极与其附近电解液的局部过热。

（6）相对差的力学性能使阳极在使用过程中翘曲，引起极板间短路。

（7）电解液中若含有少量氯离子，则易在阳极上氧化为氯气，使电解槽上方的空气污染加重。

参考文献

[1] 刘业翔．功能电极材料及其应用［M］．湖南：中南大学出版社，1996.

[2] 李松瑞．铅及铅合金［M］．湖南：中南工业出版社，1996.

[3] 何凯东．银对锌电积过程的影响［J］．有色金属（冶炼部分），1989，20（6），33-36.

[4] 徐瑞东，潘茂森，郭忠诚．锌电积用惰性阳极材料的研究现状［J］．电镀与环保，2005，25（1）：4-7.

[5] Adolf V R. 达特伦电锌厂的改建［J］．有色冶炼，1988，17（3）：19-20.

[6] Nmetsu Y U，Nozaka H，Toazawa K［J］．素材学会杂志，1989，105（3）：249-254.

[7] Hein K，Thomas S. Oxygen overvoltage at insoluble anodes in the system Pb-Ag-Ca［J］．Erzmetal，1991，44（9）：447-451.

[8] 杨光棣，林蓉．低银铅钙合金阳极在锌电解工业中的应用［J］．有色冶炼，1992，21（2）：20-24.

[9] 郭天立. 低银阳极在锌电积中使用实践 [C]. 第八届全国铅锌冶金生产技术及产品应用学术年会论文集, 2001.

[10] 柳松, 马荣骏. 铅银钙合金阳极的电化学行为 [J]. 有色金属, 1995, 47 (3): 61-64.

[11] Petrova M, Nonchevaa Z, Dobreva St. et al. Investigation of the processes of obtaining plastic treatment and electrochemical behaviour of lead alloys in their capacity as anodes during the electroextraction of zinc I. Behaviour of Pb-Ag, Pb-Ca and PB-Ag-Ca alloys [J]. Hydrometallurgy, 1996, 40 (3): 293-318.

[12] Petrova M, Stefanov Y, Noncheva Z, et al. Electrochemical behavior of lead alloys as anodes in zinc electrowinning [J]. British Corrosion Journal, 1999, 34 (3): 198-200.

[13] Zhang W, Houlachi G. Electrochemical studies of the performance of different Pb-Ag anodes during and after zinc electrowinning [J]. Hydrometallurgy, 2010, 104 (2): 129-135.

[14] 刘良绅, 柳松, 等. Pb-Ag-Ca 三元合金机械性能的研究 [J]. 矿冶工程, 1995, 15 (4): 61-64.

[15] Lupi C, Prone D. New lead alloy anodes and organic depolarizer utilization in zinc electrowinning [J]. Hydrometallurgy, 1997, 347-358.

[16] 杨海涛, 刘焕荣, 张永春, 等. 锌电积用 Pb-Ag-Sb-Ca 四元合金阳极的电化学性能研究 [J]. 昆明理工大学学报 (自然科学版), 2013, 38 (2): 7-11.

[17] 李霞, 尚鸿员. 铅-钙-铝合金的研制及推广应用 [J]. 甘肃冶金, 2002 (4): 15-17.

[18] 康厚林. Pb-Ag-Sr-Ca 四元合金阳极在电解锌生产线的应用 [J]. 有色矿冶, 1995, (5): 25-30.

[19] 张淑兰. 锌电积铅基四元合金阳极的研究与应用 [J]. 有色冶炼, 1997, 26 (3): 21-23.

[20] 杜文明. 低银铅钙多元合金阳极板的制造 [J]. 有色金属 (冶炼部分), 2000, 31 (6): 46-47.

[21] 王恒章. 四元合金阳极板在湿法炼锌中的应用 [J]. 有色冶炼, 2001, 30 (6): 18-20.

[22] Lupi C, Pilone D. 用于锌电积的新铅合金阳极和有机去极化剂 [J]. 株冶科技, 1998 (1): 14-17.

[23] Wislei R, Osório, Rosa D M, et al. Cell/dendrite transition and electrochemical

corrosion of Pb - Sb alloys for lead - acid battery application [J]. J. Power Sources, 2011, 196 (15): 6567-6572.

[24] 杨光棣，汪大成．铅钙板栅合金的电化学特性 [J]．蓄电池，1989 (2): 9-13.

[25] Rashkov St, Dobrev Ts, Noncheva Z, et al. Lead-cobalt anodes for electrowinning of zinc from sulphate electrolytes [J]. Hydrometallurgy, 1999, 52 (3): 223-230.

[26] Alamdari E K, Darvishi D, Khoshkhoo M S, et al. On the way to develop Co-containing lead anodes for zinc electrowinning [J]. Hydrometallurgy, 2012, 119-120: 77-86.

[27] 龙雪梅，李伟善．铋含量对铅铋合金析氧行为的影响 [J]．电源技术，2004, 28 (9): 575-577.

[28] 李鑫，王涛，魏绪钧，等．稀土在铅基合金中的应用 [J]．有色金属，2003, 55 (2): 15-17.

[29] 李党国，周根树，林冠发，等．稀土合金在硫酸溶液中阳极行为研究 [J]．中国稀土学报，2005, 23 (2): 224-227.

[30] 周彦葆，马敏，张新华．稀土元素 Sm 代替 Pb-Ca-Sn 合金中的 Ca 对铅合金在硫酸溶液中的阳极行为的影响 [J]．复旦学报（自然科学版），2003, 42 (6): 930-934, 938.

[31] 刘芳清，张新华，马敏，等．镨和钕对硫酸溶液中铅阳极膜阻抗特性的影响 [J]．复旦学报（自然科学版），2008, 47 (5): 659-662.

[32] 戴峻，王荣，季巍巍，等．铅合金电极材料的制备及性能的研究 [J]．铸造工程，2006, 2 (105): 33-35.

[33] Li D G, Zhou G S, Yao L, et al. Investigation on properties of Pb - Sb - Re Alloy [J]. J. Rare Earths, 2005, 23 (S1): 452-455.

[34] 葛鹏．锌电积中新型铅基阳极的研究 [D]．陕西：西安建筑科技大学，2001.

[35] Dykstra P A, Kelsall C H. Influence of crystal structure and interparticle contact on the electrochemical properties of PbO_2 electrodes [J]. Journal of Applied Electrochemistry, 1989, 19: 697-702.

[36] Cheraghi B, Fakhari A R. Chemical and electrochemical deposition of conducting polyaniline on lead [J]. Journal of Electroanalytical Chemistry, 2009, 116-122.

[37] Chen Hongyu, Huang Qiming, Wu Ling, et al. Influence of plating tin and alumina on electrochemical behavior of lead alloys electrodes [J]. Chinese Journal

of Power Resources, 2001, 25 (2): 22-25.

[38] Pape-reâ Rolle C L, Petit M A, Wiart R. Catalysis of oxygen evolution on IrO_x/Pb anodes in acidic sulfate electrolytes for zinc electrowinning [J]. J. Applied Electrochemistry, 1999 (29): 1347-1350.

[39] 林洪波，吴浩波，李瑞迪，等. Pb-Ag 阳极涂层制备及其电催化析氧性能 [J]. 矿冶工程，2012，32 (3)：119-122.

[40] Li Y, Jiang L X, Lv X J, et al. Oxygen evolution and corrosion behaviors of co-deposited Pb/Pb-MnO_2 composite anode for electrowinning nonferrous metals [J]. Hydrometallugy, 2012, 109: 252-257.

[41] Li Y, Jiang L X, Lv X J, et al. Electrochemical behaviors of co-deposited Pb/Pb-MnO_2 composite anode in sulfuric acid solution-Tafel and EIS investigation [J]. Journal of Electroanalytical Chemistry, 2012, 671: 16-23.

[42] 李宁，黎德育，仓知三夫，等. 铅阳极的制备方法与性能 [J]. 材料工程，2000，10：36-39.

[43] 光求旺，林英. 一种电解铜用铅阳极板：中国，2438727 [P]. 2001-07-11.

[44] 赖延清，李劼，刘业翔，等. 一种有色金属电积用节能阳极：中国，200710034340.6 [P]. 2007-01-29.

[45] Lai Yanqing, Jiang Liangxing, Li Jie, et al. A novel porous Pb-Ag anode for energy-saving in zinc electrowinning Part Ⅰ: Laboratory preparation and properties [J]. Hydrometallurgy, 2010, 102 (1/4): 73-80.

[46] Lai Yanqing, Jiang Liangxing, Li Jie, et al. A novel porous Pb-Ag anode for energy-saving in zinc electrowinning Part Ⅱ: Preparation and pilot plant test of large size anode [J]. Hydrometallurgy, 2010, 102 (1/4): 81-86.

[47] 蒋良兴，吕晓军，李渊，等. 锌电积用"反三明治"结构铅基复合多孔阳极 [J]. 中南大学学报，2011，42 (4)：871-875.

[48] 李劼，王辉，赖延清，等. 一种有色金属电积用 Pb 基多孔节能阳极的制备方法：中国，200810031807.6 [P]. 2008-07-18.

[49] 郭忠诚，陈步明. 一种有色金属电积用新型阳极材料的制备方法：中国，201110101691.0 [P]. 2011-04-22.

[50] 潘君益，郭忠诚. 锌电积用惰性阳极材料的研究现状 [J]. 云南冶金，2004，33 (6)：31-35.

[51] 孙凤梅，潘建跃，罗启富，等. PbO_2 阳极材料的研究进展 [J]. 兵器材料科学与工程，2004，27 (1)：68-72.

[52] Munichandraiah N. Insoluble anode of porous lead dioxide for electro－synthesis：preparation and characterization [J]. Appl electrochemical，1987，(17)：22-23.

[53] 张招贤．钛电极工学 [M]. 北京：冶金工业出版社，2000.

[54] Ueda M，Watanabe A，Kameyama T. Performance characteristics of a new type of lead dioxide－coated titanium [J]. Journal of applied electrochemistry，1995，25：817-822.

[55] 潘会波．金属阳极涂层的研制及应用 [J]. 稀有金属材料与工程，1990，(1)：56-58.

[56] Cifuentes G，Cifuentes L，Kammel R，et al. New methods to produce electrocatalytic lead (Ⅳ) dioxide coatings on titanium and stainless steel [J]. Zeitschrift Für Metallkunde，1998，5 (98)：363-367.

[57] Chen B M，Guo Z C，Xu R D. Electrosynthesis and physicochemical properties of α-PbO_2-CeO_2-TiO_2 composite electrodes [J]. Transactions of Nonferrous Metals Society of China，2013，23 (4)：1191-1198.

[58] 陈步明，郭忠诚．α-PbO_2-CeO_2-TiO_2 复合电极材料的耐蚀性研究 [J]. 电镀与精饰，2011，33 (4)：1-4.

[59] 王雅琼，童宏扬，许文林．Sb_2O_5+SnO_2 中间层的制备条件对 Ti/Sb_2O_5+SnO_2/PbO_2 电极性能的影响 [J]. 应用化学，2004，21 (5)：437-441.

[60] 梁振海，边书田，任所才，等．硫酸中钛基二氧化铅阳极研究 [J]. 稀有金属材料与工程，2001，30 (3)：232-234.

[61] 崔瑞海，田玖，杨丽娟，等．Ti/Sb_2O_5+SnO_2/PbO_2 电极电催化氧化对氨基苯酚 [J]. 分子科学学报，2008，24 (4)：262-266.

[62] 许学敏，张秋香，丁平．析氧体系阳极制备及性能 [J]. 化学世界，1998 (1)：26-29.

[63] Savall A. Electrochemical degradation of phenols in aqueous solutions：mechanistic aspects and comparision of various PbO_2 electrode formulations [J]. Transaction of the saest，1999，34：93-100.

[64] Kumagai N. The effect of sputter-deposited Ta intermediate layer on durability of IrO_2-coated Ti electrodes for oxygen evolution [J]. Proc Electrochem Soc，1993，30.

[65] 陈振方，将汉瀛．有色金属电极新型阳极及其行为的研究 [J]. 有色金属(冶炼部分)，1989，20 (3)：16-19.

[66] 于文强，易清风．一种新的钛基 MnO_2 电极的制备及其电容特性 [J]. 湖

南科技大学学报（自然科学版），2009，24（1）：102-106.

[67] 崔玉虹，刘正乾，刘志刚，等．Ce 掺杂钛基二氧化锡电极的制备及其电催化性能研究［J］．功能材料，2004（35 增刊）：2035-2039.

[68] Comninellis C. Preparation of $SnO_2-Sb_2O_5$ by the spray surpluses technique [J]. APP electrochem, 1996, 26: 83-89.

[69] Yeo I H, Johnson D C. Effect of groups ⅢA and ⅤA metal oxides in electrodeposited $\beta-PbO_2$ dioxide electrodes in acidic media [J]. Journal of Electrochemical Society, 1987, 134: 1973-1977.

[70] Nielsen B S, Davis J L, Thiel P A. Surface properties of PbO_2 and Bi-modified PbO_2 electrodes [J]. Journal of Electrochemical Society, 1990, 137: 1017-1022.

[71] Yeo I H, Kim S, Jacobson R, et al. Comparison of structural data with electrocatalytic phenomena for bismuth-doped lead dioxide [J]. Journal of Electrochemical Society, 1989, 136: 1395-1401.

[72] Mohd Y, Pletcher D. The fabrication of lead dioxide layers on a titanium substrate [J]. Electrochimica Acta, 2006, 52 (3): 786-793.

[73] Popovié Nataša Đ, Cox James A, Johnson Dennis C. A mathematical model for anodic oxygen-transfer reactions at Bi (Ⅴ) -doped PbO_2-film electrodes [J]. Journal of Electroanalytical Chemistry, 1998, 456: 203-209.

[74] 赵海燕，曹江林，曹发和，等．F^- 和 Fe^{3+} 掺杂对 Ti 基 PbO_2 阳极性能的影响［J］．无机化学学报，2009，25（1）：117-123.

[75] Velichenko A B, Amadell R, Zucchini G L, et al. Electrosynthesis and physicochemical properties of Fe-doped lead dioxide electrocatalysts [J]. Electrochimica Acta, 2000, 45: 4341-4350.

[76] Leonardo S. Andrade, Luís Augusto M. Ruotolo, Romeu C. Rocha-Filho, et al. On the performance of Fe and Fe, F doped Ti-Pt/PbO_2 electrodes in the electrooxidation of the Blue Reactive 19 dye in simulated textile wastewater [J]. Chemosphere, 2007, 66: 2035-2043.

[77] Cattarin S, Frateur I, Guerriero P, et al. Electrodeposition of PbO_2+CoO_x composites by simultaneous oxidation of Pb^{2+} and Co^{2+} and their use as anodes for O_2 evolution [J]. Electrochimica Acta, 2000, 45 (14): 2279-2288.

[78] Bertoncello R, Cattarin S, Frateur I, et al. Preparation of anodes for oxygen evolution by electrodeposition of composite oxides of Pb and Ru on Ti [J]. Journal of Electroanalytical Chemistry, 2000, 492: 145-149.

[79] 赵海燕，曹江林，张鉴清．掺杂 F^- 对 PbO_2 阳极性能和电催化活性的影响

[J]. 无机化学学报，2007，23 (12)：2079-2084.

[80] Musiani M，Furlanetto F，Bertoncello R. Electrodeposited PbO_2 + RuO_2：a composite anode for oxygen evolution from sulphuric acid solution [J]. Journal of Electroanalytical Chemistry，1999，465：160-167.

[81] Dan Yuanyuan，Lu Haiyan，Liu Xiaolei，et al. Ti/PbO_2+nano-Co_3O_4 composite electrode material for electrocatalysis of O_2 evolution in alkaline solution [J]. International Journal of hydrogen energy，2011 (36)：1949-1954.

[82] 谢香兰，曹梅，郭忠诚 . Ti/Pb-WC 复合镀电流密度对镀层性能的影响 [J]. 材料保护，2011，44 (2)：24-26.

[83] 姜妍妍 . 直流电沉积 Ti 基复合阳极材料的性能研究 [D]. 昆明：昆明理工大学，2010.

[84] 周建峰 . 聚苯胺及碳化物增强铅基惰性阳极材料的研究 [D]. 昆明：昆明理工大学，2010.

[85] 蔡天晓，鞠鹤，武宏让，等 . β-PbO_2 电极中加入纳米级 TiO_2 的性能研究 [J]. 稀有金属材料与工程，2003，32 (7)：558-560.

[86] 叶匀分，王志宏，李承瑞 . 采用高过电位阳极处理废水中酚的研究 [J]. 1999 (11)：18-21.

[87] Feng J，Johnson D C. Electrocatalysis of anodic oxygen-transfer reaction：alpha-lead dioxide electrodeposited on stainless steel substrates [J]. APP Electrochem，1990，(20)：116-124.

[88] 苗治广 . 电沉积法制备 SS-PbO_2-WC-ZrO_2-聚苯胺复合惰性阳极材料的研究与应用 [D]. 昆明：昆明理工大学，2006.

[89] 曹建春，郭忠诚，潘君益，等 . 新型不锈钢基 PbO_2/PbO_2-CeO_2 复合电极材料的研制 [J]. 昆明理工大学学报（理工版），2004，29 (5)：39-41.

[90] 张殿宏 . 不锈钢基 Sb 掺杂 SnO_2 阳极的制备及催化性能研究 [D]. 黑龙江：黑龙江大学，2009.

[91] 宋曰海 . 不锈钢基不溶性催化电极的制备及其对难降解有机废水的电催化降解作用 [D]. 北京：北京工业大学，2007.

[92] 陈步明 . 新型节能阳极材料制备技术及电化学性能研究 [D]. 昆明：昆明理工大学，2009.

[93] 黄惠，许金泉，郭忠诚 . 电沉积 Al/Pb-WC-ZrO_2 系复合电极材料的研究 [J]. 材料研究与应用，2008，2 (2)：115-118.

[94] 曹梅 . Al 基 SnO_2+Sb_2O_3，SnO_2+Sb_2O_3+MnO_2 涂层二氧化铅电极的制备及其应用 [D]. 昆明：昆明理工大学，2005.

[95] 常志文，郭忠诚，潘君益，等. Al/Pb-WC-ZrO_2-Ag 和 Al/Pb-WC-ZrO_2-CeO_2 复合电极材料的性能研究 [J]. 昆明理工大学学报，2007，32（3）：13-17.

[96] 刘小丽，陈步明，郭忠诚，等. 铝基 β-PbO_2-WC-TiO_2 复合电极材料的研制 [J]. 电镀与涂饰，2010，29（11）：1-3.

[97] 石小钊，郭忠诚，陈步明，等. 电积锌用铝基 β-PbO_2-WC-TiO_2-ZrO_2-SnO_2 复合阳极的电沉积制备 [J]. 电镀与涂饰，2009，28（8）：9-11.

[98] 王峰，俞斌. 一种新型 PbO_2 电极的研制 [J]. 应用化学，2002，19（2）：193-195.

[99] 李国防，凌翠霞，乔庆东. 铁基 PbO_2 电极的电沉积制备和表征 [J]. 商丘师范学院学报，2006，22（2）：117-120.

[100] 魏敏，李国防，李贯良，等. 电沉积制备铁基 β-PbO_2 电极 [J]. 化学世界，2007，(6)：337-340.

[101] 池迪书，阮秀英，张永祥，等. ABS 塑料基体二氧化铅电极的制造/性能及其应用 [J]. 福建师范大学学报（自然科学版），1992，8（2）：60-64.

[102] 周海晖，陈范才，赵常就. 环氧板二氧化铅电极的制备及其性能测试 [J]. 表面技术，2000，29（2）：15-16.

[103] Das K, Mondal A. Discharge behaviour of electro-deposited lead and lead dioxide electrodes on carbon in aqueous sulfuric acid [J]. Journal of Power Sources, 1995, 55 (2): 251-254.

[104] Andrzej C, Malgorzata Z. Electrochemical behavior of lead dioxide deposited on reticulated vitreous carbon [J]. Journal of Power Sources, 1997, 64: 29-34.

[105] Ramachandran P, Balakrishnan K. Preconditioning of lead-silver alloy anodes for use in electrowinning of metals [J]. Bulletin of Electrochemistry, 1996, 12 (5): 352-354.

[106] 李宁，王旭东，吴志良，等. 高速电镀锌用不溶性阳极 [J]. 材料保护，1999，32（9）：7-9.

[107] 黄永昌. 钛基二氧化铅电极 [J]. 无机盐工业，1980（2）：16-19.

[108] Lee Jaeyoung, Varela Hamilton. Electrodeposition of PbO_2 onto Au and Ti substrates [J]. Electrochemistry Communication, 2005, 5 (2): 646-652.

[109] 于德龙，覃奇贤. 低析氧过电位 PbO_2 电极的研究 [J]. 材料研究学报，1995，9（3）：250-254.

[110] Casellato U, Cattarin S, Musiani M. Preparation of porous PbO_2 electrodes by electrochemical deposition of composites [J]. Electrochemical Acta, 2003,

48 (27): 3991-3998.

[111] Velichenko A B, Girenko D V, Kovalyov S V, et al. Lead dioxide electrodeposition and its application: influence of fluoride and iron ions [J]. Journal of Electroanalytical Chemistry, 1998, 454: 203-208.

[112] 王桂清, 刘敏娜. 塑料基体上化学镀二氧化铅 [J]. 电镀与环保, 1995, 15 (3): 20-21.

[113] Larew Larry A, Gordon James S, Hsiao Yun Lin, et al. Application of on electrochemical quartz crystal microbalance to a study of pure and bismuth-doped beta-lead dioxide film electrodes [J]. Journal of Electrochemical Society, 1990, 137 (10): 3071-3078.

[114] Gordon James S, Young Victor G, Johnson Dennis C. Application of an electrochemical quartz crystal microbalance to a study of the anodic deposition of PbO_2 and Bi-PbO_2 film on gold electrodes [J]. Journal of Electrochemical Society, 1994, 141: 652-659.

[115] Kawagoe K T, Johnson D C. Oxidation of phenol and benzene at bismuth-doped lead dioxide electrodes in acidic solutions [J]. Journal of Electrochemical Society, 1994, 141: 3404-3409.

[116] Feng Jianren, Johnson Dennis C. Titanium substrates for pure and doped lead dioxide films [J]. Journal of Electrochemical Society, 1991, 138: 3328-3337.

[117] 申哲民, 雷阳明, 贾金平, 等. PbO_2 电极氧化有机废水的研究 [J]. 高校化学工程学报, 2004, 18 (1): 105-108.

[118] 李善评, 胡 振, 孙一鸣, 等. 新型钛基 PbO_2 电极的制备及电催化性能研究 [J]. 山东大学学报 (工学版), 2007, 37 (3): 109-113.

[119] Fukuda K, Iwakura Ch, Tamura H. Anodic processes on a titanium-supported Ruthenium dioxide electrode at high potentials in a mixture of sulfuric acid and ammonium sulfate [J]. Electrochimica Acta, 1978, 23 (7): 613-618.

[120] Fukuda K, Iwakura Ch, Tamura H. Effect of the addition of NH_4F on anodic behaviors of DSA-type electrodes in H_2SO_4-$(NH_4)_2SO_4$ solutions [J]. Electrochimica Acta, 1978, 24 (4): 367-371.

[121] Gilroy D, Stevens R. The electrodeposition of lead dioxde on titanium [J]. Journal of Applied Electrochemistry, 1980, 10: 511-525.

[122] Amadelli R, Armelao L, Velichenko A B, et al. Oxygen and ozone evolution at fluoride modified lead dioxide electrodes [J]. Electrochimica Acta, 1999, 45: 713-720.

[123] Velichenko A B, Devilliers D. Electrodeposition of fluorine-doped lead dioxide [J]. Journal of Fluorine Chemistry, 2007, 128 (4): 269-276.

[124] Cao Jianglin, Zhao Haiyan, Cao Fahe, et al. The influence of F^- doping on the activity of PbO_2 film electrodes in oxygen evolution reaction [J]. Electrochimica Acta, 2007, 52 (28): 7870-7876.

[125] Feng Jianren, Johnson Dennis C. Fe-doped beta-lead dioxide electrodeposited on noble metals [J]. Journal of Electrochemical Society, 1990, 137: 507-510.

[126] Feng J, Johnson D C, Lowery S N, et al. Electrocatalysis of anodic oxygen-transfer reaction: evolution of ozone [J]. Journal of Electrochemical Society, 1994, 141 (10): 2708-2711.

[127] Tench D, Warren L F. Electrodeposition of conducting transition metal oxide/hydroxide films from aqueous solution [J]. Journal of Electrochemical Society, 1983, 130 (4): 869-872.

[128] Burke L D, Mclarthy M M. Modification of the electronic transfer properties of Co_3O_4 as required for its use in DSA-type anodes [J]. Journal of Electrochemical Society, 1988, 135 (5): 1175-1179.

[129] Baronetto D, Kodintsev I M, Transatti S. Origin of ohmic losses at Co_3O_4/Ti electrodes [J]. Journal of Applied Electrochemistry, 1994, 24 (3): 189-194.

[130] Gnanasekaran K S A, Narasimham K C, Udupa H V K. Stress measurements in electrodeposited lead dioxide [J]. Electrochimica Acta, 1970, 15: 1615-1622.

[131] Cattarin S, Guerriero P, Musiani M. Preparation of anodes for oxygen evolution by electrodeposition of composite Pb and Co oxides [J]. Electrochimica Acta, 2001, 46: 4229-4234.

[132] Velichenko A B, Amadelli R, Baranova E A, et al. Electrodeposition of Co-doped lead dioxide and its physicochemical properties [J]. Journal of Electroanalytical Chemistry, 2002, 527: 56-64.

[133] Ai Shiyun, Gao Mengnan, Zhang Wen, et al. Preparation of Ce-PbO_2 modified electrode and its application in detection of anilines [J]. Talanta, 2004, 62 (3): 445-450.

[134] Ai Shiyun, Li Jiaqing, Li luoping, et al. Electrochemical deposition and properties of nanometer-structure Ce-doped lead dioxide film electrode [J]. Chinese Journal of Chemistry, 2005, 23: 71-75.

[135] 王留成，李晓乐，赵建宏，等. 掺杂 PbO_2/Ti 阳极在硫酸铬电氧化过程的电极行为 [J]. 化学研究与应用，2007，19 (2): 172-175.

[136] 崔玉虹，冯玉杰，刘峻峰. Sb 掺杂钛基 SnO_2 电极的制备，表征及其电催化性能研究 [J]. 功能材料，2005，36（2）：234-237.

[137] Song Yuehai，Wei Gang，Xiong Rongchun. Structure and properties of PbO_2-CeO_2 anodes on stainless steel [J]. Electrochimica Acta，2007，52：7022-7027.

[138] Yeo I H，Lee Y S，Johnson D C. Growth of lead dioxide on a gold electrode in the presence of foreign ions [J]. Electrochimica Acta，1992，37（10）：1811-1815.

[139] Ge Jisheng，Johnson Dennis C. Electrocatalysis of anodic oxygen-transfer reactions：aliphatic amines at mixed silver-lead oxide-film electrodes [J]. Journal of Electrochemical Society，1995，142：1525-1531.

[140] 顾静，张文，唐辉，等. 纳米 Ag_2O_2-PbO_2 化学修饰电极对大肠杆菌细胞膜壁和 DNA 损伤的研究 [J]. 高等学校化学学报，2005，26（12）：2214-2217.

[141] Gu Jing，Zhang Wen，Yang YuFeng，et al. Preparation of the Ag_2O_2-PbO_2 modified electrode and its application towards Escherichia coli fast counting in water [J]. Chinese Chemical Letters，2005，16（5）：635-638.

[142] 万芳利，张文，顾静，等. 掺锰纳米 PbO_2 修饰电极色谱电化学用于四氢生物喋呤等物质的检测研究 [J]. 化学传感器，2003，23（4）：15-21.

[143] Carr J P，Hampson N A. The lead dioxide electrode [J]. Chemical reviews，1972，72（6）：679-703.

[144] Beck F. Cyclic behaviour of lead dioxide electrodes in tetrafluorborate solutions [J]. Journal of Electroanalytical Chemistry，1975，65（1）：231-243.

[145] Ramamuthy A C，Kuwana Theodore. Electrochemical nucleation and growth of lead dioxide on glassy carbon electrodes [J]. Journal of Electroanalytical Chemistry，1982，135（2）：243-255.

[146] Musiani M，Furlanetto F，Guerriero P. Electrochemical deposition and properties of PbO_2+Co_3O_4 composites [J]. Journal of Electroanalytical Chemistry，1997，440：131-138.

[147] Ho Chun Nan，Hwang Bing Joe. Effect of hydrophobicity on the hydrophobic-modified polytetrafluoroethylene/PbO_2 electrode towards oxygen evolution [J]. Journal of Electroanalytical Chemistry，1994，377：177-190.

[148] 钟小芳，苏光耀，李朝晖，等. 钛基 PbO_2 疏水电极的研究 [J]. 湘潭大学自然科学报，1999，21（3）：46-49.

[149] Tong Shaoping，Ma Chun'an，Feng Hui. A novel PbO_2 electrode preparation

and its applicationin organic degradation [J]. Electrochimica Acta, 2008, 53: 3002-3006.

[150] Bertoncello R, Furlanetto F, Guerriero P, et al. Electrodeposited composite electrode materials: effect of the concentration of the electrocatalytic dispersed phase on the electrode activity [J]. Electrochimica Acta, 1999, 44 (23): 4061-4068.

[151] Burke L D, McCarthy M. Oxygen gas evolution at, and deterioration of, RuO_2/ZrO_2-coated titanium anodes at elevated temperature in strong base [J]. Electrochimica Acta, 1984, 29 (2): 211-216.

[152] Chiaki Iwakura, Kazuhiro Hirao, Hideo Tamura. Preparation of ruthenium dioxide electrodes and their anodic polarization characteristics in acidic solutions [J]. Electrochimica Acta, 1977, 22 (4): 335-340.

[153] Huet F, Musiani M, Nogueira R P. Electrochemical noise analysis of O_2 evolution on PbO_2 and PbO_2-matrix composites containing Co or Ru oxides [J]. Electrochimica Acta, 2003, 48: 3981-3989.

[154] Carr J P, Hampson N A, Taylor R. A study of the electrical double layer at PbO_2 in aqueous KNO_3 electrolyte [J]. Journal of Electroanalytical Chemistry, 1970, 27 (1): 109-116.

[155] Kong Jiangtao, Shi Shaoyuan, Kong Lingcai, et al. Preparation and characterization of PbO_2 electrodes doped with different rare earth oxides [J]. Electrochimica Acta, 2007, 53: 2048-2054.

[156] 苗治广，郭忠诚．新型不锈钢基 PbO_2-WC-ZrO_2 复合电极材料的研制 [J]. 电镀与涂饰, 2007, 26 (4): 15-17, 20.

[157] Casellato U, Cattarin S, Guerriero P, et al. Anodic synthesis of oxide-matrix composites. Composition, morphology, and structure of PbO_2 - matrix composites [J]. Chemistry of Materials, 1997, 9: 960-966.

[158] Guglielmi N. Kinetics of the deposition of inert particles from electrolytic baths [J]. Journal of Electrochemical Society, 1972, 119: 1009-1012.

[159] Fleischmann M, Liler M. The anodic oxidation of solutions of plumbous salts, part1: the kinetics of deposition of α-lead dioxide from acetate solutions [J]. Trans. Faraday Soc., 1958, 54: 1370-1381.

[160] Fleischmann M, Thirsk H R. The potentiostatic study of the growth of deposits on electrodes [J]. Electrochimica Acta, 1959, 1: 146-160.

[161] Fleischmann M, Thirsk H R. Anodic electrocrystallization [J]. Electrochimica

Acta, 1960, 2: 22-49.

[162] Fleischmann M, Mansfield J R, Thirsk H R, et al. The investigation of the kinetics of electrode reactions by the application of repetitive square pulses of potential [J]. Electrochimica Acta, 1967, 12: 967-982.

[163] Chang H, Johnson D C. Chronoamperometic and voltammetric studies of the nucleation and electrodeposition of β-lead dioxide at a rotated gold disk electrode in acidic media [J]. Journal of Electrochemical Society, 1989, 136 (1): 17-22.

[164] Chang H, Johnson D C. Detection of soluble intermediate products during electro deposition and stripping of β-lead dioxide at a gold electrode [J]. Journal of Electrochemical Society, 1989, 136 (1): 23-27.

[165] Velichenko A B, Girenko D V, Danilov F I. Mechanism of lead dioxide electrodeposition [J]. Journal of Electroanalytical Chemistry, 1996, 405: 127-132.

[166] Velichenko A B, Amadelli R, Benedetti A, et al. Electrosynthesis and physicochemical properties of PbO_2 films [J]. Journal of Electrochemical Society, 2002, 149: C445-C449.

[167] Hyde M E, Jacobs R M J, Compton R G. An AFM study of the correlation of lead dioxide electrocatalytic activity with observed morphology [J]. The Journal of Physical Chemistry B, 2004, 108 (20): 6381-6390.

[168] Suryanarayanan V, Nakazawa I, Yoshihara S, et al. The influence of electrolyte media on the deposition/dissolution of lead dioxide on boron-doped diamond electrode-A surface morphologic study [J]. Journal of Electroanalytical Chemistry, 2006, 592: 175-182.

[169] Campbell S A, Peter L M. Detection of soluble intermediates during deposition and reduction of lead dioxide [J]. Journal of Electroanalytical Chemistry, 1991, 306: 185-194.

[170] Petersson I, Ahlberg E, Berghult B. Parameters influencing the ratio between electrochemically formed α-and β-PbO_2 [J]. Journal of Power Sources, 1998, 76 (1): 98-105.

[171] Ghasemi S, Karami H, Mousavi M F, et al. Synthesis and morphological investigation of pulsed current formed nano-structured lead dioxide [J]. Electrochemistry Communications, 2005, 7 (12): 1257-1264.

[172] Guo Yonglang. A new potential-pH diagram for an anodic film on Pb in H_2SO_4 [J]. Journal of Electrochemical Society, 1992, 139 (8): 2114-2120.

[173] Fletcher S, Matthews O B. Photoelectrochemistry in the lead-sulphuric acid system [J]. Journal of Electroanalytical Chemistry, 1981, 126: 131-144.

[174] Dimitrov M, Kochev K, Pavlov D. The effect of thickness and stoichiometry of the PbO layer upon the photoelectric properties of the Pb/PbO/$PbSO_4$/H_2SO_4 electrode [J]. Journal of Electroanalytical Chemistry, 1985, 183: 145-153.

[175] Barradas R G, Nadezhdin D S. Photoactivity on the passivated lead electrode in H_2SO_4 under illumination during cyclic voltammetry within the potential range between $PbSO_4$/PbO and PbO_2/O_2 regions [J]. Journal of Electroanalytical Chemistry, 1986, 202: 241-251.

[176] Buchanan J S, Peter L M. Photocurrent spectroscopy of the lead electrode in sulphuric acid [J]. Electrochimica Acta, 1988, 33 (1): 127-136.

[177] Abaci S, Tamer U, Pekmez K, et al. Electrosynthesis of benzoquinone from phenol on α and β surfaces of PbO_2 [J]. Electrochimica Acta, 2005, 50 (18): 3655-3659.

[178] Nakamura M, Moue T, Nakamura E. Synthesis of substituted cyclopropanone acetals by carbometallation and its oxidative cleavage with manganese (Ⅳ) oxide and lead (Ⅳ) oxide [J]. Journal of Organometallic Chemistry, 2001, 624: 300-306.

[179] Amadelli R, Battisti A De, Girenko D V, et al. Electrochemical oxidation of trans-3, 4-dihydroxycinnamic acid at PbO_2 electrodes: direct electrolysis and ozone mediated reactions compared [J]. Electrochimica Acta, 2000, 46: 341-347.

[180] McGeachin S G. Synthesis and properties of some β-diketimines derived from acetylacetone, and their metal complexes [J]. Canadian Journal Chemistry, 1968, 46 (11): 1903-1912.

[181] Burke A. R&D considerations for the performance and application of electrochemical capacitors [J]. Electrochimica Acta, 2007, 53: 1083-1091.

[182] Yu N F, Gao L J, Zhao S H, et al. Electrodeposited PbO_2 thin film as positive electrode in PbO_2/AC hybrid capacitor [J]. Electrochimica Acta, 2009, 54: 3835-3841.

[183] Yu N F, Gao L J. Electrodeposited PbO_2 thin film on Ti electrode for application in hybrid supercapacitor [J]. Electrochemistry Communications, 2009, 11: 220-222.

2 二氧化铅的制备及基本特性

2.1 二氧化铅的概述

一般理想的电极材料可以具有以下特性：（1）理想的晶格，即无孔、无裂缝、无晶界，在电解液中不能渗透。（2）在可再生状态下易获得极小的自由能。（3）本身不反应，在电解液中稳定且无薄膜。（4）在界面上不吸附反应物离子，即使在表面上吸附了中间产物或反应产物，溶液大量可溶性的电活化离子的浓度与界面相差大。（5）在晶格中，其原子尺寸大小与金属原子和氧原子不同[1]。

不溶性阳极是在电解过程中不发生或极少发生阳极溶解的反应的阳极。目前常规的阳极种类有：石墨阳极、铅基合金阳极、钛基贵金属氧化物阳极和钛基二氧化铅阳极。因为贵金属涂层阳极成本较高、在湿法冶金行业无法大批量应用，而石墨阳极存在加工性能差，机械强度差，寿命短并在高电流密度下产生溶蚀掉渣现象，并且析氧电位高，能耗大等致命缺点。铅基合金阳极污染严重，不能承受大电流密度，在大于 500mg/L 氯离子的环境中耐腐蚀性较差，并且在使用过程中变形严重。针对以上存在问题，二氧化铅作为阳极材料已在电积铜、电积镍和电解钴工业上应用。随着工艺的发展，二氧化铅应用在铅酸电池[2,3]、电解有机合成[4~6]、制备臭氧[7,8]、废水处理[9,10]、分析传感器[11~13]等不同领域。

2.2 二氧化铅的制备

关于二氧化铅的制备工艺及其应用的介绍不少：谢天等[14]阐述了不同的基体电沉积得到的二氧化铅，并初步指出研究的方向；周雅宁等[15]进一步对其应用领域进行概述，并提出 PbO_2/SPE（固体聚合物电解质）复合膜电极的研究将成为电极研究的一个新的领域；Karami 等[16]和 Mohd 等[17]分别采用脉冲电镀和以钛网作基体来电沉积二氧化铅，并研究所制备二氧化铅的催化活性。

2.2.1 化学镀 PbO_2

在非导体基（例如陶瓷、ABS 塑料凳）制备 PbO_2 电极时，需要先采用化学镀制备一层 PbO_2 导电层。化学镀一般采用碱性化学镀，也就是在非导体基上经催化金属银层沉积一层 α 型二氧化铅。化学镀的镀液配方为：（1）甲液：$Pb(NO_3)_2$ 或 $Pb(Ac)_2$0.05mol/L 和 NH_4Ac 1.0mol/L；乙液：$(NH_4)_2S_2O_8$ 0.2mol/L；用浓氨水调节 pH 9~10；甲乙两液等体积在 35℃左右混合，在 35℃左右化学镀 50min，即其表面镀上一层铁灰色的 PbO_2 层[18]。

周雅宁等[19]在 Nafion 膜上用化学镀的方法制备 PbO_2/SPE 复合膜极，在镀液中添加适量的 NaF，可以起到配合剂的作用，使镀层更加均匀并提高镀层的致密性。

Cao Minhua 等[20]先在 0.015mol/L $Pb(NO_3)_2$ 溶液中加入 1mol/L NaOH 调节 pH 值为 14 形成 $Pb(OH)_3^-$ 溶液，其体积为 70mL，然后将 3mmol 的溴化十六烷三甲基铵（CTAB）加入 $Pb(OH)_3^-$ 溶液中，在 50℃条件下搅拌 30min 确保 CTAB 完全溶解后，加入 1mL 的 1.5mol/L NaClO 溶液，在 85℃条件下搅拌 3h，得到直径为 10~60nm，长度在 500nm~1μm 的单晶 PbO_2 纳米棒。

Kannan 等[21]提供了一种球状纳米 PbO_2 的制备方法，其工艺步骤为：先将 33.12g $Pb(NO_3)_2$ 溶解在 100mL 去离子水中，加入 1mL 聚乙二醇辛基苯基醚（Triton X-100）在 25℃条件下搅拌均匀获得 1%的表面活性剂的溶液，然后将 3.78g $NaBH_4$ 慢慢注入溶液中，溶液变黑，出现纳米 Pb 物质，然后立即加入 50mL 12%NaClO 使溶液变成棕色，反应 5min，过滤，用乙醇和超纯水多次清洗干净，并在 60℃烘干箱中进行干燥，其纳米 PbO_2 合成示意图见图 2-1。

2.2.2 电沉积 PbO_2

相对于化学制备的二氧化铅，电沉积制备的二氧化铅具有更高的电化学活性[22]。电沉积二氧化铅的表面形貌和晶相组成与许多因

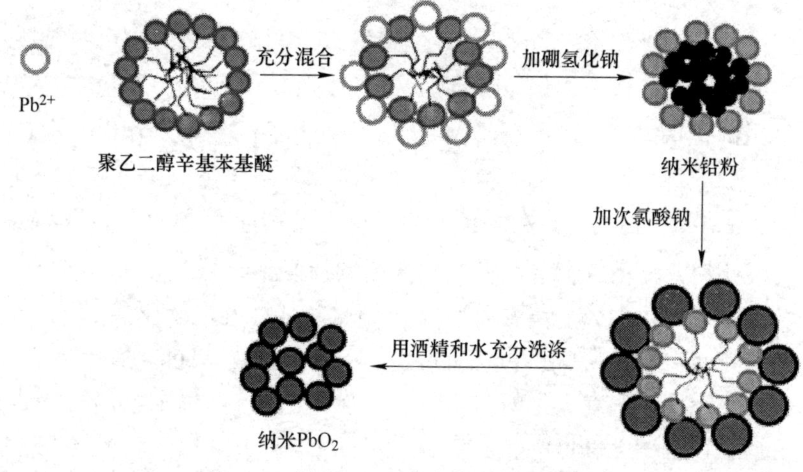

图 2-1 纳米 PbO_2 合成的工艺示意图

素有关，例如基体、电沉积工艺、镀液的酸碱性、掺杂物（包括离子、颗粒和表面活性剂）等。常用的电沉积二氧化铅的惰性基体材料包括 Pt[23~26]、Au[27,28]、Ti[29,30]，以及 Ti/SnO_2[32,33]、Pb[33,34]、Ti/SnO_2+SbO_3[35]、玻璃碳[36]、Ni[37]、Cu[38]、Ebonex[39,40]、掺硼金刚石[41]、Ta[42]等。

由于基体对电沉积二氧化铅的表面形貌、镀液的成分、酸碱性和电镀条件等很多因素有关，条件不同很难进行对比。据报道，Shen 和 Wei[43] 在含 Pb^{2+} 的镀液中用不同的工艺在不同的基体上（Au、Pt 和 Ti）电沉积二氧化铅，二氧化铅在 Au 基体上沉积的过电位比在 Ti 上的低。在酸性体系中，Ti 容易氧化成 TiO_2 阻止电子的转移。在高的过电位，虽然也能产生二氧化铅但同时会有氧气析出。在电流密度不变以及低的电流密度下，在 Pt 上能得到均匀的二氧化铅晶粒。随着电流密度的增加，出现米粒状的颗粒。这是因为，在低的电流密度下电镀，其传质过程快于电子转移，易出现非常平整的结构。但是，在高的电流密度下，界面会发生浓差极化以及析出的氧气会增多使得表面粗糙。Vatistas 和 Cristofaro[44] 以 Ti/SnO_2 作为基体从含有 HNO_3 和 NaF 的镀液，采用脉冲电镀的方法电沉积二氧化铅。通过 SEM 可得到二氧化铅表面的晶核生长各不相同。

由于二氧化铅出现多形体，也就是 $\alpha-PbO_2$ 和 $\beta-PbO_2$ 的存在，一般在碱性镀液中沉积 $\alpha-PbO_2$，酸性中沉积 $\beta-PbO_2$。将各文献电沉积制得的二氧化铅列表见表 2-1。$\alpha-PbO_2$ 的结构比多孔的 $\beta-PbO_2$ 更致密[45]，使得 α 相晶粒之间能更好地接触，但由于其致密性，$\alpha-PbO_2$ 在电镀过程中比 $\beta-PbO_2$ 更难还原成 $PbSO_4$。Petersson 等[45]用 Pb 作基体在含高氯酸根离子的硫酸溶液通过循环伏安法制备 Pb/PbO_2，加入的高氯酸根离子影响 $\alpha/(\alpha+\beta)$ 的比例，他们认为采用 XRD 定量判断两晶相的数量是不可行的，只可能通过其来估计。当镀液中存在大量的阴离子时，有利于 $\alpha/(\alpha+\beta)$ 比例的增加。一般在镀液中 $\beta-PbO_2$ 占主要部分，一旦出现 $\alpha-PbO_2$，通过数次的循环伏安后会转化为 $\beta-PbO_2$。随着循环次数的增加，电极的放电量通常会升高，这归因于 α 相转化为多孔的 $\beta-PbO_2$ 的结果。

表 2-1 不同的镀液中得到的 PbO_2 相[21,43,52~54,60]

镀液	电镀液成分	电沉积条件	温度/℃	PbO_2 类型
S1	140g/L NaOH+50g/L PbO(黄色)，pH>13	$j=1mA/cm^2$，$t=2h$	30	α
S2	30%(质量分数)$Pb(NO_3)_2+HNO_3$，pH=2	$E=1.80V(Ag\mid AgCl)$，$t=2h$	30	α+β
S3	饱和 $Pb(CH_3CO_2)_2$ 的 4mol/L KOH 溶液，pH>13	$j_1=50mA/cm^2$，$t_1=120s$ $j_2=10mA/cm^2$，$t_2=30min$	25	α
S4	0.1mol/L $Pb(NO_3)_2$+0.1mol/L HNO_3，pH=1	$j=4mA/cm^2$，$t=1h$	20	α+β
S5	2.6mol/L $HClO_4$+1.25mol/L PbO，pH=0.7	$j=1mA/cm^2$，$t=2h$	30	β
S6	含有饱和 PbO 的 2.6mol/L $HClO_4$，pH=5.8	$j=1mA/cm^2$，$t=2h$	30	α
S7	2.6mol/L $HClO_4$+1.25mol/L $PbCO_3$，pH=0.04	$j=1mA/cm^2$，$t=2h$	30	β
S8	0.1mol/L $Pb(CH_3CO_2)_2$+3mol/L NaOH	$j=10mA/cm^2$	25	α
S9	0.6mol/L 氨基磺酸铅+0.1mol/L 氨基磺酸	$j=10mA/cm^2$	25	β

续表 2-1

镀液	电镀液成分	电沉积条件	温度/℃	PbO_2类型
S10	500mL 饱和醋酸钠+100mL 饱和醋酸铅+1000mL 饱和 KOH+500mL 水	$j=1mA/cm^2$	30	α
S11	500g PbO+1000mL 30%高氯酸	$j=1mA/cm^2$	30	β
S12	200mmol/L Pb(Ⅱ)+0.1mol/L $HClO_4$，pH<1	$E=1.60V$ (Ag｜AgCl)	25	β
S13	1mol/L 醋酸铅+1mol/L 醋酸钠+1mol/L 醋酸，pH=5.5	$8mA/cm^2$	25	α
S14	0.1mol/L $HPbO_2^-$+10mol/L KOH，pH≈15	$8mA/cm^2$	25	α
S15	$Pb(NO_3)_2$，pH=7	$1\sim2mA/cm^2$	—	β
S16	20mmol/L PbO+0.165mol/L $HClO_4$，pH=1	$0.1mA/cm^2$	25	β
S17	含有饱和 PbO 的 0.2mol/L $HClO_4$，pH=5.5	$0.1mA/cm^2$	25	α

Munichandraiah[46]发现在硝酸铅溶液中电沉积的二氧化铅是非计量的化学式，不管电流密度怎么变化，其缺氧值 δ 在 0.04~0.06 范围内；作者采用 Dodson[47]的方法计算了电沉积 α 相和 β 相的百分比。通过 XRD 观察沉积的 β 相主要是以（110）和（101）方向存在，α 相以（111）存在。这些晶向的相对强度用 $J_{\beta1}$、$J_{\beta2}$ 和 J_{α} 表示，α 相的百分比用 W_{α} 表示，K 为常数，其计算公式表示如下：

$$W_{\alpha}=\frac{2J_{\alpha}}{K(J_{\beta1}+J_{\beta2})} \tag{2-1}$$

但 Dodson 没有使用方程（2-1），采用（110）和（101）晶面的方向来表示 β 相，（021）晶面表示 α 相，他参照标准晶相卡表示 β 相与 α 相的强度比为 R，其是 W_{α} 的 20%~65%。$W_{\alpha}=f(\lg R)$ 是呈线性函数的关系式。但 α 相（021）强度不高，相对于“标准晶向卡”为 15%，而 Bagshaw[48]通过碱性电沉积得到 100%的相对强度。Munichandraiah[49]报道增加电流密度，可减少 W_{α}（在 10~20mA/cm^2 的范围内减少 10%~15%）。通常，在硝酸溶液中得到的镀层 W_{α} 约占 10%。但仅用 XRD 定量分析很困难，因为 α 相还含有未知的其他晶向[50]。一般来说，晶相的不同与电沉积的试验条件有关，工业应用中一般希望有 β 相产生而不希望有 α 相[51]。在电镀液中加入十二烷基硫酸钠能消除 α 相的产生[52]；相反，加入十二烷基磺酸钠（SDS）增加 α 相[53]。作者[53]也研究了其他添加剂（明胶、糖精）和搅拌的影响。研究表明，在硝酸铅溶液中主要形成 β-PbO_2，在有添加剂出现时会出现 α 相，搅拌能消除 α 相。总之，电沉积二氧化铅的晶体取向与很多因素有关：镀液的成分、温度、电流密度和电压。既然通过 XRD 和使用方程（2-1）不能得到精确的结果，那么由于 Pb4f7/2 电子的结合能显著地不同，也无法通过 ESCA 来区别 α 相和 β 相[54]。

2.2.3 热分解 PbO_2

热分解法是制备 PbO_2 涂层的另一种方法。主要步骤为：将涂液均匀地涂覆于预处理好的钛基体上，加热使溶剂挥发，再高温烧结使盐类化合物分解和氧化，从而得到氧化物涂层，反复涂覆多次，即可制得 Ti/PbO_2 电极。

刘森等[55]以钛网为基体，在 Sb-SnO_2 中间层上涂覆含少量正丁醇的饱和 $Pb(NO_3)_2$ 水溶液，放入 80℃ 烘箱中反应 10min 后转入 500℃ 的马弗炉中热分解 10min，反复 10 次，最后一次将热分解时间延长至 1h，即制得 PbO_2 活性层。所得 Ti/Sb-SnO_2/PbO_2 电极表面均匀、致密，对苯酚的催化降解能力较好，但不及电沉积法制得的 PbO_2 电极。

王雅琼等[56]在一定温度下，将乙二醇与柠檬酸反应制得乙二醇柠檬酸酯的醇溶液，然后再加入一定量的 $SnCl_4 \cdot 5H_2O$ 和 $SbCl_3$ 配制涂液，将此涂液均匀涂在钛基体上。先将其放入 130℃ 烘箱中烘 10min，然后立即转入 500℃ 的马弗炉中焙烧 10min，反复几次，最后一次延至 1h，得到中间层 SnO_2+Sb_2O_3。然后在中间层上涂制加有少量正丁醇的 $RuCl_3$+$Pb(NO_3)_2$ 盐酸溶液，放入 80℃ 烘箱中 10min 后立即转入 475～500℃ 的马弗炉中焙烧 10min，反复几次，最后一次延至 1h，得到 Ti/SnO_2+Sb_2O_3/RuO_2+PbO_2 活性电极。Ti/SnO_2+

Sb_2O_3/RuO_2+PbO_2 电极催化活性随 RuO_2 含量的增加而增加，但其寿命却随 RuO_2 含量的增加而降低。

胡锋平等[57]通过热氧化分解法制备了 Fe、Ni 改性的 Ti/PbO_2 电极，并应用于酸性品红的降解。结果表明，经过 Fe、Ni 改性的 Ti/PbO_2 电极的电催化活性高于传统的 Ti/PbO_2 电极。

2.3 二氧化铅的基本性质

上述不同方法制得的 PbO_2 因条件不同呈现不同的晶型。通常我们所说的二氧化铅一般存在两种晶系，一种是斜方晶系的 $\alpha-PbO_2$，另一种是金红石系的 $\beta-PbO_2$[58]。根据不同阳极的要求，下面将对 PbO_2 电极的结构、化学计量、化学稳定性、零电荷电位、导电性、力学性能等问题做一些简单的介绍。

2.3.1 结构

$\alpha-PbO_2$ 结晶为正方晶系，具有类似铌铁矿石的晶格轴，晶格常数 $a=0.497$nm，$b=0.594$nm，$c=0.549$nm，$Z=4$（即 4 个 PbO_2 分子组成一个晶胞）。$\beta-PbO_2$ 晶体具有类似红宝石结构的斜方晶系基本单元，晶格常数 $a=0.491$nm，$c=0.3385$nm，$Z=2$，在这种晶体结构中，铅离子也位于扭曲八面体的中心，其晶胞模型见图 2-2。

两种晶格之间存在紧密的关系[59]。两者的不同之处在于两种变体的八面体的相互连接方式[60]。图 2-3 展示了它们各自的连接方式。在 $\beta-PbO_2$ 的晶体结构中，相邻的八面体通过对边相连，结果形成了八面体的直链。每条链以角共享方式与下一个链相连。$\alpha-PbO_2$ 晶体中相邻的八面体通过非对边相连，以这种方式形成“Z 字”锯齿形链。两种变体中的 Pb-O 原子间距大约相等。在正方晶系的 $\beta-PbO_2$ 中，可观察到清晰的氧离子层，很显然这会使 $\beta-PbO_2$ 晶格中氧离子的流动性比 $\alpha-PbO_2$ 晶格中氧离子的流动性更高。一般 $\alpha-PbO_2$ 密度比 $\beta-PbO_2$ 密度更高一些；$\alpha-PbO_2$ 密度在 9.53~9.87g/cm^3 之间，$\beta-PbO_2$ 密度在 8.76~9.70g/cm^3 之间。

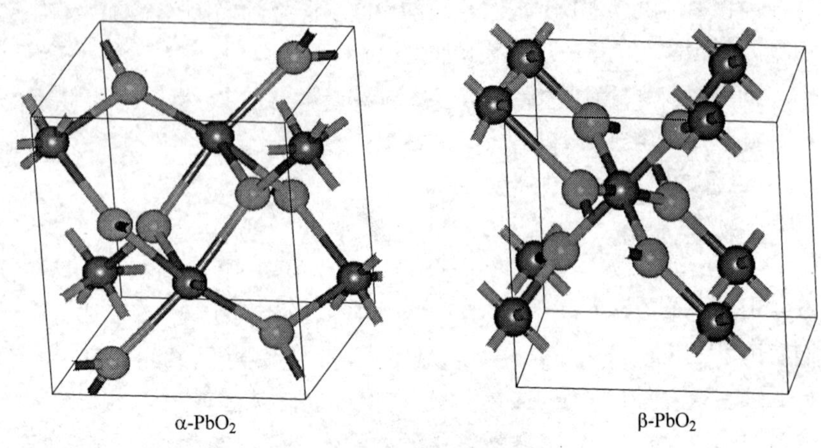

图 2-2 两种晶型的晶胞模型

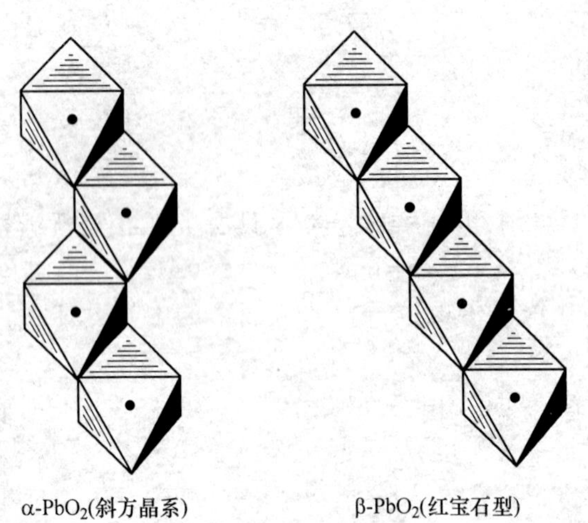

图 2-3 两种晶体的八面体堆积示意图

通过图 2-4 的表面形貌可知，α-PbO_2 的表面是一个个发育非常好的圆球形晶胞，晶胞突出表面，其拥有不小的表面积。β-PbO_2 的表面形貌比较细密、均匀，晶粒呈变形八面体结构。

2.3.2 化学计量

虽然二氧化铅通常采用化学式 PbO_2 表示，但绝大多数学者一致

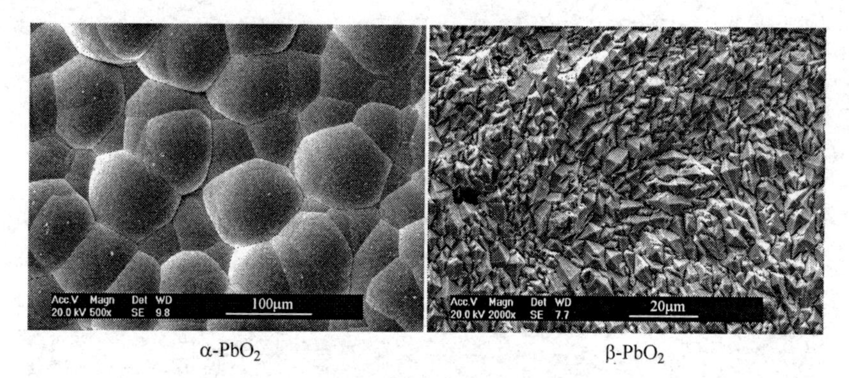

α-PbO$_2$　　β-PbO$_2$

图 2-4　两种晶型的电沉积的表面形貌

认为它是一种非化学计量的化合物。二氧化铅的活性与其非化学计量有关，一般含氧越低，二氧化铅电极析氧电位越低；并且二氧化铅中的水具有很强的连接能力，H_2O 包含在 PbO_2 晶格之中。非化学计量的二氧化铅化学式可以写成 $PbO_{2-\delta} \cdot mH_2O$[61]。后来的作者们提出，为了达到 Pb：O=1：2，部分 Pb^{4+} 和 O^{2-} 离子被 Pb^{2+} 和 OH^- 离子取代，并给出更复杂的化学式 $(Pb^{4+})_{1-x-y}(Pb^{2+})_y(O^{2-})_{2-4x-2y}(OH^-)_{4x+2y}$，其中 x 为晶格中阳离子空位分数，y 为存在于晶格中 Pb^{2+} 阳离子分数。Scanlon[62] 发现二氧化铅中电子载流子的来源是氧空位，氧空位在导电带中形成供体态共振，采用中子衍射证实缺氧是电子的主要来源。

2.3.3 化学稳定性

PbO_2 几乎不溶于水和稀的酸溶液（草酸除外），在酸性介质中氧化力很强，能使二价锰氧化为高锰酸，与热浓硫酸作用放出氧气，同浓盐酸作用生成氯气。β-PbO_2 具有两性的性质，但在碱性中较弱，酸性中较为显著，所以在强酸溶液中不容易溶解生成四价的铅离子，而在碱中可形成正铅酸盐或亚铅酸盐[63]。α-PbO_2 和 β-PbO_2 电极在硫酸的稳定性有差异，在 pH=1.5，两者的电极电位相等。但是 pH>2 时，α-PbO_2 的电位反而比 β-PbO_2 低，酸浓度大于 2mol/L 时，α-PbO_2 的电位比 β-PbO_2 高约 10mV。采用 Pb 的电位-pH 图可

以确定 PbO_2 的热力学稳定区。镀在惰性材料基体上的 PbO_2 在硫酸溶液中的电位非常稳定。若在溶液中部分放电形成 $PbSO_4$ 使电位稍微降低，用醋酸铵溶液把 $PbSO_4$ 洗去，电位能重新回到稳定值。如果基体为金属铅，则电位低于 1.58V（相对标准氢电极）时，将发生固相反应 $Pb+PbO_2 = 2PbO$，结果电极电位略微降低，比较不稳定，并且在 Pb-PbO_2 连接处生成 PbO，极大地降低了电极的导电性[64]。

Mindt[65]研究了 α-PbO_2 和 β-PbO_2 电极在干燥空气和含饱和水蒸气的空气中的稳定性，发现两种氧化物都发生了氧缺失，α-PbO_2 缺失氧的数量比 β-PbO_2 缺失氧的数量少得多。在潮湿环境下 β-PbO_2 氧缺失更严重。并且随着存放时间的延长，β-PbO_2 的载流子密度增加，移动性下降，电阻增大。电沉积 PbO_2 在室温下的分解反应可以通过氧空穴的形成进行解释，在高电势进行下，PbO 被氧化，形成了氧空穴（$O_{\square}^{2+}$）。我们假设 PbO 层是由 PbO 分子构成，则 PbO 会释放电子转变为 $PbO \cdot O_{\square}^{2+}$。氧被释放，电子集中度升高，该化学计量方程式的类型如下：

$$2PbO_2 \longrightarrow (2PbO \cdot O_{\square}^{2+} + 4e^-) + O_2 \qquad (2-2)$$

这与正极板 PbO_2 结构形成缺陷相符，引起载流子密度增加。这说明二氧化铅电极在使用之前不能长时间存放。

2.3.4 零电荷电位

电极的零电荷电位（pzc）在电极过程动力学中有很重要的意义。一般零电荷电位是电极表面剩余电荷为零时的电极电位，或者说是当离子双层电位差为零时的电极电位。固体表面上的净电荷等于零，此时表面张力最大，还是存在电位的；另外，双电层电位包括三种类型的，离子双层、偶极双层和吸附双层。稀溶液的微分电容可以被精确地测量出来，经典的方法是交流电桥法，即用交流电桥测量与电解池阻抗相平衡的串联等效电路的电容值和电阻值，进而计算出研究电极的双电层电容。实验表明微分电容曲线存在电容最小值，其值与电毛细曲线的电容最大值所对应的电位相同，即零电荷电位。硝酸体系制备的 PbO_2 电极在硫酸稀溶液（0.0005～

0.05mol/L H_2SO_4）中用频率高于 1000Hz 的单频率法研究微分电容曲线，发现电位等于 1.80V 处于最低点，即为 PbO_2 的零电荷电位，进一步用硬度测量法确定 PbO_2 在 0.05mol/L H_2SO_4 和 4mol/L H_2SO_4 中的零电荷电位分别为 1.90V 和 1.70V（相对标准氢电极），零电荷电位随硫酸浓度增大而向负移的现象也证明硫酸根离子在 β-PbO_2 电极上存在吸附，并且硫酸根离子的吸附是不可逆的[63]；但 H_2SO_4 在 α-PbO_2 电极表面几乎不被吸附[60]。后来发展了电化学现场表面增强拉曼光谱（SERS）用于测定零电荷电位[66]。

2.3.5 导电性

通常氧化物材料分半导体和非导电体，但是极少数物质具有与金属类似的导电性能，二氧化铅就具有此特性。一种根据轨道结构的计算认为[67]二氧化铅的电子构成是由很宽的导电轨道（约 16eV）组成，是通过 Pb6s 和 O2p 轨道强力结合杂化而成的，所以二氧化铅具有半金属特性，其电荷通过空穴在一个 O2p 轨道和电子在一个 Pb6s-O2p 轨道。另一种认为[68]二氧化铅的分子式总是非计量关系分子式，缺氧诱导使得其具有导电性。二氧化铅是 n 型半导体。这种半导体缺陷浓度如此之高，以至于其费米能级处于导带。Mindt[65]研究确定了导带内大约 0.4eV 的能级被自由电子占据，这使得 PbO_2 的导电性质和金属非常相似。α-PbO_2 的载流子密度高于 β-PbO_2 结晶形式的载流子密度。β-PbO_2 载流子的移动性更高，大约是 α-PbO_2 载流子移动性的 1.5 个数量级。这样，α-PbO_2 的电阻比 β-PbO_2 的电阻大一个数量级。α-PbO_2 能带隙的宽度为 1.45eV，β-PbO_2 的为 1.40eV。文献 [69] 认为 α-PbO_2 的电导率较低可能是由几个因素造成的：（1）α-PbO_2 晶胞中有较小尺寸的微晶；（2）α-PbO_2 中较高的载流子密度，导致较多数量的电子中扩散到晶格缺陷中；（3）高度取向-（200）轴在 α-PbO_2 中垂直于基板；（4）α-PbO_2 中迁移率的各向异性；（5）α-PbO_2 和 β-PbO_2 晶体结构不同，晶体结构的差异主要是由于相似尺寸的八面体的不同堆积，带来不期望的带结构和迁移率的巨大差异。

因此我们研究二氧化铅的导电性一般是 β-PbO_2，PbO_2 的导电性与其他导体的比较见表 2-2。从表 2-2 可知，PbO_2 导电性优于石墨和磁铁，稍微差于铂。

表 2-2 不同物质的导电性

材料	二氧化铅	石墨	钛	磁铁	铂	铜
电阻率/Ω · cm	$(40\sim50)\times10^{-6}$	$(8\sim10)\times10^{-4}$	60×10^{-6}	约 20×10^{-3}	11×10^{-6}	1.7×10^{-6}

由于许多金属，如 Sn、Pb、Cu、不锈钢、Zn 和 Al 等与 PbO_2 进行电接触时，均易被氧化，生成一层电阻很大的氧化膜，当电流继续通过时，会产生较大的热量，致使接触的 PbO_2 分解，电流中断。Pt 和石墨与 PbO_2 电接触不产生氧化膜，Ag 虽然被氧化成 Ag_2O，但它是良导体。所以与 PbO_2 电极接触要用石墨，若用铜则在铜夹与 PbO_2 间要垫银片。表 2-3 是电镀 PbO_2 与喷在其上的各种金属或合金的接触电压降[70]。

表 2-3 电镀 PbO_2 与喷在其上的各种金属或合金的接触电压降

喷涂的金属或合金	锡	铅	铜	不锈钢	锌	铝	银	铜/锡/铝上包覆银
1A 电流下接触电压降/V	0.65	0.52	0.04	0.69	0.5	0.19	0.0002	0.0002

注：在直径 1cm，长 10cm 的 PbO_2 棒两端各 2.5cm 处涂有不同金属时通过的电流为 1A。

2.3.6 力学性能

文献 [1] 报道了二氧化铅的力学性能，包括显微硬度、脆性和应力。以镍为基体，在碱性铅液中电沉积 α-PbO_2 薄膜，所得二氧化铅的性能与（1）形成条件；（2）电流密度；（3）添加剂乙二醇有关。乙二醇超过 4mol/L 时，镀层硬度低、脆性和光泽度差；并且镀层从压应力向拉应力转变，氧化铅的含量也增加。进一步研究了电沉积 α-PbO_2 电极在酸性中的稳定性。α-PbO_2 在高达 40%～50% 硝酸和高氯酸中稳定性好，α-PbO_2 能平稳地转化为 β-PbO_2。但在浓度高的硫酸中溶液破损，会导致 Pb(Ⅱ) 和 Pb(Ⅳ) 盐的产生，这与 H_2O_2 出现的原因有关，因为在硝酸和高氯酸中不会产生 H_2O_2。其反应式如下：

$$PbO_2 + H_2O_2 + 2H^+ \longrightarrow Pb(\text{II}) + O_2 + 2H_2O \qquad (2-3)$$

文献［71］认为电沉积PbO_2产生应力，导致镀层从基体上开裂甚至脱落，降低了二氧化铅的放电性能，这种现象可以简单地由在电极区域上产生不对称放电的应力来解释，该应力释放区域具有比高应力区域低的交换电流密度。另一种解释是因为镀层中存在内部畸变（相当于内部应力）。进一步在低 Pb 离子浓度下，研究添加醋酸盐、柠檬酸盐和酒石酸盐离子。提出吸附的阴离子参与了镀层的沉积包覆。该吸附离子的表面浓度越大，不能用于晶体生长的电极表面的比例越大。然后出现更宽广的晶体结构，压应力减小，并随着更多吸附物覆盖表面最终逆转而变成拉应力；在柠檬酸盐中表现得更为显著。文献［72］研究了二氧化铅电沉积的结构硝酸铅溶液及其与强度和溶液的关系。在低电流密度和常温下，二氧化铅略微粗糙、易脆且易于破裂。在更低的电流密度和在某些杂质下，能获得硬度更高、光滑的二氧化铅，同时需要：（1）光滑基材表面；（2）低温；（3）存在一种或更多的Al^{3+}，Mn^{2+}，聚氧乙烯烷基醚，对甲苯磺酰胺；（4）没有铁和钴；（5）高浓度 Pb(Ⅱ)。

通常 α 型、β 型内部都存在畸变，但在特定条件下电沉积时，只限于 α 型完全不会产生电积畸变。例如 NaOH 4mol/L，Pb^{2+}浓度0.145mol/L，40℃，缓慢搅拌情况下，阳极电位（vs. SCE）在260mV 左右，通过偏差仪测得应力为 0，可得到不存在畸变的 α-PbO_2层。在酸性溶液中电沉积 β-PbO_2时，由于应力的大小和方向不可能不变化，因此不可能获得不存在畸变的 β-PbO_2。文献［73］通过对镀层进行 XRD 检测，采用 Hall 公式型衍射线宽度求得结晶大小和晶格畸变。在电沉积 β-PbO_2层时，由其晶体结构所决定，不可避免产生 β-PbO_2镀层固有的内应力，可以在复合镀液中添加防腐蚀的、电化学性能不活泼的颗粒和纤维料来消除这种内应力，例如碳纳米管、石墨烯、石墨粉、二氧化硅颗粒、TiO_2、ZrO_2、Al_2O_3、氧化钽、氧化铌以及碳化物等粉末。添加物料量等于镀层总量的0.01%~10%，颗粒大小小于500μm。

2.4 二氧化铅的析氧机理

析氧过程是一个复杂的四电子反应过程，Damjanovic[74]等列举的电极析氧反应历程有 14 种，当考虑不同的控制步骤影响时反应机理种类可能超过 50 种。电极析氧反应历程为 $S_Z \cdots OH$，其中 Z 为氧化态或化合价数。

$$S_Z+OH^- \longrightarrow S_Z \cdots OH+e^- \tag{2-4}$$

$$S_Z \cdots OH^- \longrightarrow S_{Z+1} \cdots OH+e^- \tag{2-5}$$

$$S_Z \cdots OH+OH^- \longrightarrow S_Z \cdots O^- +H_2O \tag{2-6}$$

$$2S_{Z+1} \cdots OH^- +2OH^- \longrightarrow 2S_Z+H_2O+O_2 \tag{2-7}$$

在低过电位区，Tafel 斜率为 40mV，此时电极表面活性点易吸附 · OH 产生大量的 $S_Z \cdots OH$，吸附在电极表面的 · OH 中的氧原子不易进入金属氧化物的晶格中，形成过氧化物 $S_{Z+1} \cdots OH$，因此该过程电子传递快慢决定析氧速率，反应式（2-5）成为反应控制步骤；在高过电位区，当 Tafel 斜率为 120mV，· OH 的吸附相对难完成，反应式（2-4）成为整个过程的控制步骤，对于 Ti/PbO_2 电极，Tafel 斜率在高过电位区域为 60mV；此时混合氧化物在电极表面发生解离反应，反应式（2-6）成为控制步骤。

文献［75］对 PbO_2-Ti/MnO_2 电极上析氧反应动力学及电催化进行了研究，结果表明 PbO_2-Ti/MnO_2 电极上析氧反应的历程为

$$H_2O+S = SOH+H^+ +e^- \tag{2-8}$$

$$SOH+H_2O = SH_2O_2^- +H^+ \tag{2-9}$$

$$2SH_2O_2^- = SO_2^{2-} +S+2H_2O \tag{2-10}$$

$$SO_2^{2-} = S+O_2+2e^- \tag{2-11}$$

不同材料催化析氧反应性能的不同主要是由于形成中间吸附态的能力不同，电极材料作为析氧反应的过程催化剂起着调节中间态粒子能量的作用，而调节的主要方式是通过形成表面吸附态物质。Yang Weihua 等[76]提出了金属氧化物电极在酸性介质中的析氧反应机理：

$$2H_2O \longrightarrow 4H^+ +O_2 \uparrow +4e^- \tag{2-12}$$

$$S+H_2O \longrightarrow S-OH_{ads}+H^+ +e^- \tag{2-13}$$

$$S-OH_{ads} \longrightarrow S-O_{ads}+H^+ +e^- \tag{2-14}$$

$$2S-OH_{ads} \longrightarrow S-O_{ads}+S+H_2O \tag{2-15}$$

$$S-O_{ads} \longrightarrow S+1/2O_2 \tag{2-16}$$

式中，S 为氧化物表面的反应活性点；$S-OH_{ads}$ 和 $S-O_{ads}$ 为吸附中间体。析氧反应动力学主要是通过式（2-14）和式（2-15）控制，式（2-14）和式（2-15）均为快速反应步骤。除了电极电位外，只有第一中间体 $S-OH_{ads}$ 决定析氧反应的法拉第阻抗。析氧反应主要由中间体的形成和吸附控制，且此步骤为析氧反应的速度控制步骤。

氧气在金属氧化物上析出的反应机理可以用下列通用方程式表示。首先，H_2O 分解生成不稳定的中间氧化物[77]：

$$H_2O+MO_x \longrightarrow MO_{x+1}+2H^++2e^- \tag{2-17}$$

然后该氧化物转变为稳定的氧化物，并伴随着氧气析出：

$$2MO_{x+1} \longrightarrow 2MO_x+O_2 \tag{2-18}$$

该不稳定氧化物的组成取决于电极电势。

这种机理假设 PbO_2 层是一种具有电子导电性的晶体相，它与金属的导电特点类似。后来，证实了电化学方法得到的 PbO_2 除了含有 $\alpha-PbO_2$ 和 $\beta-PbO_2$ 晶体区，也含有 $PbO(OH)_2$ 水化（凝胶）区[78]。晶体相和凝胶相处于平衡状态。

氧析出反应发生在水化（凝胶）区的一些活性中心。根据凝胶区的结构，文献提出，氧析出机理包括两个电化学反应和一个化学反应[79]。电子克服一定的电势能垒，从多聚物链（活性中心）的一个 OH^- 基团跳跃进入多聚物网络。这样凝胶区的整个多聚物网络产生很多电子，它们沿着多聚物链移动，抵达晶体区。活性中心被正向充电：

$$PbO(OH)_2 \longrightarrow PbO(OH)^+ \cdots (OH)^0 + e^- \tag{2-19}$$

$PbO(OH)_2$ 是活性中心，它产生的 $(OH)^0$ 基团仍然与其键联，该键联以（···）表示。$PbO(OH)^+ \cdots (OH)^0$ 通过与水化层中的水分子反应而呈电中性。$Pb(OH)^+$ 与 OH^- 离子反应生成 $Pb(OH)_2$。水分子释放的氢离子迁移出凝胶区，从而将正电荷带到外部电解液中。

这些反应代表第一个阳极电化学反应，可用下面的总方程式表示：

$$PbO(OH)^+ \cdots (OH)^0 + H_2O \longrightarrow PbO(OH)_2 \cdots (OH)^0 + H^+ \tag{2-20}$$

随着反应进行，活性中心区被（OH）^{0} 基团堵塞，电极发生钝化。当电势增大到某数值（φ_s）时，阳极电化学反应开始进行：

$$PbO(OH)_2 + H_2O \longrightarrow PbO(OH)_2\cdots(OH)^0 + H^+ + e^- \quad (2-21)$$

电子进入聚合体网络。氢离子迁移到外部溶液中。氧原子脱离活性中心，活性中心不再发生堵塞，在未参加反应的活性中心，反应式（2-19）重新进行。氧原子聚集在凝胶区，并按照反应式（2-22）再化合：

$$2O \longrightarrow O_2 \quad (2-22)$$

当氧气压等于大气压时，氧气脱离二氧化铅电极表面。

$$PbO(OH)_2\cdots(OH)^0 \longrightarrow PbO(OH)_2 + O + H^+ + e^- \quad (2-23)$$

溶液中加入添加剂之后，影响了 PbO_2 的活性和析氧反应，文献[80，81] 证实了上述机理。

2.5 二氧化铅的腐蚀机理

2.5.1 Ti 基氧化物阳极的失效机理

研究在电解过程中相关性能、参数随时间变化的关系能更深入、全面地理解阳极的失效规律，对设计和改进阳极材料能提供可靠、有效的思路。

钛基氧化物阳极在电解初期，槽压逐渐下降。这种现象被认为是由电极表面的多孔性造成的，随着电解的进行原先不易被进入的晶界或裂纹边缘逐渐被电解液渗入，电极的实际析氧活性点增多，在恒电流极化下电极电位下降。持续一定时间后，槽压开始保持稳定，这一过程的时间占整个电解过程的主要部分。较长时间后，槽压开始升高，并在很短的时间内（约 20h）槽压迅速上升，直至失效。可将整个电解过程分为“活化”“稳定”“失效”三个阶段。

胡吉明[82]认为“失效区”的出现不是由氧化物涂层的自身失活引起。槽压的突然上升更应该是由 Ti 基表面形成金红石相 TiO_2 阳极氧化膜所致。如果假设 Ti 基体与氧化物涂层间有良好的电接触，那么整个电极的电位将是氧化物涂层的析氧电位。由于即使在“失效区”内氧化物涂层的自身电催化性并未发生突变，故整个电极电位也不会发生突升。在“失效区”内氧化物涂层发生了机械脱落，这和脱落更可能发生在Ti基与氧化物涂层间的界面上，导致两者电接触的下降。这样加在Ti基与溶液相间的电位上升，金属表面原先生成的阳极氧化膜增厚；而氧化物涂层机械脱落后露出的基体部位开始钝化。整个过程的不断发展导致了Ti阳极的失效。

这里有一个问题，就是氧化物涂层的脱落是如何发生的？由于多孔性的存在，暴露在溶液中的部分Ti基表面会很快发生阳极氧化。然而与涂层有良好结合的部分却受到保护，涂层的剥离不会发生。因此，一种可能是此处的Ti基首先发生沿表面方向的溶解。活性涂层表面发生析氧后，附近溶液的pH值将降低，这种降低在露出的Ti基表面（孔隙底部）附近并不明显，而在那些与涂层结合的“棱角”处的小空间内溶液pH值的下降尤为明显，此结合处Ti基将更可能发生横向的溶解（而非阳极氧化），Ti基的溶解导致其上的氧化物涂层形成“悬空”结构，在涂层内部析出的具有很高压力的O_2冲击下内表面涂层发生脱落。露出的较大Ti基表面则将发生阳极氧化，基体溶解的不断进行促使氧化的不断发展。而且由于Ti基界面涂层的不断脱落，导致接触电阻不断增大，在恒流电解条件下，如在Ti/溶液界面上的电位不断上升，使得上述的溶解过程加剧、阳极氧化膜增厚。当Ti表面形成完整的TiO_2膜后，阳极发生失效。高寿命阳极在承受长时间的电解过程中经历了三种类型的破坏：活性组元的溶解损失、电解液通过多孔性结构渗入基体、Ti基体发生溶解、阳极氧化进而引起界面处涂层发生脱落。

其进一步认为在整个电解过程中，氧化物涂层自身的电化学性能发生缓慢劣化，但并不会发生突变现象。“失效区”内电极电位的突升是由Ti基界面的劣化引起的。Ti基体发生溶解、钝化，两个过程相互交替、相互促进，最终导致电极的失效。

2.5.2 二氧化铅阳极的失效机理

在电镀锌过程中，阳极的失重主要是由PbO_2膜层的脱落引起的。近来有人对阳极破损的机理进行了探讨，认为阳极的破损速率正比于阳极表面上化学吸附的惰性氧原子（基团）的数量[83,84]。在高速电镀锌的阳极电流密度下，阳极主要发生析氧反应，同时伴随着少量 PbO_2 的生成。首先是化学吸附的氧原子（基团）的生成，这是一个多电子过程：

$$S+H_2O-e^- \longrightarrow S-OH+H^+ \tag{2-24}$$

$$S-OH-e^- \longrightarrow S-O+H^+ \tag{2-25}$$

由于析氧反应是主反应，大多数的化学吸附氧原子（基团）要生成氧气，但仍然有一部分吸附氧要扩散到铅合金的晶格中去，形成铅的氧化物[85~87]：

$$2S-O \longrightarrow 2S+O_2 \tag{2-26}$$

$$O_{ad} \longrightarrow OL(\text{晶格}) \longrightarrow \text{生成铅的氧化物} \tag{2-27}$$

正是由于吸附氧扩散到晶格中去，与基体铅在较高的阳极电位下发生反应生成了 PbO_2。由于这层 PbO_2 与基体间的结合力差，膜层疏松，所以在镀液的高速流动冲刷下，PbO_2 要脱落进入到镀液中去，使阳极表面的保护膜遭到破坏，这样就加剧了阳极的破损。要减少阳极的破损，就要增加阳极表面活泼吸附氧原子（基团）的数量，减少惰性吸附氧原子（基团）的数量，使反应向有利于析氧的方向进行，减少 PbO_2 的生成。而增加活泼吸附氧原子（基团）数量的关键在于降低铅基体与吸附氧原子（基团）之间的结合能。结合能的降低有助于析氧反应的发生，降低阳极的破损[88]。

参考文献

[1] Carr J P, Hampson N A. The lead dioxide electrode [J]. Chemical reviews, 1972, 72 (6): 679-703.

[2] Peng H Y, Chen H Y, Li W S, et al. A study on the reversibility of Pb (Ⅱ) /PbO_2 conversion for the application of flow liquid battery [J]. Journal of Power Sources, 2007, 168: 105-109.

[3] Feng J, Johnson D C. Alpha-lead dioxide electrodeposited on stainless steel substrates [J]. Journal of Applied Electrochemistry, 1990, 20: 116-124.

[4] Wen T G, Chang C C. The structural changes of PbO_2 anodes during ozone evolution [J]. Journal of Electrochemical Society, 1993, 140 (10): 2764-2770.

[5] Serdar Abaci, Ugur Tamer, Kadir Pekmez, et al. Electrosynthesis of benzoquinone from phenol on α and β surfaces of PbO_2 [J]. Electrochimica Acta, 2005, 50: 3655-3659.

[6] A. Mottram C, Pletcher D, Walsh Frank C. Electrode materials for electrosynthesis [J]. Chemical reviews, 1990, 90: 837-865.

[7] Amadelli R, Armelao L, Velichenko A B, et al. Oxygen and ozone evolution at fluoride modified lead dioxide electrodes [J]. Electrochimica Acta, 1999, 45: 713-720.

[8] Amadelli R, De Battisti A, Girenko D V, et al. Electrochemical oxidation of trans-3, 4-dihydroxycinnamic acid at PbO_2 electrodes: direct electrolysis and ozone mediated reactions compared [J]. Electrochimica Acta, 2000, 46: 341-347.

[9] Samet Y, Chaabane Elaoud S, Ammar S, et al. Electrochemical degradation of 4-chloroguaiacol for wastewater treatment using PbO_2 anodes [J]. Journal of Hazardous Materials B, 2006, 138: 614-619.

[10] Johnson D C, Feng J, Houk L L. Direct electrochemical degradation of organic wastes in aqueous media [J]. Electrochimica Acta, 2000, 46: 323-330.

[11] Velayutham D, Noel M. Preparation of a polypyrrole-lead dioxide composite electrode for electroanalytical applications [J]. Talanta, 1992, 39 (5): 481-486.

[12] 艾仕云，彭惠琦，李嘉庆，等. 纳米 PbO_2 修饰电极电催化氧化性能的研究 [J]. 分子催化，2004，18 (5)：366-370.

[13] Ai Shiyun, Gao Mengnan, Zhang Wen, et al. Preparation of Ce-PbO_2 modified electrode and its application in detection of anilines [J]. Talanta, 2004, 62 (3): 445-450.

[14] 谢天，王斌. 二氧化铅电极制备方法综述 [J]. 成都大学学报（自然科学版），2003，23 (3)：26-30.

[15] 周雅宁，万亚珍，刘金盾. 二氧化铅电极的制备及应用现状 [J]. 无机盐工业，2006，38 (10)：8-11.

[16] Ghasemi S, Karami H, Mousavi Mir F, et al. Synthesis and morphological investigation of pulsed current formed nano-structured lead dioxide [J]. Electrochemistry Communications, 2005, 7 (12): 1257-1264.

[17] Mohd Y, Pletcher D. The fabrication of lead dioxide layers on a titanium sub-

strate [J]. Electrochimica Acta, 2006, 52 (3): 786-793.

[18] 天津化工研究院一室．陶瓷基体二氧化铅电极 [J]. 无机盐工业, 1978 (2): 12-18.

[19] 周雅宁, 刘金盾, 方文骥 . F-PbO_2/SPE 复合膜电极的制备及优化 [J]. 河南化工, 2006, 23 (9): 10-12.

[20] Cao M, Hu C, Peng G, et al. Selected-control synthesis of PbO_2 and Pb_3O_4 single-crystalline nanorods [J]. Journal of the American Chemical Society, 2003, 125 (17): 4982-4983.

[21] Kannan K, Muthuraman G, Moon I S. Controlled synthesis of highly spherical nano-PbO_2, particles and their characterization [J]. Materials Letters, 2014, 123: 19-22.

[22] Fitas R, Zerroual L, Chelali N, et al. Heat treatment of α-and β-battery lead dioxide and its relationship to capacity loss [J]. Journal of Power Sources, 1996, 58 (2): 225-229.

[23] Ai Shiyun, Li Jiaqing, Li Luoping, et al. Electrochemical deposition and properties of nanometer-structure Ce-doped lead dioxide film electrode [J]. Chinese journal of Chemistry, 2005, 23: 71-75.

[24] Musiani M, Furlanetto F, Bertoncello R. Electrodeposited PbO_2 + RuO_2: a composite anode for oxygen evolution from sulphuric acid solution [J]. Journal of Electroanalytical Chemistry, 1999, 465: 160-167.

[25] Westbroek P, Temmerman E. In line measurement of chemical oxygen demand by means of multipulse amperometry at a rotating Pt ring-Pt/PbO_2 disc electrode [J]. Analytica Chimica Acta, 2001, 437: 95-105.

[26] Leonardo S Andrade, Luís Augusto M Ruotolo, Romeu C. Rocha-Filho, et al. On the performance of Fe and Fe, F doped Ti-Pt/PbO_2 electrodes in the electrooxidation of the blue reactive 19 dye in simulated textile wastewater [J]. Chemosphere, 2007, 66: 2035-2043.

[27] Velichenko A B, Girenko D V, Danilov F I. Electrodeposition of lead dioxide at an Au electrode [J]. Electrochimica Acta, 1995, 40 (17): 2803-2807.

[28] Popovic Natasa D, Cox James A, Johnson Dennis C. Electrocatalytic function of Bi (Ⅴ) sites in heavily-doped PbO_2-film electrodes applied for anodic detection of selected sulfur compounds [J]. Journal of Electroanalytical Chemistry, 1998, 455: 153-160.

[29] Amadelli R, Armelao L, Tondello E, et al. A SIMS and XPS study about ions

influence on electrodeposited PbO_2 films [J]. Applied Surface Science, 1999, 142: 200-203.

[30] González - García J, Iniesta J, Expósito E, et al. Early stages of lead dioxide electrodeposition on rough titanium [J]. Thin Solid Films, 1999, 352: 49-56.

[31] Hwang Bing Joe, Lee Kin Lon. Conductivity and stability of polypyrrole film electrosynthesized on a $PbO_2/SnO_2/Ti$ substrate [J]. Thin Solid Films, 1995, 254: 23-27.

[32] Hwang Bing Joe, Lee Kin Lon. Electropolymerization of pyrrole on $PbO_2/SnO_2/$ Ti substrate [J]. Thin Solid Films, 1996, 279: 236-241.

[33] Monahov B, Pavlov D, Petrov D. Influence of Ag as alloy additive on the oxygen evolution reaction on Pb/PbO_2 electrode [J]. Journal of Power Sources, 2000, 85 (1): 59-62.

[34] Petersson I, Ahlberg E. On the question of electrochemical activity of differently formed lead dioxides [J]. Journal of Power Sources, 2000, 91 (2): 137-142.

[35] Wang Yaqiong, Tong Hongyang, Xu Wenlin. Effects of precursors for preparing intermediate layer on the performance of $Ti/SnO_2+Sb_2O_3/PbO_2$ anode effects of precursors for preparing intermediate layer on the performance of Ti/SnO_2 + Sb_2O_3/PbO_2 anode [J]. The Chinese Journal of Process Engineering, 2003, 3 (3): 238-242.

[36] Sáez V, González-García J, Iniesta J, et al. Electrodeposition of PbO_2 on glassy carbon electrodes: influence of ultrasound frequency [J]. Electrochemistry Communications, 2004, 6: 757-761.

[37] Musiani M, Guerriero P. Oxygen evolution reaction at composite anodes containing Co_3O_4 particles comparison of metal-matrix and oxide-matrix composites [J]. Electrochimica Acta, 1998, 44: 1499-1507.

[38] Mahalingam T, Velumani S, Raja M, et al. Electrosynthesis and characterization of lead oxide thin films [J]. Materials Characterization, 2007, 58: 817-822.

[39] Graves J E, Pletcher D, Clarke R L, et al. The electrochemistry of magneli phase titanium oxide ceramic electrodes part Ⅱ: ozone generation at Ebonex and Ebonex/lead dioxide anodes [J]. Journal of Applied Electrochemistry, 1992, 22: 200-203.

[40] Devilliers D, Dinh Thi M T, Mahé E, et al. Electroanalytical investigations on electrodeposited lead dioxide [J]. Journal of Electroanalytical Chemistry,

2004, 573: 227-239.

[41] Suryanarayanan V, Nakazawa I, Yoshihara S, et al. The influence of electrolyte media on the deposition/dissolution of lead dioxide on boron-doped diamond electrode—A surface morphologic study [J]. Journal of Electroanalytical Chemistry, 2006, 592: 175-182.

[42] Tahar N B, Savall A. Mechanistic aspects of phenol electrochemical degradation by oxidation on a Ta/PbO_2 anode [J]. Journal of Electrochemical Society, 1998, 145 (10): 3427-3434.

[43] Shen Peikang, Wei Xiaolan. Morphologic study of electrochemically formed lead dioxide [J]. Electrochimica Acta, 2003, 48: 1743-1747.

[44] Vatistas N, Cristofaro S. Lead dioxide coating obtained by pulsed current technique [J]. Electrochemistry Communications, 2000, 2: 334-337.

[45] Petersson Ingela, Ahlberg Elisabet, Berghult Bo. Parameters influencing the ratio between electrochemically formed α-and β-PbO_2 [J]. Journal of Power Sources, 1998, 76 (1): 98-105.

[46] Munichandraiah N. Physicochemical properties of electrodeposition β-lead dioxide: effect of deposition current density [J]. Journal of Applied Electrochemistry, 1992, 22: 825-829.

[47] Dodson V H. Some important factors that influence the composition of the positive plate material in the lead-acid battery [J]. Journal of Electrochemical Society, 1961, 108: 401-405.

[48] Bagshaw N E, Clarke R L, Halliwell B. The preparation of lead dioxide for X-ray diffraction studies [J]. J. Appl. Chem., 1966, 16: 180-184.

[49] Munichandraiah N, Sathyanarayana S. Insoble anode of α-lead dioxide coated on titanium for electrosynthesis of sodium perchlorate [J]. Journal of Applied Electrochemistry, 1988, 18: 314-316.

[50] Wen T C, Wei M G, Lin K L. Electrocrystallization of PbO_2 deposits in the presence of additives [J]. Journal of Electrochemical Society, 1990, 137 (9): 2700-2702.

[51] Laitinen H A, Watkins N H. Mechanism of anodic deposition and cathodic stripping of PbO_2 on conductive tin oxide [J]. Journal of Electrochemical Society, 1976, 123 (6): 804-809.

[52] Ruetchi P, Angstadt R T, Cahan B D. Oxygen overvoltage and electrode potentials of alpha and beta-PbO_2 [J]. Journal of Electrochemical Society, 1959,

106 (7): 547-551.

[53] Campbell S A, Peter L M. A study of the effect of deposition current density of the structure of electrodeposited α-PbO_2 [J]. Electrochimica Acta, 1989, 34 (7): 943-949.

[54] Duisman J A, Giauque W F. Thermodynamics of the lead storage cell the heat capacity and entropy of lead dioxide from 15 to 318K [J]. J. Physical. Chemistry, 1968, 72 (2): 562-573.

[55] 刘淼，王丽，吴迪，等．不同涂层的二氧化铅电极催化性能的比较 [J]. 吉林大学学报（地球科学版），2006 (S1): 138-142.

[56] 王雅琼，王鹏，沙红霞，等．RuO_2 含量对 Ti/SnO_2+Sb_2O_3/RuO_2+PbO_2 阳极性能的影响 [J]. 稀有金属材料与工程，2007，36 (3): 424-427.

[57] 胡锋平，王晓森，刘占孟．PbO_2/Ti 改性电极电催化氧化酸性品红的试验研究 [J]. 环境科学与技术，2010，33 (5): 51-54.

[58] Dodson V H. The composition and performance of positive plate material in the lead - acid battery [J]. Journal of Electrochemical Society, 1961, 108: 406-412.

[59] Mindt W. Electrical properties of electrodeposited PbO_2 films [J]. Journal of Electrochemical Society, 1969, 116: 1076-1080.

[60] 德切柯·巴普洛夫．铅酸蓄电池科学与技术 [M]. 北京：机械工业出版社，2015.

[61] Devilliers D, Thi M T D, Mahé E, et al. Electroanalytical investigations on electrodeposited lead dioxide [J]. Journal of Electroanalytical Chemistry, 2004, 573 (2): 227-239.

[62] Scanlon D O, Kehoe A B, Watson G W, et al. Nature of the band gap and origin of the conductivity of PbO_2 revealed by theory and experiment [J]. Phys. rev. lett, 2011, 107 (24): 246402-1~246402-5.

[63] 周绍民，张瀛洲．二氧化铅阳极在电解中的应用 [J]. 厦门大学学报（自然科学版），1962 (2): 29-40.

[64] Lander J J. Further studies on the anodic corrosion of lead in H_2SO_4 solutions [J]. J. Electrochem. Soc., 1956, 103 (1): 1-8.

[65] Mindt W. Electrical properties of electrodeposited PbO_2 films [J]. J. Electrochem. Soc. 1969, 116 (8): 1076-1080.

[66] 刘岩．离子液体/金属电极界面零电荷电位的测定研究 [D]. 苏州：苏州大学，2014.

[67] David J Payne, Russell G Egdell, Wang Hao, et al. Why is lead dioxide metallic? [J]. Chemical Physics Letter, 2005, 411: 181-185.

[68] Pohl J P, Schlectriemen G L. Concentration, mobility and thermodynamic behaviour of the quasi-free electrons in lead dioxide [J]. Journal of Applied Electrochemistry, 1984, 14: 521-531.

[69] Li X, Pletcher D, Walsh F C. Electrodeposited lead dioxide coatings [J]. Chemical Society Reviews, 2011, 40 (7): 3879-3894.

[70] Grigger J C, Miller H C, Loomis F D. Lead dioxide anode for commercial use [J]. Journal of Electrochemical Society, 1958, 105 (2): 100-102.

[71] Bushrod C J, Hampson N A. Stress in anodically formed lead dioxide [J]. British Corrosion Journal, 2013, 6 (3): 129-131.

[72] Shibasaki Y. Textures of electrodeposited lead dioxide [J]. Journal of the Electrochemical Society, 1958, 105 (11): 624-628.

[73] 张招贤. 钛电极工学 [M]. 2版. 北京: 冶金工业出版社, 2003.

[74] Damjanovic A, Dey A, Bockris J O. Kinetics of oxygen evolution and dissolution on platinum electrodes [J]. Electrochimica Acta, 1966, 11 (7): 791-814.

[75] 陈振方, 蒋汉瀛. PbO_2-Ti/MnO_2 电极上析氧反应动力学及电催化 [J]. 金属学报, 1992, 5 (2): 280-286.

[76] Yang W H, Yang W T, Lin X Y. Research on PEG modified Bi-doping lead dioxide electrode and mechanism [J]. Applied Surface Science, 2012, 258 (15): 5716-5722.

[77] Trasatti S. Electrocatalysis by oxides—Attempt at a unifying approach [J]. Journal of Electroanalytical Chemistry, 1980, 111 (1): 125-131.

[78] Pavlov D, Balkanov I. The PbO_2 particle: Exchange reactions between ions of the electrolyte and the PbO_2 particles of the lead-acid battery positive active mass [J]. Journal of the Electrochemical Society, 1992, 139 (7): 1830-1835.

[79] Pavlov D, Monahov B. Mechanism of the elementary electrochemical processes taking place during oxygen evolution on the lead dioxide electrode [J]. Journal of the Electrochemical Society, 1996, 143 (143): 3616-3629.

[80] Amadelli R, Maldotti A, Molinari A, et al. Influence of the electrode history and effects of the electrolyte composition and temperature on O_2 evolution at β-PbO_2 anodes in acid media [J]. Journal of Electroanalytical Chemistry, 2002, 534 (1): 1-12.

[81] Cao J, Zhao H, Cao F, et al. Electrocatalytic degradation of 4-chlorophenol on

F-doped PbO_2 anodes [J]. Electrochimica Acta, 2009, 54 (9): 2595-2602.

[82] 胡吉明. Ti 基 $IrO_2+Ta_2O_5$ 阳极析氧电催化与失效机制研究 [D]. 北京: 北京科技大学, 2000.

[83] Danilov F I, Velichenko A B, Nishcheryakova L N. Electrocatalytic processes on Pb/PbO_2 electrodes at high anodic potential [J]. Electrochimica Acta, 1994, 39 (11-12): 1603-1605.

[84] Trasatti S. Electrocatalysis in the anodic evolution of oxygen and chlorine [J]. Electrochimica Acta, 1984, 29 (11): 1503-1512.

[85] 周伟舫, 陈霞玲. 铅锑合金在硫酸溶液中的阳极膜——Ⅰ. 早期阳极膜生长动力学 [J]. 化学学报, 1985, 43 (4): 333-339.

[86] 周伟舫, 柳厚田, 卫昶, 等. 铅锑合金在硫酸溶液中的阳极膜Ⅲ. 循环电位对阳极膜生长的影响 [J]. 化学学报, 1986, 43 (4): 819-821.

[87] 韦国林, 陈霞玲. 铅及铅锑合金阳极膜中硫酸铅的氧化过程 [J]. 化学学报, 1995, 53 (4): 313-317.

[88] 李宁, 王旭东, 吴志良, 等. 高速电镀锌用不溶性阳极 [J]. 材料保护, 1999, 32 (9): 7-9.

3 铝基二氧化铅阳极材料

3.1 概述

铝为活泼的轻金属，密度小（2.7g/cm^3），质轻、塑性好，易冲压、拉伸和加工，焊接性能好、强度高、易回收，是电和热的良导体。二氧化铅导电性好，价格便宜，稳定性高和使用寿命相对高而被广泛地应用于电催化工业。因此，当前对铝基二氧化铅阳极材料的研究显示出重要的实际意义。底层一般是为了改善二氧化铅镀层与钛基体的结合性能；中间层是为了增强二氧化铅镀层与电极结合的牢固度，以及缓和镀层中的电沉积畸变的产生（一般使用不存在电积畸变的 α-PbO_2 作中间层）；表面层是 β-PbO_2。与旧式二氧化铅相比较，新型的二氧化铅提高了电极的坚固性、导电性和耐蚀性，但钛价格高；而铝价格便宜，导电性好，质量轻，也是阀型金属。在铝基体上制得的新型二氧化铅电极材料用在有色金属电积中有广阔的应用前景。

3.2 电沉积 β-PbO_2-MnO_2 镀层的热力学分析

PbO_2 电极具有良好的化学和电化学稳定性，作为惰性阳极已在电合成、水处理等工业中得到广泛应用。但 PbO_2 电极在电冶金、氯碱工业等的应用中析氧电位较高，能耗大，使其应用受到了限制。多年来，PbO_2 电极的改性研究十分活跃，已取得不同程度的进展。

MnO_2 阳极具有良好的析氧、析氯性能，但其缺点是强度低、寿命短，因而难以广泛应用于工业生产。PbO_2 和 MnO_2 均为非贵金属氧化物材料，能否集二者优点制造出符合需要的阳极材料？郑晓虹[1]等探讨了 MnO_2 和 PbO_2 共沉积电极在硫酸介质中的阳极析氧行为，发现在一定的条件下得到的复合镀层析氧性能与 MnO_2 阳极相似。Dalchiele[2] 等研究不同的工艺参数对复合镀层中 MnO_2 含量的影响，并将该复合镀层热处理后得到一种在酸性下既稳定又催化活性好的三元化合物——$Pb_3Mn_7O_{15}$。

对于合金电沉积的应用和研究，其沉积条件可概括为：首先，合金中两种金属至少有一种金属能单独从水溶液中沉积出来；其次，金属共沉积的基本条件是两种金属的析出电位要十分接近或相等，即 $\varphi_{析1}=\varphi_{析2}$；此外，若两种金属能形成金属间化合物，它们往往以这种化合物的形态在阴极（或阳极）上沉积出来。本文从热力学的角度探讨阳极电沉积 Pb-Mn-O 合金的可能性以及难易程度，为得到理想的氧化物镀层提供理论依据。所采用电沉积 β-PbO_2-MnO_2 的镀液：将一定量的硝酸铅和硝酸锰溶液中加入适量的稀硝酸。

3.2.1　25℃下 Mn-H_2O 系的电位-pH 图

3.2.1.1　25℃下 Mn-H_2O 系中存在的物种及其自由能 *G* 值

查手册得到 25℃下 Mn-H_2O 系中各个物种的自由能 *G* 值[3]，如表 3-1 所示。

表 3-1　Mn-H_2O 系中存在的物种及其自由能 *G* 值（25℃）

种类	Mn	Mn^{2+}	Mn^{3+}	MnO	Mn_2O_3	MnO_2
$G_T^\ominus$ /kcal · mol^{-1}	-2.281	-44.471	-3.446	-96.364	-237.071	-128.086
种类	MnO_4^-	MnO_4^{2-}	Mn_2O_3	$HMnO_2^-$	$Mn(OH)_2$	
$G_T^\ominus$ /kcal · mol^{-1}	-144.516	-163.456	-237.071	-148.587	-169.267	

3.2.1.2　计算得出 *E*-pH 方程式

根据电化学计算原理[4]，得出 Mn-H_2O 系中存在的 *E*-pH 方程式如表 3-2 所示。

表 3-2 $Mn-H_2O$ 系中存在的反应及其 E-pH 方程式（25℃和常压）

项目	反应式	$\Delta G_T^\ominus$	$E_T^\ominus$ 或 $\lg K$	E-pH 公式
(a)	$2H^+ + 2e^- = H_2$	0.000	0.000	$E_T = 0 - 0.059pH - 0.0295\lg p_{H_2}$
(b)	$O_2 + 4H^+ + 4e^- = 2H_2O$	-113.379	1.2292	$E_T = 1.2292 - 0.0590pH + 0.148\lg p_{O_2}$
(1′)	$Mn^{2+} + 2H_2O = HMnO_2^- + 3H^+$	46.955	-34.433	$pH = 11.4776 - \frac{1}{3}\lg\frac{[Mn^{2+}]}{[HMnO_2^-]}$
(2′)	$Mn^{3+} + e^- = Mn^{2+}$	-34.882	1.5127	$E_T = 1.5127 + 0.0591\lg\frac{[Mn^{3+}]}{[Mn^{2+}]}$
(3′)	$MnO_4^{2-} + 8H^+ + 4e^- = Mn^{2+} + 4H_2O$	-161.567	1.7516	$E_T = 1.7516 - 0.1182pH + 0.0148\lg\frac{[MnO_4^{2-}]}{[Mn^{2+}]}$
(4′)	$MnO_4^{2-} + 5H^+ + 4e^- = HMnO_2^- + 2H_2O$	-114.61	1.2425	$E_T = 1.2425 - 0.07388pH + 0.0197\lg\frac{[MnO_4^{2-}]}{[HMnO_2^-]}$
(5′)	$MnO_4^- + 8H^+ + 5e^- = Mn^{2+} + 4H_2O$	-174.364	1.5123	$E_T = 1.5123 - 0.0946pH + 0.0118\lg\frac{[MnO_4^-]}{[Mn^{2+}]}$
(6′)	$MnO_4^- + 8H^+ + 4e^- = Mn^{3+} + 4H_2O$	-139.482	1.5122	$E_T = 1.5122 - 0.1182pH + 0.0148\lg\frac{[MnO_4^-]}{[Mn^{3+}]}$
(7′)	$MnO_4^- + e^- = MnO_4^{2-}$	-12.797	0.56	$E_T = 0.56 + 0.0591\lg\frac{[MnO_4^-]}{[MnO_4^{2-}]}$

续表 3 - 2

项目	反应式	$\Delta G_T^\ominus$	$E_T^\ominus$ 或 lgK	E-pH 公式
(8)	$Mn(OH)_2 + 2H^+ + 2e^- = Mn + 2H_2O$	29.692	-0.6438	$E_T = -0.6438 + 0.0591pH$
(9)	$Mn_3O_4 + 2H_2O + 2H^+ + 2e^- = 3Mn(OH)_2$	-9.108	0.197	$E_T = 0.197 - 0.0591pH$
(10)	$3Mn_2O_3 + 2H^+ + 2e^- = 3Mn_3O_4 + H_2O$	-38.364	0.83	$E_T = 0.83 - 0.0591pH$
(11)	$2MnO_2 + 2H^+ + 2e^- = Mn_2O_3 + H_2O$	-44.894	0.97	$E_T = 0.97 - 0.0591pH$
(12)	$Mn^{2+} + 2H_2O = Mn(OH)_2 + 2H^+$	24.782	-18.2	$pH = 9.1 - 0.5lg[Mn^{2+}]$
(13)	$Mn(OH)_2 = HMnO_2^- + H^+$	22.171	-16.2502	$pH = 16.2502 + lg[HMnO_2^-]$
(14)	$Mn^{2+} + 2e^- = Mn$	-54.476	-1.18	$E_T = -1.18 + 0.0296lg[Mn^{2+}]$
(15)	$HMnO_2^- + 3H^+ + 2e^- = Mn + 2H_2O$	7.521	-0.16	$E_T = -0.16 - 0.0887pH + 0.0296lg[HMnO_2^-]$
(16)	$Mn_3O_4 + 8H^+ + 2e^- = 3Mn^{2+} + 4H_2O$	-95.388	2.0683	$E_T = 2.0683 - 0.2364pH - 0.0888lg[Mn^{2+}]$
(17)	$Mn_3O_4 + 2H_2O + 2e^- = 3HMnO_2^- + H^+$	57.405	-1.24	$E_T = -1.2 + 0.0296pH - 0.0888lg[HMnO_2^-]$
(18)	$Mn_2O_3 + 6H^+ + 2e^- = 2Mn^{2+} + 3H_2O$	-68.428	1.4837	$E_T = 1.4837 - 0.1773pH - 0.0592lg[Mn^{2+}]$
(19)	$Mn_2O_3 + H_2O + 2e^- = 2HMnO_2^-$	19.339	-0.42	$E_T = -0.42 - 0.0592lg[HMnO_2^-]$
(20)	$MnO_2 + 4H^+ + 2e^- = Mn^{2+} + 2H_2O$	-56.661	1.2286	$E_T = 1.2286 - 0.1182pH - 0.0296lg[Mn^{2+}]$
(21)	$MnO_2 + 4H^+ + e^- = Mn^{3+} + 2H_2O$	-21.779	0.94	$E_T = 0.94 - 0.2364pH - 0.0591lg[Mn^{3+}]$
(22)	$MnO_4^{2-} + 4H^+ + 2e^- = MnO_2 + 2H_2O$	-104.904	2.27	$E_T = 2.27 - 0.1182pH - 0.0296lg[MnO_4^{2-}]$
(23)	$MnO_4^- + 4H^+ + 3e^- = MnO_2 + 2H_2O$	-117.701	1.70	$E_T = 1.70 - 0.0787pH + 0.0197lg[MnO_4^-]$

3.2.2 $Mn-H_2O$ 系 E-pH 图

根据表 3-2 的计算结果，绘制 25℃下 $Pb-H_2O$ 系的 E-pH 图，如图 3-1 所示。

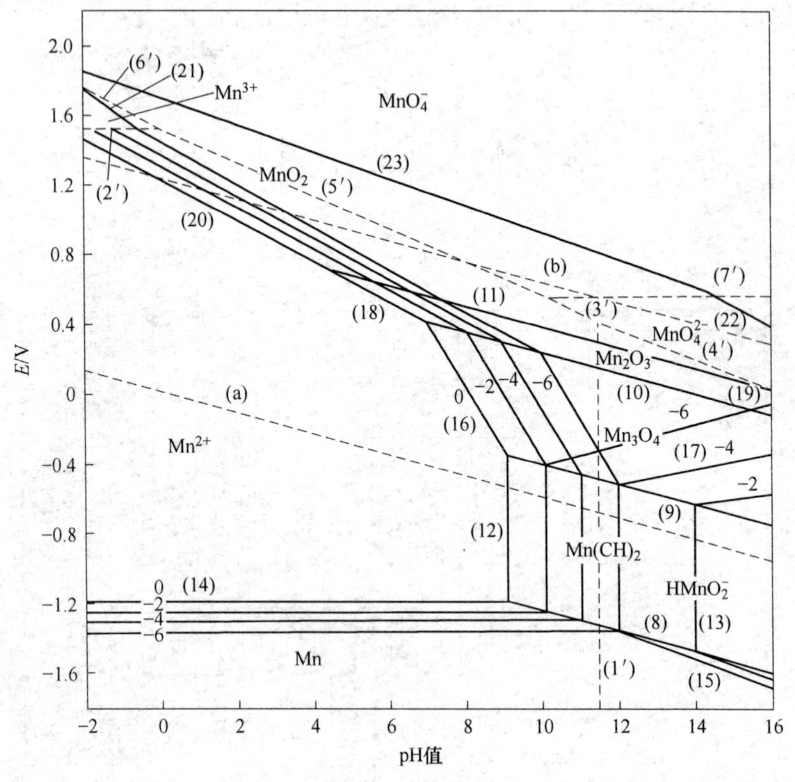

图 3-1 $Mn-H_2O$ 系中的 E-pH 图

（t=25℃、$p_{H_2}=1.01\times10^5$Pa、$p_{O_2}=1.01\times10^5$Pa）

反应（20）在不同温度下的标准电极电位 $E_T^\ominus$ 计算值列入表 3-3。

表 3-3 反应（20）在不同温度下的反应的标准电极电位 $E_T^\ominus$

T/℃	25	50	75	100
$E_T^\ominus$/V	1.2286	1.2135	1.1987	1.1841

3.2.3 二氧化锰的生成条件

从图3-1中可以清楚地看出各相的热力学稳定范围和各种物质生成的电位和pH条件，若要生成MnO_2，则必须满足线（11）、（20）、（21）、（22）、（23）所包围的范围内的电位和pH值。

3.2.4 酸性电沉积β-PbO_2-MnO_2

根据电化学计算原理[4,5]，得出Pb-H_2O系中存在的E-pH方程式，并可以绘制25℃下Pb-H_2O系中的E-pH图[6]。把文献［6］中2.3.1节的反应（5）和（19）在不同温度下的标准电极电位$E_T^{\ominus}$计算值列入表3-4，从表3-4可以算出反应（5）的标准电极电位由25℃时的1.4662V减少到100℃的1.4474V，减少了18.8mV；而表3-3中反应（20）的标准电极电位减少了44.5mV；即反应（20）受水溶液温度的影响比反应（5）的大。这说明酸性电沉积二氧化锰更易受溶液温度的影响。从表3-3和表3-4还可以看出，反应（20）的标准电极电位比反应（5）的标准电极电位低，并且随温度升高其差值变大，这说明高温有利于二氧化锰的沉积。

表3-4 反应（5）和（19）在不同温度下的反应的标准电极电位$E_T^{\ominus}$[6]

项目	T/℃	25	50	75	100
反应（5）	$E^{\ominus}_T$/V	1.4662	1.4602	1.4539	1.4474
反应（19）	$E^{\ominus}_T$/V	0.6392	0.6170	0.5920	0.5644

假设所研究的镀液中没有配合物形成，通过表3-4中反应（5）生成二氧化铅和表3-2中反应（20）生成二氧化锰的电势可以判断在什么条件下优先生成二氧化锰，则有下式：

$$\Delta\varphi_1 = 0.2376 - 0.0296\lg\frac{[Pb^{2+}]}{[Mn^{2+}]} \tag{3-1}$$

从上式可以看出二氧化物镀层的产生与溶液的pH值无关，当$\Delta\varphi_1>0$时，反应是朝着产生二氧化锰的方向进行。若假设$[Pb^{2+}]+[Mn^{2+}]=1$mol/L，可得$[Mn^{2+}]>\frac{1}{10^{8.02}+1}$mol/L，又$\frac{1}{10^{8.02}+1}$mol/L<

10^{-6}mol/L，说明镀液中只要有 Mn^{2+}存在，就会有二氧化锰优先沉积在镀层上。

由于本研究是在酸性条件下，一般 pH 值在 0~2 之间[7]。电沉积 MnO_2 也是在阳极上发生氧化反应，所以必须避免氧气的析出。通过表 3-2 反应（b）和（20）的电势差可以判断在什么条件下优先生成二氧化锰，则有下式：

$$\Delta\varphi_2 = 0.0006 + 0.0591\text{pH} + 0.0296\lg[Mn^{2+}] \tag{3-2}$$

因 0.0006 很小，可忽略不计。当 $\Delta\varphi_2>0$，反应是向着生成二氧化锰的方向进行，则有 $\lg[Mn^{2+}]+2\text{pH}>0$，得到 $[Mn^{2+}]>[H^+]^2$。二氧化锰的获得也可通过不同的 pH 值来控制 Mn^{2+} 的含量，见表 3-5。从表 3-5 可知，镀液的酸性越浓，$[Mn^{2+}]$ 含量要大，这样才可避免氧气的产生；此外，不可忽视氧气在阳极上析出的过电位。

表 3-5 不同溶液 pH 值对 $[Mn^{2+}]$ 浓度的影响

pH 值	0	0.5	1	1.5	2
$[Mn^{2+}]$/mol · L^{-1}	>1	>0.1	>0.01	>0.001	>0.0001

3.3 铝基二氧化铅电极材料的制备工艺

不同工艺电沉积二氧化铅的镀液成分不同，其工艺配方见表 3-6。

表 3-6 电沉积二氧化铅的镀液成分和实验条件

溶液	组 成	电化学参数	温度/℃
S1	140g/L NaOH+50g/L PbO(pH>13)	j=10mA/cm^2，t=4h	35
S2	220g/L $Pb(NO_3)_2$+HNO_3+0.5g/L NaF，pH=1.5	j=30mA/cm^2，t=4h	60
S3	120g/L $Pb(AC)_2$+10g/L HAC，pH=3	j=5mA/cm^2，t=4h	60

采用 30mm×50mm×2mm 的铝或铝合金片作为基体材料，电镀时采用不锈钢为阴极。其阳极制备的工艺流程如下：

基材机械处理（喷砂）→水洗→除油（Na_3PO_4 40g/L，Na_4SiO_4 10g/L，3min）→水洗→碱浸（NaOH 20g/L，Na_2CO_3 2g/L，60s）→水洗→酸浸（HF 10mL/L，HNO_3 250mL/L，90s）→水洗→涂覆导电涂料→干燥（红外线灯）→烘箱烘干（150℃，2h）→检验→电沉积

α-PbO_2→蒸馏水洗→电沉积 β-PbO_2→水洗→干燥→检验等。

3.4 铝基二氧化铅电极材料的制备工艺研究

3.4.1 Al/α-PbO_2 电极不同电流的影响

图 3-2 表示在不同的电流密度下得到的 α-PbO_2 镀层的表面形

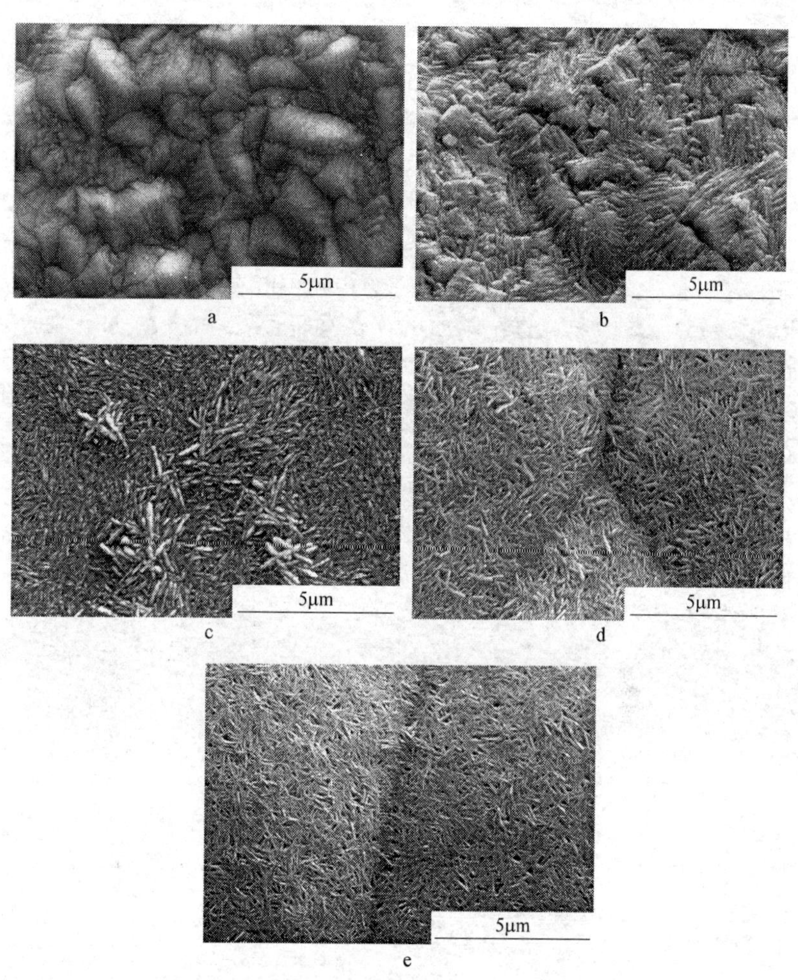

图 3-2 不同的电流密度制备的 α-PbO_2 镀层形貌

a—1mA/cm^2；b—2mA/cm^2；c—3mA/cm^2；d—4mA/cm^2；e—5mA/cm^2

貌。在 1mA/cm^2 得到的镀层晶粒颗粒大且分布均匀（图 3-2a），在 2mA/cm^2 的电流密度下得到的颗粒更均匀且由 50~60nm 的棒状颗粒组成（图 3-2b）。进一步增大电流密度，有大量的更小的纳米晶粒产生，且表面没有明显的界面（图 3-2c）。此镀层呈纤维组织结构具有很好的方向感，而且有些颗粒在原先形成的膜上继续生长，甚至长大，与文献［8］报道一致。当电流密度大于 4mA/cm^2，此镀层的纤维组织颗粒以任意的方向生长，且发现镀层有空隙。对比图 3-2d 和 e 发现，在 4mA/cm^2 形成的边缘界面较明显。在整个电流密度范围内，发现随着电流密度的增大，纤维直径逐渐减小直到 20nm 左右。

此现象可能解释如下：α-PbO_2 镀层的结构可能是电镀液中含铅配合物产生的结果。据报道[8,9]，PbO 溶解在碱性溶液中形成 $HPbO_2^-$ 配合物，甚至高分子配合物。这些配合物可能在电镀液中氧化成含 PbO_3^{2-} 高分子配合物，这些物质的存在减缓了 α-PbO_2 的沉积速度。在高的电流密度下，有些物质可能没到电极表面已经析出，随时间的延长，含 Pb(Ⅳ) 的配合物浓度会逐渐增加，这些沉淀物聚集在镀层表面使得镀层呈任意的方向生长；而且高的电流密度下将产生氧气使表面出现多孔。在低的电流密度下，沉积速度慢，所得到的 α-PbO_2 镀层允许这些纤维晶粒有足够的时间找到最合适的位置沉积，且这些晶粒之间共析出甚至晶粒长大。此外，在低的电流密度下，所有的电流都用来产生二氧化铅，所得到的镀层均匀。

3.4.1.1 XRD 分析

不同电流密度下制得的 α-PbO_2 镀层相组成通过 XRD 衍射得到，见图 3-3。与 JCPDS 卡片对照得到的数据可见表 3-7。从图 3-3 可以看出，镀层除含 α-PbO_2 物质外，还有少量的 PbO 杂质。此杂质可能是由于在电沉积过程中，部分不溶性的 $Pb(OH)_2$ 或 PbO 与 α-PbO_2 产生共沉积。与文献［10，11］报道一致，α-PbO_2 中（200）晶面的强度最大。从图 3-3 可以看出，在电流密度为 1mA/cm^2，PbO 中的晶面峰最多（其峰对应的 2θ 角分别为 57.96°，59.22°和

68.21°)。$\alpha-PbO_2$ 的晶面(132)强度随电流密度的增加而减小。从表3-7可知，$\alpha-PbO_2$ 晶面呈择优取向生长。

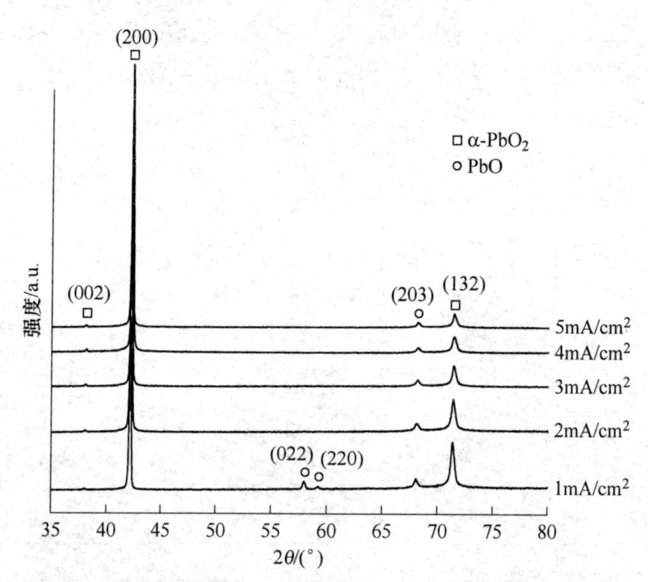

图3-3　不同电流密度下制得的 $\alpha-PbO_2$ 镀层的XRD衍射图

表3-7　不同电流密度下制备的 $\alpha-PbO_2$ 镀层XRD衍射数据

电流密度 /mA·cm^{-2}	相对强度(*hkl*)指数化JCPDS数据					
	(002)	(200)	(132)	(203)	(022)	(220)
1	0.78	100	23.55	4.79	4.10	1.19
2	0.67	100	12.95	2.6	—	—
3	0.84	100	9.27	2.74	—	—
4	0.90	100	4.94	1.53	—	—
5	0.71	100	5.81	1.82	—	—

镀层的晶粒大小与畸变度是决定其物理化学性质的重要因素，其对阳极材料的影响尤为重要。对于晶粒小于100nm的晶粒可用Scherrer公式进行计算：

$$L = K\lambda/(\beta\cos\theta) \qquad (3-3)$$

$$\varepsilon = \beta\text{ctan}\theta/4 \qquad (3-4)$$

式中 L——晶粒平均尺寸，nm；

K——常数通常取0.89；

β——衍射线半高峰的实际宽度，$\beta=\sqrt{b^2-b_0{}^2}$，b 为样品衍射峰的半高宽，b_0 为标准品同一衍射峰的半高宽；

θ——衍射角的一半；

λ——入射X射线波长，Co靶Kα射线，$\lambda=1.78901$nm；

ε——晶格畸变度。

对于（khl）有 $L_{khl}=K\lambda/\beta\cos\theta$，$L_{khl}$为沿晶面垂直方向的晶粒大小。由α-$PbO_2$ 电极的XRD图谱数据，应用Scherrer公式计算可得电极的晶粒大小和畸变度，计算结果见表3-8。从表3-8可知，随着电流密度的增加其晶粒变大，畸变度减小，其原因可能是电流密度高，得到镀层的孔隙大，且沉积的晶粒无规则，导致计算出的晶粒偏大；一般来说，孔隙大，晶粒的接触不紧密，使得畸变度减小。

表3-8 不同的α-PbO_2 电极的 L 和 ε

电 极	2θ/(°)	β	L/nm	ε
α-PbO_2(在1mA/cm^2 的电流密度下得到)	42.1556	0.1182	1.44	0.6237
α-PbO_2(在2mA/cm^2 的电流密度下得到)	42.2016	0.1124	1.52	0.5926
α-PbO_2(在3mA/cm^2 的电流密度下得到)	42.2169	0.1123	1.54	0.5901
α-PbO_2(在4mA/cm^2 的电流密度下得到)	42.2596	0.0318	5.36	0.168
α-PbO_2(在5mA/cm^2 的电流密度下得到)	42.2325	0.0179	9.54	0.0945

3.4.1.2 镀层密度

镀层的厚度和质量分别采用XJP-6A晶相显微镜和FA1004万分皿电子天平测得，镀层密度（以电流效率为100%来计算）通过以下公式求得[12]：

$$\rho=2F\Delta L/(IM\Delta t) \tag{3-5}$$

式中 ΔL——镀层厚度；

I——电流密度；

M——镀层的摩尔质量；

Δt——电镀的时间。

图3-4表示α-PbO_2镀层密度随电流密度的变化。从图3-4可知电流密度对镀层密度影响很大。随着电流密度从1mA/cm^2增到4mA/cm^2，膜密度从9.68g/cm^3下降到6.03g/cm^3。当电流密度为5mA/cm^2时，其膜层密度又回升到8.49g/cm^3。这是因为在低的电流密度（≤2mA/cm^2）下，具有纤维组织结构的镀层以晶面（200）的方向生长，此纤维轴垂直于电极表面，且纤维之间结合紧密。高的电流密度（约4mA/cm^2）增加膜的孔隙率使纤维之间结合疏松。如果进一步提高电流密度，会产生更多的Pb(Ⅳ)配合物，此时生成的α-PbO_2及一些不溶性的Pb(Ⅱ)化合物就在镀液中析出；在电场的作用下，这些沉淀物聚集在电极上，但沉积的α-PbO_2镀层密度比实体的低。

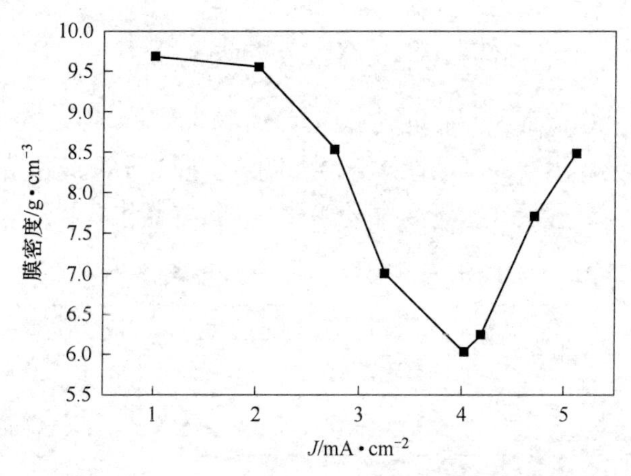

图3-4　不同电流密度下制得的α-PbO_2镀层的密度

3.4.1.3　腐蚀性能

将不同电流密度下制得的α-PbO_2镀层在150g/L H_2SO_4(25℃)溶液中进行Tafel性能测试，得阳极Tafel曲线，见图3-5。

图3-5所得Tafel曲线数据经处理，得到腐蚀电位E_{corr}和腐蚀电流密度J_{corr}值见表3-9。从表3-9可知，α-PbO_2镀层的腐蚀电位变化小，而腐蚀电流变化大。当电流密度为4mA/cm^2时，其腐蚀电位

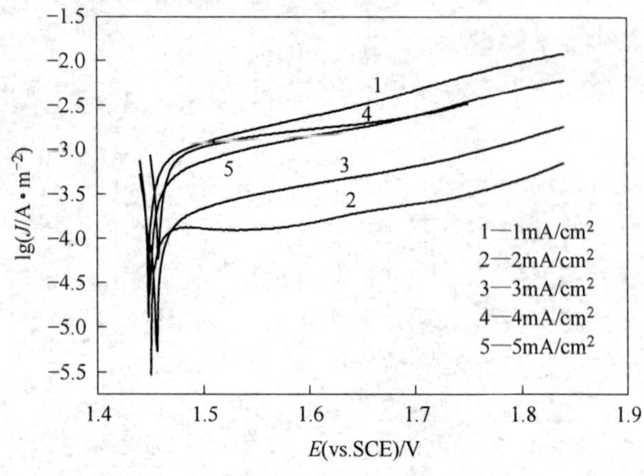

图 3-5 不同的电流密度下制得的 α-PbO_2 镀层在 150g/L H_2SO_4 中的 Tafel 图

最低，腐蚀电流最大。而电流密度为 $2mA/cm^2$ 的腐蚀电流最低。这可能是低孔隙镀层的耐蚀性好。而在电流密度为 $1mA/cm^2$ 的腐蚀电流大是由于其镀层含有更多的非耐蚀性的 PbO 晶相。

表 3-9 α-PbO_2 镀层在 150g/L 硫酸中的腐蚀电位和电流

介质	电流密度/$mA \cdot cm^{-2}$	腐蚀电位（vs. SCE）/V	J_{corr}/$mA \cdot cm^{-2}$
150g/L H_2SO_4	1	1.448	8.12×10^{-4}
	2	1.450	1.18×10^{-4}
	3	1.456	1.70×10^{-4}
	4	1.457	8.97×10^{-4}
	5	1.449	5.03×10^{-4}

3.4.1.4 极化曲线

图 3-6 表示不同的电流密度制得的 Al/导电涂层/α-PbO_2 电极在 50g/L Zn^{2+}+150g/L H_2SO_4 溶液中（25℃）的阳极极化曲线。用纯 Pb 电极进行对比。图 3-6 所得极化曲线数据经处理，得到了电流

密度与超电势的关系以及有关的电极过程的动力学数据见表3-10。动力学数据表明，各电极的交换电流密度 i^0 值的变化不是很大，阳极1在恒定电流密度下的超电压 η 最小，这是电催化活性很高的表现。从表3-10还可以看出，在100mA/cm² 的电流密度下，Al/导电涂层/α-PbO_2 电极的过电位都低于Pb阳极的，甚至阳极1的析氧超电压比Pb阳极小0.16V之多；说明Al/导电涂层/α-PbO_2 阳极具有较高的催化活性。而电极1的催化活性最好是因为其致密性好，镀层薄（α-PbO_2 导电性差）。

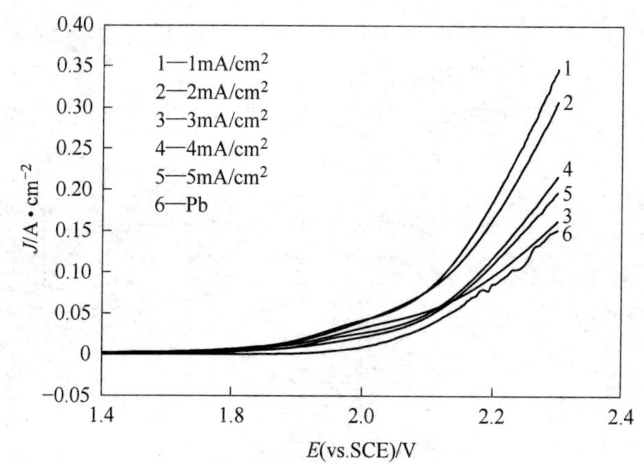

图3-6 不同电流密度下制得的α-PbO_2 镀层在 50g/L Zn^{2+}，150g/L H_2SO_4 溶液中的极化曲线

表3-10 不同的 PbO_2 阳极上的析氧超电压和反应动力学参数

电 极	η/V		a	b	i^0 /A·cm^{-2}
	10mA/cm²	100mA/cm²			
α-PbO_2(在1mA/cm² 的电流密度下得到)	0.417	0.724	1.031	0.307	4.4×10^{-4}
α-PbO_2(在2mA/cm² 的电流密度下得到)	0.425	0.734	1.043	0.309	4.18×10^{-4}
α-PbO_2(在3mA/cm² 的电流密度下得到)	0.446	0.790	1.134	0.344	5.02×10^{-4}
α-PbO_2(在4mA/cm² 的电流密度下得到)	0.475	0.782	1.090	0.308	2.86×10^{-4}
α-PbO_2(在5mA/cm² 的电流密度下得到)	0.516	0.790	1.064	0.273	1.3×10^{-4}
Pb	0.570	0.852	1.134	0.282	9.55×10^{-5}

3.4.1.5 电化学阻抗谱分析

阻抗谱测试是用上海辰华 CHI660C 型电化学工作站来进行的。常规测试选定测量开路电位附近：0.1V，此电位下无析氧反应发生，也称析氧反应的“双电层区”。在实验中频率扫描范围为 100kHz~0.1Hz。施加 5mV 正弦电位扰动信号，采用非线性最小二乘法（NLLS）和 Zsimpwin 软件拟合由微机同步采集的实验数据。对不同的电流密度下制得的 Al/导电涂层/α-PbO_2 电极的交流阻抗谱进行了测试，所测试的溶液为 4mol/L NaOH 溶液中，采用经典三电极体系，以不锈钢为对电极，饱和甘汞电极为参比电极，测试温度控制在 25℃。

在 1mA/cm^2 电镀密度下制得的 Al/导电涂层/α-PbO_2 电极的交流阻抗和 Bode 图见图 3-7。

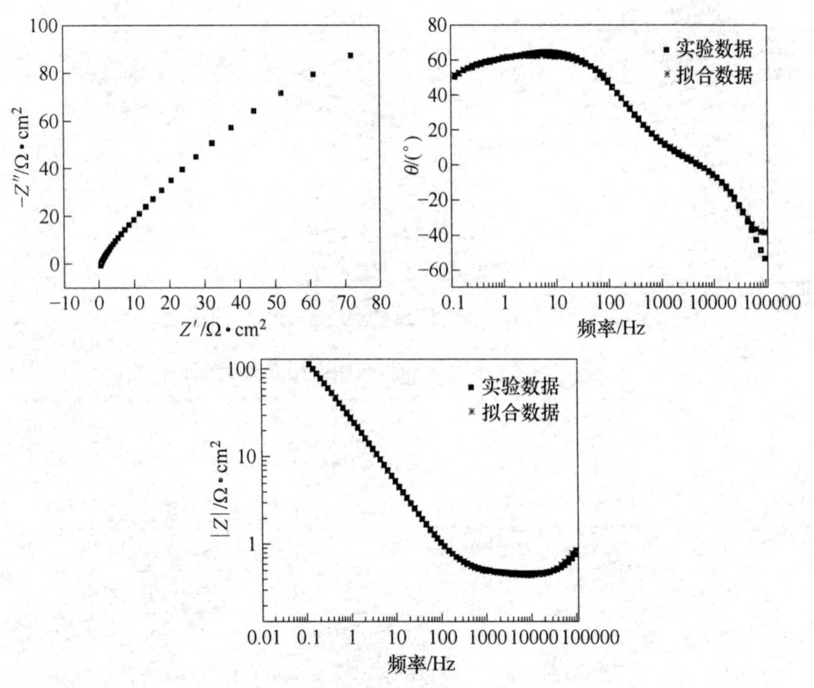

图 3-7 1mA/cm^2 电镀密度下制得的 Al/导电涂层/α-PbO_2 电极的交流阻抗和 Bode 图

在阻抗复平面上出现两条斜率不同的直线段，在低中频段出现一变形的半圆，此变形的半圆被认为是由氧化物的多孔结构引起[13,14]。直线段对应常相位角组元 Q，其中斜率与实轴间的夹角即为 $n\pi/2$。从实验而得的双线段结果看出，该体系对应两个时间常数，即对应两个常相位组元。对该体系交流阻抗数据的最佳拟合等效电路表示为 $R_s(R_1Q_1)(R_2Q_2)L$。其中，R_s 为溶液电阻；(R_1Q_1) 对应电极的物理阻抗，即多层结构中包含电极内表面与基体间部分的物理阻抗，其表现在高频区；(R_2Q_2) 对应电极/溶液界面的电化学反应阻抗，与 Faradaic 反应的动力学有关，其表现在低频区。常相位角组元中对应的 n 值范围在 0~1.0 间，可用所求得的 Q 值近似地表示表观的电容值。因此 R_2 对应反应电阻 R_{ct}，Q_2 对应容抗参数 Q_{dl}。从图 3-7 可知，实验图和拟合图十分吻合。

为了对比，我们对不同电镀密度下制得的 Al/导电涂层/α-PbO_2 电极的交流阻抗进行了测试，见图 3-8。从图 3-8 可知，高频区虚

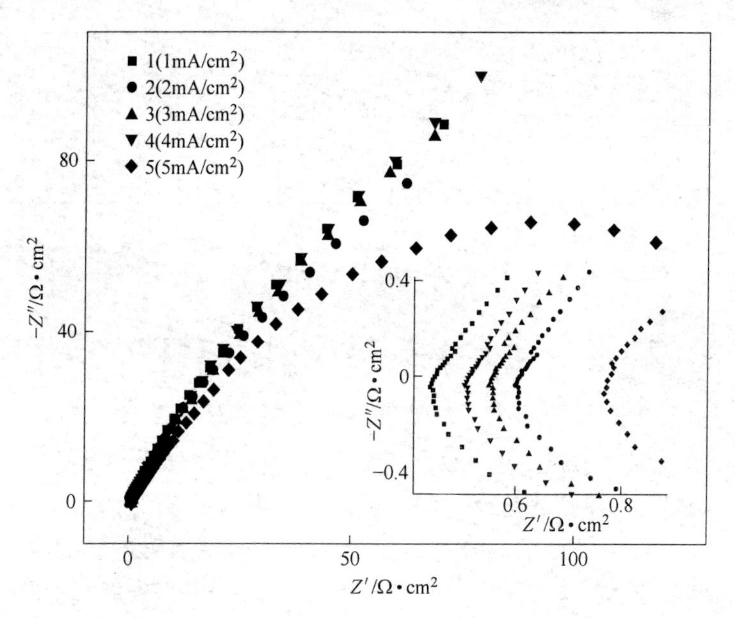

图 3-8　在不同的电镀密度下制得的 Al/导电涂层/α-PbO_2 电极的交流阻抗图

（小图是高频区的放大图）

部$-Z''$存在负值，说明有感抗电阻L的存在。其电感元件L出现的原因还不是很清楚，在其他氧化物电极中也曾观察到这一现象，并认为可能是由测试回路的干扰引起。表3-11列出了不同电流密度下制得的Al/导电涂层/$\alpha-PbO_2$电极的交流阻抗参数值。从表3-11可见，在1~4mA/cm^{2}电流密度下制得的电极Al/导电涂层/$\alpha-PbO_2$的膜电阻R_1大，而在5mA/cm^{2}电流密度下制得的电极膜电阻R_1小，这是因为电流密度大，得到的$\alpha-PbO_2$镀层孔隙多的缘故。在1~4mA/cm^{2}电流密度下制得的电极Al/导电涂层/$\alpha-PbO_2$的交流阻抗数据来看，R_2逐渐变大，相反地，Q_2逐渐减小。

表3-11 不同$\alpha-PbO_2$电极在4mol/L NaOH溶液中于0.1V(vs. SCE)时电化学阻抗各参数的拟合值

电极	R_s /Ω·cm^2	R_1 /Ω·cm^2	Q_1 /Ω^{-1}·cm^{-2}·S^n	n_1	R_2 /Ω·cm^2	Q_2 /Ω^{-1}·cm^{-2}·S^n	n_2	L /μH
1	0.46	310	1.0×10^{-2}	0.81	8.7	2.3×10^{-2}	0.79	1.02
2	0.61	300	1.4×10^{-2}	0.82	20	1.9×10^{-2}	0.77	0.87
3	0.56	304	1.2×10^{-2}	0.85	24	1.6×10^{-2}	0.73	0.93
4	0.51	310	1.0×10^{-2}	0.88	26	1.2×10^{-2}	0.76	0.92
5	0.74	222	5.9×10^{-3}	0.65	16	2.5×10^{-2}	1	0.77

3.4.2 Al/$\alpha-PbO_2$电极不同制备因素的影响

3.4.2.1 电沉积$\alpha-PbO_2$不同$HPbO_2^-$浓度的影响

图3-9表示不同$HPbO_2^-$浓度的对镀层的形貌影响。从图3-9a可以看出，在$HPbO_2^-$浓度低的情况下得到枝叶状结构的镀层，随着浓度的增加，得到的镀层均匀致密，没有发现孔隙（见图3-9b）；进一步增加$HPbO_2^-$的浓度到0.14mol/L，得到具有方向感的纳米纤维晶体，并且晶体之间有明显的边缘界面（见图3-9c）。这说明在低的$HPbO_2^-$浓度下，传质步骤为控制步骤，易发生浓差极化；在高的$HPbO_2^-$浓度下，与电子转移速度相比，传质移动更快，易在镀层

表面形成均匀结构晶体[15]，并且，随着 $HPbO_2^-$ 浓度的增加，晶体 $\alpha-PbO_2$ 生长速度也相应地增加。

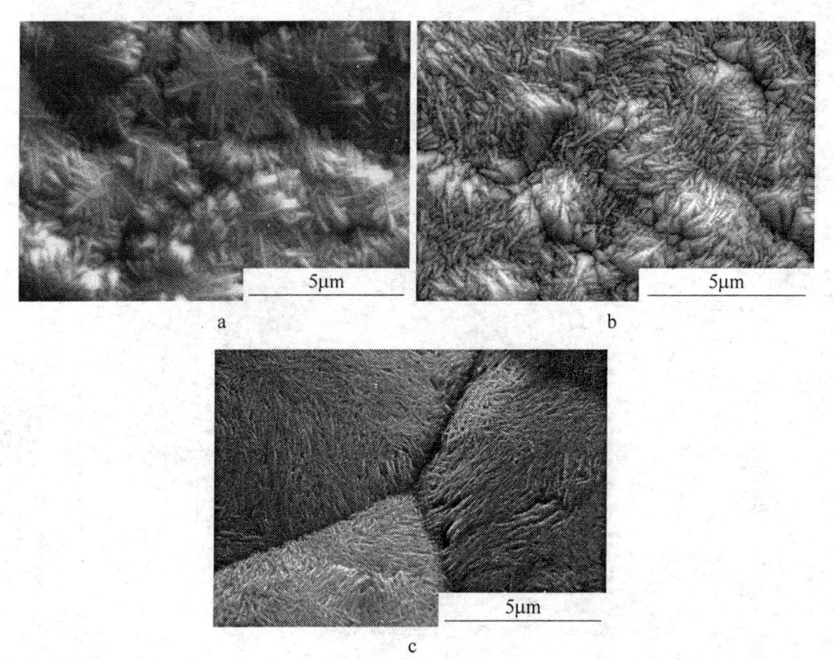

图 3-9 不同 $HPbO_2^-$ 浓度制得的 $\alpha-PbO_2$ 镀层形貌

a—0.1mol/L；b—0.12mol/L；c—0.14mol/L

3.4.2.2 电沉积 $\alpha-PbO_2$ 不同温度的影响

图 3-10 表示不同温度下得到的二氧化铅镀层，从图 3-10a 看出，在低温下电沉积的镀层表面疏松，并且纤维颗粒大；升高温度到 40℃，其镀层的表面形貌变化很大，晶粒变小，且结合紧凑；进一步升高温度到 50℃，其镀层更加均匀，晶粒进一步减小，呈纤维组织结构。但温度过高或过低都会产生泥状的镀层且与基体结合力差[16]。以上的结果可能是由于温度升高使得电沉积的电压减小[17]。在低的电压下，晶体的生长和叠加减慢，无序的生长晶体出现机会少。温度对不同晶体生长方向的速度影响不大；但在较高的温度下，

由于在电极表面产生的多晶聚集的数目少，使得晶体的优先生长方向变得越来越明显。

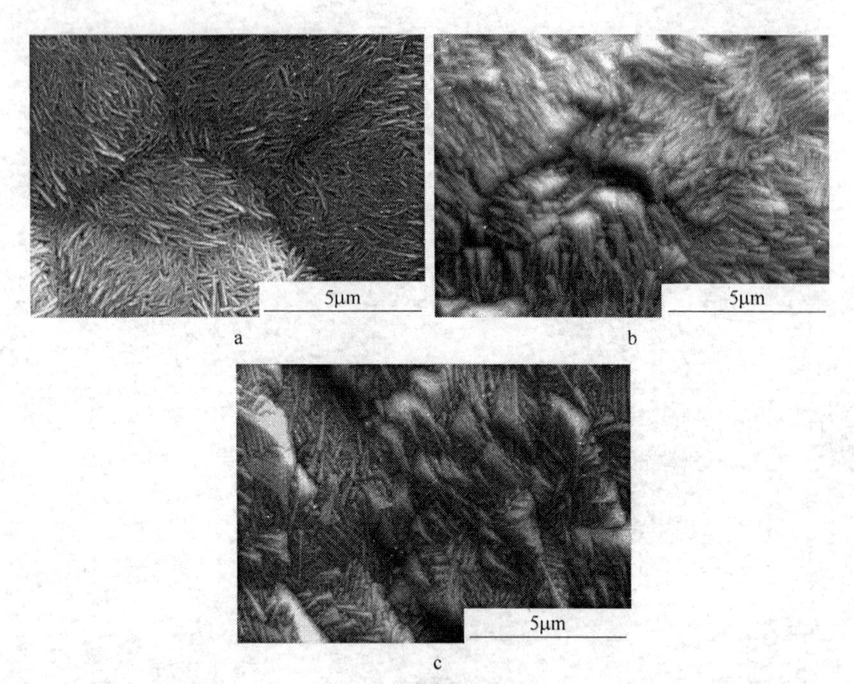

图 3-10 不同的温度下制得的 $\alpha-PbO_2$ 镀层形貌

a—30℃；b—40℃；c—50℃

3.4.2.3 电沉积 $\alpha-PbO_2$ 不同沉积时间的影响

图 3-11 表示不同的沉积时间下得到的二氧化铅的表面形貌。从图 3-11a 可以看出，电沉积 1h 所得的镀层表面呈棒状纤维组织的晶体。随着时间的延长，许多小的米状晶体出现在晶界。进一步延长时间为 3h，米状的晶体进一步减小，没有发现明显的晶体边界，但有许多小孔出现。同时也发现在已生成的镀层表面又有新的晶体产生，并且长大聚集在一起。这可能是因为在阳极电沉积二氧化铅过程中会产生 H^+，在给定的电流密度和传质下，随着时间的延长，局部的 pH 值在强碱镀液（pH>14）下不可能显著地降低。但随着时间

的增加，其溶液中的 $HPbO_2^-$ 浓度越来越低，这将使得镀层的晶体形核生长的速度相对减小。低浓度的 $HPbO_2^-$ 对镀层的表面影响不大，所以只出现很少的孔隙。

图 3-11 不同的电沉积时间对 α-PbO_2 镀层形貌

a—1h；b—2h；c—3h

3.4.3 Al/α-PbO_2 电极镀层成分分析

通过 EDAX 对镀层进行成分测试，见图 3-12 和表 3-12。

表 3-12 不同的条件下制得的 α-PbO_2 镀层的组成成分

（摩尔分数，%）

摩尔分数	电流密度/$mA \cdot cm^{-2}$（图 3-2）					$HPbO_2^-$ 浓度/$mol \cdot L^{-1}$（图 3-9）		
	1	2	3	4	5	0.1	0.12	0.14
O	67.83	65.53	61.14	59.58	66.41	65.83	62.74	62.52
Pb	32.17	34.47	38.86	40.42	33.59	34.17	37.26	37.48

续表 3-12

摩尔分数	温度/℃（图 3-10）			电镀时间/h（图 3-11）		
	30	40	50	1	2	3
O	66.70	64.78	69.68	64.46	61.92	61.35
Pb	33.30	35.22	30.32	35.54	38.08	38.65

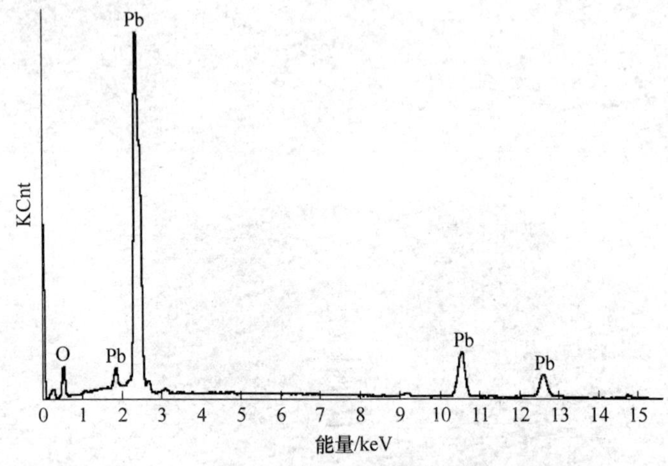

图 3-12 典型的 α-PbO_2 镀层的 EDAX 能谱图

从表 3-12 可以看出铅的含量（摩尔分数）随 $HPbO_2^-$ 浓度的增加和时间的延长而变大。但我们发现电流密度对铅的含量影响最大，在 1~4mA/cm^2 电镀密度下，铅的含量从 32.17%升到 40.42%；而在 5mA/cm^2 电镀密度下铅的含量变为 33.59%。与此同时，在温度为 40℃下所得镀层的铅含量高。此现象可能解释如下：在阳极电沉积二氧化铅的过程中会产生 H^+离子，使得界面的 pH 值减少。Delahay 和 Pourbaix[18]认为可溶性的 Pb(Ⅱ）在 pH＝9.4 时最小。

其原因是一方面，界面 pH 值减小使得可溶性的 Pb(Ⅱ）在镀层表面减少，也可能有氢氧化铅沉淀的产生。另一方面，镀层孔隙对二氧化铅的表面镀层的铅含量的增加有利，高孔镀层通常在高的电流密度和电势下形成。多孔二氧化铅可大大提高镀层的比表面积。

3.4.4 TiO_2、CeO_2 对 Al/α-PbO_2 的影响

3.4.4.1 电流密度对镀层性能及成分的影响

一般来说，增大电流密度，相应的槽电压也增加，因而极板间的电场力也增加了，加快微粒向阳极移动的速度，故增加电流密度可以增加 PbO_2 与固体颗粒的共沉积速率。但是另一方面，电流密度增加，PbO_2 沉积速度比其他的两种颗粒的沉积速度快，镀层中 TiO_2、CeO_2 相对下降。在黄色 PbO 溶解于 4mol/L 氢氧化钠的水溶液中至饱和、TiO_2 15g/L、CeO_2 10g/L、温度 40℃、电沉积时间 4h 条件下，电流密度对镀层中 TiO_2、CeO_2 含量以及表观形貌和结合力的影响规律见表 3-13。

表 3-13 电流密度对镀层成分及性能的影响

J_A/A · dm^{-2}	外观形貌	结合力	$w(TiO_2)$/%	$w(CeO_2)$/%
0.3	光滑，致密	较好	2.87	1.65
0.5	光滑，致密	较好	3.77	2.13
0.8	光滑，致密	较好	4.05	2.50
1.0	粗糙，有裂纹	容易脱落	3.69	2.48

由表 3-13 可以看出，电流密度在 0.3~0.8A/dm^2 时，镀层中颗粒的含量随电流密度的增加而增加，且电流密度从 0.3A/dm^2 到 0.5A/dm^2 增加的程度比电流密度从 0.5A/dm^2 到 0.8A/dm^2 的大；当超过 0.8A/dm^2 时，镀层中固体颗粒的含量降低。这是因为镀液中的主盐是以 $HPbO_2^-$ 阴离子的形式存在，在低的电流密度下，$HPbO_2^-$ 运动到阳极板的速度相对慢，导致镀层固体颗粒的含量相对的增加程度大。但进一步增大电流密度，二氧化铅的沉积速度比 TiO_2、CeO_2 的快，所以镀层中 TiO_2、CeO_2 含量的增加有所降低。在超过 0.8A/dm^2 时，二氧化铅产生的同时伴随着氧气的析出，又由于固体颗粒在氧气的冲击下难于吸附在镀层表面，所以镀层中固体颗粒的含量降低。而 TiO_2 的含量高于 CeO_2 含量是因为 TiO_2 颗粒比较细小，前者更易于吸附在镀层表面。同时，镀层的性能随着电流密度的变

化而改变，在较低的电流密度下，表面光滑、致密，而且结合力比较好；在高的电流密度下，$HPbO_2^-$ 在电极上会出现浓差极化，在 PbO_2 沉积的同时会发生氧析出现象，使得镀层表面粗糙，结合力差。因此，电流密度选择在 0.5A/dm² 较宜。

3.4.4.2 TiO_2 浓度对镀层的成分及性能的影响

在黄色 PbO 溶解于 4mol/L 氢氧化钠的水溶液中至饱和、CeO_2 10g/L、温度 40℃、电流密度 0.5A/m²、电沉积时间 4h 条件下，TiO_2 质量浓度对镀层中 TiO_2、CeO_2 含量以及表观形貌和结合力的影响规律见表 3-14。

表 3-14 TiO_2 质量浓度对镀层成分及性能的影响

$\rho(TiO_2)$/g·L⁻¹	外观形貌	结合力	$w(TiO_2)$/%	$w(CeO_2)$/%
0	光滑、致密	较好	0	0.98
5	光滑、致密	较好	2.25	1.35
10	光滑、致密	较好	2.34	2.01
15	光滑、致密	较好	3.77	2.13
20	光滑、致密	较好	3.96	2.04

从表 3-14 可以看出，二氧化钛浓度的增加，对镀层的外观形貌、结合力几乎没有影响。此外，复合镀层中二氧化钛的含量随着二氧化钛浓度的增加而增加，镀层中二氧化铈含量也随之增加，但当二氧化钛浓度超过 15g/L，复合镀层中二氧化钛的含量增加较少，而二氧化铈含量却有所降低。这是因为随镀液中微粒含量增加，微粒在阳极表面的碰撞概率和吸附的可能性增加，同时 TiO_2 与 CeO_2 颗粒之间相互吸附。

因此，复合镀层中微粒含量随二氧化钛浓度的增加而增加。但阳极表面吸附量是有限的，易被流动的电镀液带走，所以出现增加缓慢甚至下降的现象。另外，从表 3-14 可明显看出，复合镀液中加入 TiO_2 颗粒后，镀层中 TiO_2 含量要比 CeO_2 含量高，这是由于这两种固体微粒的导电能力不同的缘故，导电性好的微粒比导电性差的易共沉积。在这里，由于 TiO_2 微粒的电导率为 3～8S/cm，而 CeO_2 的电导率为 9.60×10^{-5}S/cm，TiO_2 微粒的导电性优于 CeO_2，TiO_2 颗粒易吸附 $HPbO_2^-$ 离子沉积在阳极上。因此为使二氧化钛尽量沉积到镀层中，同时保证镀层中含有较多的二氧化铈，镀液中二氧化钛浓度为 15g/L。

3.4.4.3　CeO_2 浓度对镀层的成分及性能的影响

在黄色 PbO 溶解于 4mol/L 氢氧化钠的水溶液中至饱和、TiO_2 15g/L、温度 40℃、电流密度 0.5A/dm^2、电沉积时间 4h 条件下，CeO_2 质量浓度对镀层中 TiO_2、CeO_2 含量以及表观形貌和结合力的影响规律见表 3-15。由表 3-15 可知，二氧化铈加入量对复合镀层成分影响与二氧化钛相似，在二氧化铈浓度小于 10g/L 时，固体颗粒的含量增加的程度大，在浓度大于 10g/L 后其增加程度小，且表面有裂纹。

表 3-15　CeO_2 质量浓度对镀层成分及性能的影响

$\rho(CeO_2)/g\cdot L^{-1}$	外观形貌	结合力	$w(TiO_2)/\%$	$w(CeO_2)/\%$
0	光滑，致密	较好	1.54	0
5	光滑，致密	较好	2.49	0.91
10	光滑，致密	较好	3.51	1.79
15	有细小裂纹	不好	3.77	2.13
20	有裂纹	差	3.85	2.25

这是因为二氧化铈有细化微观组织结构的作用，所以镀层非常光滑。而当二氧化铈浓度超过 10g/L 时复合镀层出现裂纹是由于：一方面，二氧化铈有细化微观组织结构，使得镀层之间的内应力增大，导致镀层出现裂纹；另一方面，镀液中的二氧化铈可能会溶解形成 Ce^{4+}，Ce^{4+} 离子半径很大（Ce^{4+} 半径为 0.093nm，而 Pb^{4+} 半径为 0.078nm），进入晶格的 Ce^{4+} 离子与 PbO_2 晶格相互作用，导致 PbO_2 晶格不同程度的膨胀，PbO_2 晶格出现微局部缺陷，并在缺陷附近发生晶格场畸变，使得复合镀层表面出现裂纹现象。因此，试验过程

中，在保证复合镀层质量的情况下，二氧化铈浓度控制在 10g/L 为宜。

3.4.4.4 温度对镀层的成分及性能的影响

在黄色 PbO 溶解于 4mol/L 氢氧化钠的水溶液中至饱和、TiO_2 15g/L、CeO_2 10g/L、电流密度 0.5A/dm^2、电沉积时间 4h 条件下，表 3-16 列出了温度对镀层中 TiO_2、CeO_2 含量以及表观形貌和结合力的影响规律。

表 3-16 温度对镀层成分及性能的影响

温度/℃	外观形貌	结合力	$w(TiO_2)$/%	$w(CeO_2)$/%
20	粗糙，不平整	容易脱落	3.85	2.87
30	光滑，致密	较好	3.98	2.51
40	光滑，致密	较好	3.77	2.13
50	光滑，致密	较好	3.53	1.98

从表 3-16 可看出，镀层中 TiO_2、CeO_2 含量都随着温度在 20~30℃时含量有所增加，温度超过 30℃后，镀层中 TiO_2、CeO_2 含量开始下降，在温度超过 40℃时，下降比较快。而在此温度之后，镀层中 TiO_2、CeO_2 含量变化较小。这种现象是离子热运动与微粒悬浮性能的综合反映。当温度升高，离子的布朗运动加剧，离子的剧烈运动加剧对阳极的冲刷，使阳极对微粒的吸附能力降低，不利于微粒的共沉积；同时，温度升高，镀液黏度下降，悬浮能力变差，微粒快速下降沉到镀槽底部，这些都对微粒埋入镀层造成困难。同时，温度对镀层的性能影响比较大，低温下，镀液的分散能力差，镀层晶粒会变得无规则，且易在阳极表面析氧，镀层比较粗糙，所以比较容易脱落。故镀液温度选 40℃为宜。

3.4.4.5 电沉积时间对镀层的成分及性能的影响

在黄色 PbO 溶解于 4mol/L 氢氧化钠的水溶液中至饱和、TiO_2 15g/L、CeO_2 10g/L、温度 40℃、电流密度 0.5A/dm^2 条件下，在

2.0~5.0h 的时间内，电沉积得到复合镀层，对镀层的外观质量、结合力、TiO_2 和 CeO_2 质量分数进行分析测试，结果见表 3-17。

表 3-17 电镀时间对镀层中固体颗粒和外观的影响

时间/h	外观形貌	结合力	$w(TiO_2)/\%$	$w(CeO_2)/\%$
2	不光滑，不致密	不太好	3.15	1.50
3	光滑，致密	较好	3.77	2.13
4	光滑，致密	较好	4.01	2.54
5	光滑，不致密	容易脱落	4.10	2.62

表 3-17 表明，电镀时间对在铝基上电沉积所得镀层的表面形貌和结合力影响不太大，只是当时间太短时，由于沉积到阳极表面的物质太少，所以沉积不是很均匀，镀层不光滑、不致密。当电镀时间达到 3h，其表面形貌变好，结合力也比较好，但是电沉积时间过长，镀层变厚，镀液中的主盐消耗很多，容易使溶液自分解（实验发现，电镀时间过长，溶液中出现红色的铅的氧化物），表面变得越来越粗糙，使镀层容易脱落。此外，由表 3-17 可知，当电镀时间超过 4h，复合镀层中固体微粒含量变化量较小，故根据实验需要，为获得较适宜的镀层厚度，在以后的试验中，均取 4h 为电镀时间。

3.4.4.6 电流密度对镀层性能的影响

根据 Guglielmi 提出的复合模型可知[19]，镀液中的电流密度对镀层中的固体颗粒含量的影响很大，所以有必要研究电流密度对镀层性能的影响。在黄色 PbO 溶解于 4mol/L 氢氧化钠的水溶液中至饱和、TiO_2 15g/L、CeO_2 10g/L、温度 40℃、电沉积时间 4h 条件下，电流密度对镀层厚度的影响见图 3-13。

从图 3-13 可知，随着电流密度的增加，镀层的厚度相应地增大。厚度在电流密度小于 0.4A/dm^2 时增加显著，而大于 0.4A/dm^2 后增加缓慢。这可能是由于电流密度过大，导致镀液的过电位增加，将使得阳极析出氧气，导致电流效率下降，所以在大的电流密度下厚度增加缓慢。掺入纳米 TiO_2 和 CeO_2 后，使得复合电极的表面积增加，

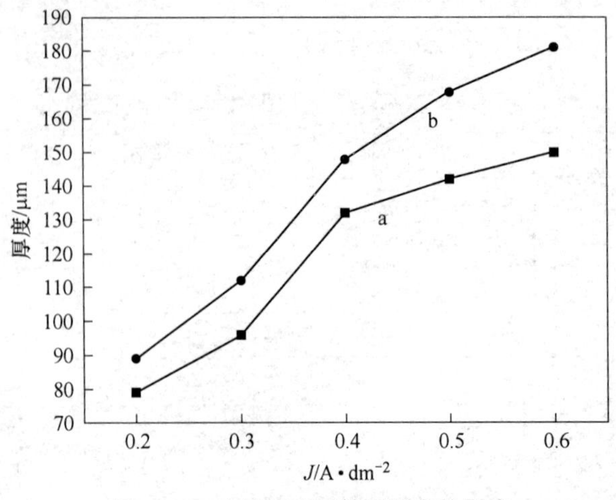

图 3-13　电流密度对镀层厚度的影响

a—α-PbO_2；b—α-PbO_2-CeO_2-TiO_2

有效地改善了镀层的生长，降低了镀层的析氧过电位，提高了电流效率；在相同的电流下，实际的电流密度增大，阳极极化增强，沉积速率增加，在同一时间内，沉积的量增多。从图 3-13 看出，掺杂的镀层比未掺杂的镀层厚 10μm 之多。因此，掺纳米颗粒改善了镀层厚度。

在黄色 PbO 溶解于 4mol/L 氢氧化钠的水溶液中至饱和、TiO_2 15g/L、CeO_2 10g/L、温度 40℃、电沉积时间 4h 条件下，电流密度对镀层硬度的影响见图 3-14。从图 3-14 可知，镀层的硬度随电流密度的增加先增大后减小。当电流密度在 0. 55A/dm^2，其 α-PbO_2 和 α-PbO_2-CeO_2-TiO_2 的显微硬度分别达到 Hv540 和 Hv584。这可能是因为电流密度的增大在一定程度上可提高沉积的速率，在相同的时间内镀层的厚度增加，使得硬度增加。但当电流密度进一步上升，阳极的过电位会相应地升高，阳极将会析出氧气，会导致溶液出现红色物质而使镀液发生自分解；且由于阳极反应是放热反应，热量的分散不均使得镀层表面粗糙，疏松。因此，电流密度过大，不利于提高镀层硬度。纳米颗粒的掺杂改善镀层的微观组织，减小了内应力，提高了镀层的显微硬度；并且纳米微粒能很好地分散镀层的热量，使得沉积的镀层分布均匀。因此，掺杂纳米的二氧化铅的镀层硬度大。

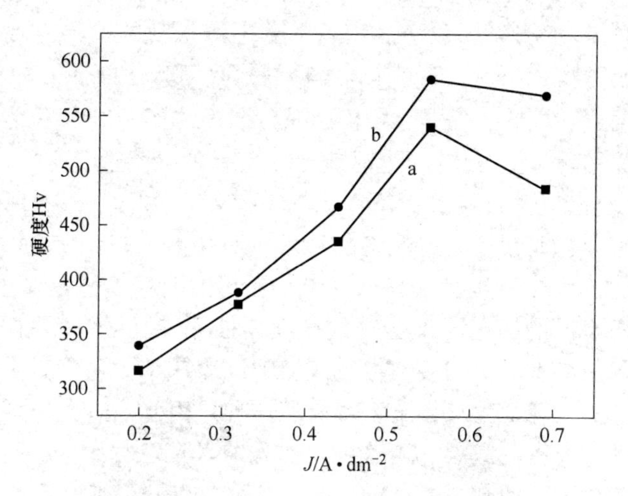

图 3-14 电流密度对镀层硬度的影响

a—α-PbO_2；b—α-PbO_2-CeO_2-TiO_2

在黄色 PbO 溶解于 4mol/L 氢氧化钠的水溶液中至饱和、TiO_2 15g/L、CeO_2 10g/L、温度 40℃、电沉积时间 4h 条件下，电流密度对镀层密度的影响见图 3-15。

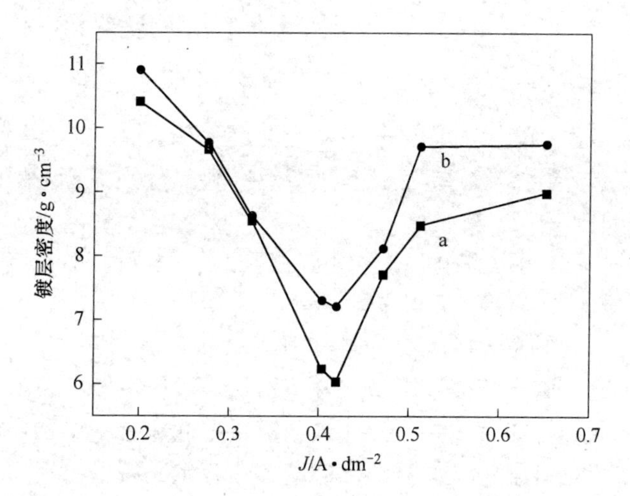

图 3-15 电流密度对镀层密度的影响

a—α-PbO_2；b—α-PbO_2-CeO_2-TiO_2

从图 3-15 可知，镀层的密度随着电流密度的增加先减小后增大。电流密度在 4mA/cm^2 左右，其 α-PbO_2 和 α-PbO_2-CeO_2-TiO_2 镀层密度达到最低，分别为 6.03g/cm^3 和 7.21g/cm^3。这可能是由镀层的孔隙和晶相组织结构不同引起的。在低的电流密度下（≤0.2A/dm^2），晶体以纤维组织结构垂直于电极表面的方向增长，所以它们接触紧密[8]；而在较高的电流密度下（约 0.4A/dm^2），使得镀层的空隙增大，且纤维相互之间连接疏松；当电流密度进一步增大时，由于含四价铅的阴离子配合物的浓度增加，在电场强度的作用下，使得沉积的二氧化铅增多，导致镀层因沉积速率太快产生无定型晶体，且晶格无规则生长导致密度有所增加。因此，适当控制电流密度能得到较致密的镀层。当镀层中加入纳米颗粒时，镀层的孔隙率大大地减少了，抑制了晶核的长大，使晶粒细化；特别是稀土元素的加入，在一定程度上改变了电极与溶液界面的双电层结构，提高了表面的平整度。因此，掺杂纳米 CeO_2 和 TiO_2 颗粒有利于镀层密度的提高。

3.4.5 WC、ZrO_2 对 Al/β-PbO_2 的影响

3.4.5.1 WC 质量浓度对镀层成分及其他性能的影响

在硝酸铅 250g/L、硝酸 15g/L、ZrO_2 50g/L、温度 50℃、电流密度 3A/dm^2，电镀时间 4h 条件下，碳化钨质量浓度对镀层中 WC、ZrO_2 成分以及镀层沉积厚度和硬度影响分别见图 3-16 和图 3-17。

从图 3-16 可以看出，复合镀层中碳化钨的含量随碳化钨浓度的增加而增加，镀层中二氧化锆含量也随之增加，但当碳化钨浓度超过 40g/L，复合镀层中碳化钨的含量增加较少，而二氧化锆含量却有所降低。这是由于随镀液中微粒含量增加，微粒在阳极表面的碰撞概率和吸附的可能性增加，因此复合镀层中微粒含量增加。但阳极表面吸附量是有限的，易被流动的电镀液带走，所以出现增加较少甚至下降的现象。从图 3-16 还可明显看出，镀层中 WC 含量要比 ZrO_2 含量高得多，这是由于这两种固体微粒的导电能力不同的缘

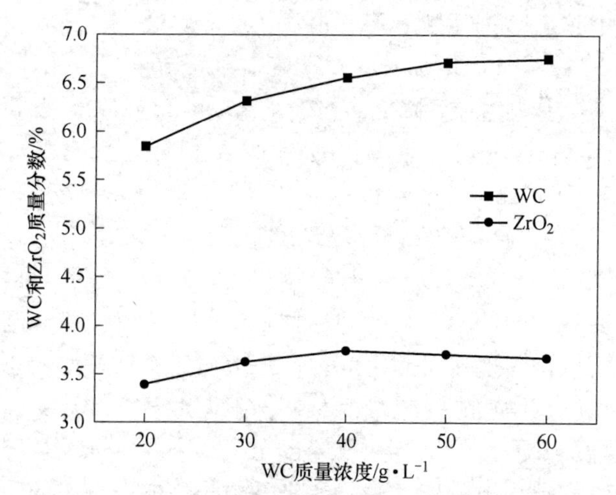

图 3-16 电解液中碳化钨质量浓度对复合
镀层 WC 和纳米 ZrO_2 成分的影响

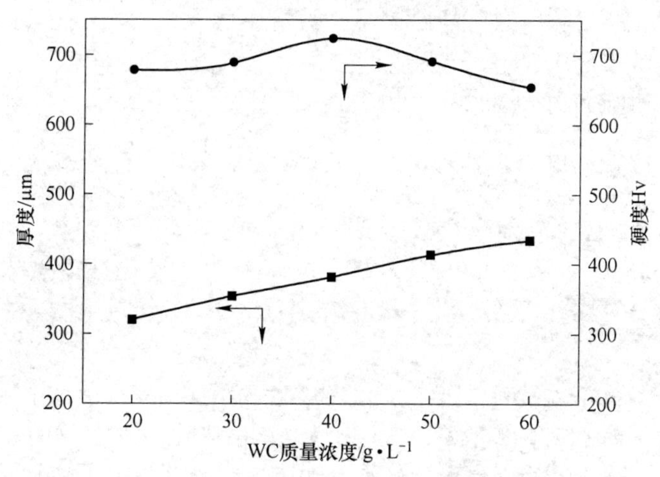

图 3-17 电解液中碳化钨质量浓度对复合
镀层的厚度和显微硬度的影响

故[20]，导电性好的微粒比导电性差的易共沉积[21]，在这里 WC 微粒的电导率为 5×10^4S · cm，而 ZrO_2 是不导电的。因此为使碳化钨尽量沉积到镀层中，同时保证镀层中含有较多的二氧化锆和镀层的结合力，镀液中碳化钨的适宜含量为40g/L。

从图3-17可知，增加碳化钨浓度，复合镀层的沉积厚度上升，而显微硬度则是先增加后降低。当碳化钨浓度为40g/L，显微硬度最高（Hv723）。碳化钨浓度从20g/L增大到60g/L，沉积厚度从321μm上升到434μm，相差113μm左右。一般来说，复合镀层的显微硬度与组织结构和化学组成有密切关系[22]。侯峰岩等[23]研究了纳米ZrO_2微粒对Ni-ZrO_2复合镀层结构和性能的影响，得出了ZrO_2能显著地提高复合镀层的显微硬度。朱龙章等[24]研究了含微米级WC的复合电沉积，发现镀层的硬度较其他微粒复合镀层高很多。结合成分分析可知，增加碳化钨浓度，复合固体颗粒含量增多，所以其显微硬度增加，但当碳化钨浓度超过40g/L时，由于WC固体颗粒本身带电，其到达阳极表面时，在获得相同的电极电势的同时固体颗粒上的磁场和传质增强，使沉积的晶粒在镀层上以择优取向的方式生长[25]，导致镀层表面粗糙度很大，脆性增加，进而镀层硬度下降。镀层厚度增加的可能原因是，镀层中的导电WC微粒的增加，吸附了更多的OH基，使得PbO_2的生成变得更加容易[21]，导致PbO_2沉积速度加快，厚度增加。

3.4.5.2 ZrO_2质量浓度对镀层成分及其他性能的影响

在硝酸铅250g/L、硝酸15g/L、WC 40g/L、温度50℃、电流密度3A/dm^2，电镀时间4h条件下，电解液中二氧化锆质量浓度对WC、ZrO_2成分以及镀层沉积厚度和硬度的影响分别见图3-18和图3-19。

由图3-18可知，随着二氧化锆浓度的增加，复合镀层中二氧化锆和碳化钨的含量都有所增加，但当二氧化锆浓度超过40g/L，复合镀层中二氧化锆的含量增加较少。其原因可能是吸附有纳米二氧化锆的WC颗粒与其他纳米ZrO_2共同嵌入镀层表面。纳米二氧化锆浓度越大，吸附的WC微粒也越多，导致镀层中颗粒的浓度相应增多。但镀液颗粒过多，对镀层固体颗粒的含量影响不大。因此，在实验过程中，在保证镀层中有较高WC质量分数的情况下，二氧化锆质量浓度控制在50g/L为宜。

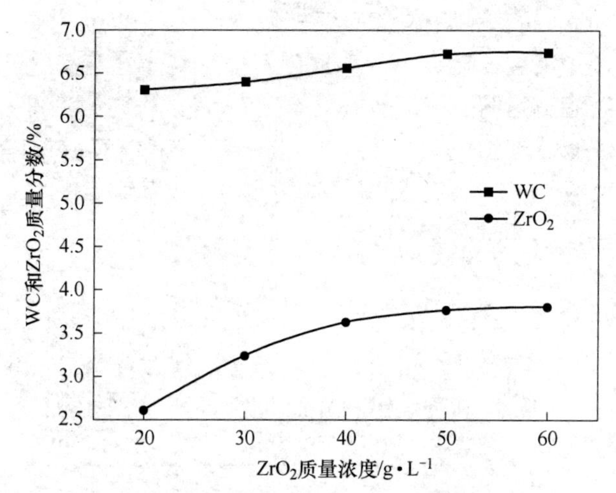

图 3-18 电解液中二氧化锆质量浓度对复合镀层 WC 和纳米 ZrO_2 成分的影响

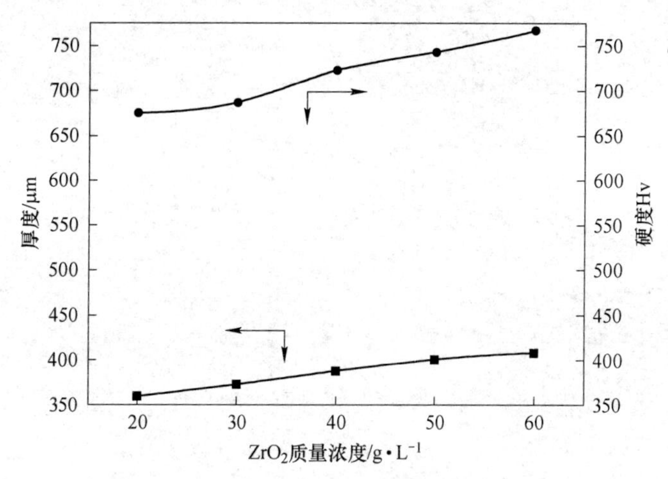

图 3-19 电解液中二氧化锆质量浓度对复合镀层的厚度和显微硬度的影响

从图 3-19 可知，增加二氧化锆浓度，复合镀层的沉积厚度和显微硬度都上升。二氧化锆的浓度从 20g/L 增大到 60g/L，沉积厚度从 360μm 上升到 408μm，相差 48μm 左右。硬度从 Hv675 升到 Hv767。

与图 3-23 比较可知，固体二氧化锆颗粒对镀层厚度的改变不大，但明显地提高了镀层的硬度。主要原因可能是纳米二氧化锆和少量的 WC 微粒起到弥散强化的作用，WC 和 ZrO_2 随二氧化锆浓度的增加而增多，所以显微硬度上升；且纳米二氧化锆为惰性颗粒，不会使镀层形貌有很大的改变，但起到细化晶体的作用，使得硬度升高。

3.4.5.3 温度对镀层成分及性能的影响

在硝酸铅 250g/L、硝酸 15g/L、WC 40g/L、ZrO_2 50g/L、电流密度 $3A/dm^2$，电镀时间 4h 条件下，温度对镀层中 WC、ZrO_2 质量分数及镀层沉积厚度和硬度影响分别见图 3-20 和图 3-21。

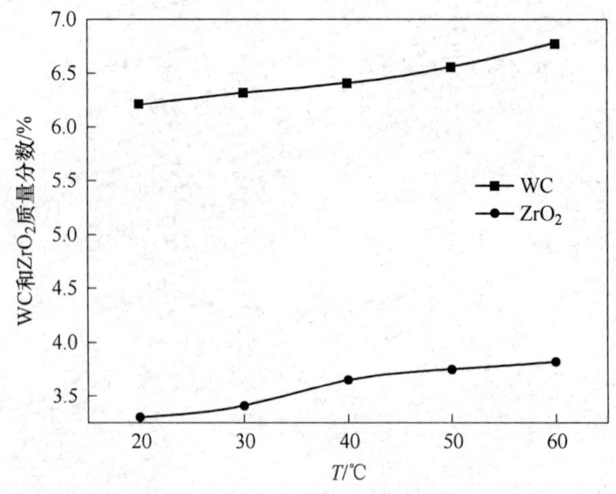

图 3-20　电解液中温度对复合镀层 WC 和纳米 ZrO_2 成分的影响

由图 3-20 可知，随着镀液温度升高，复合镀层中二氧化锆和碳化钨的含量都有所增加。一般来说，温度升高，镀液的黏度下降，微粒对阳极表面的吸附力减弱；同时温度升高，阳极过电位减小，金属离子的氧化加快，这些都将对微粒嵌入镀层造成困难。分析此实验的结果可能因为：（1）温度升高，镀液中金属离子的水解程度加大，部分形成高分散度的氢氧化物而增加微粒对阳极表面的吸附作用；（2）溶液的黏度下降，在搅拌的外力作用下，使微粒到达阳极表面变得容易，这一结果与 W. Mindt 的研究相吻合。

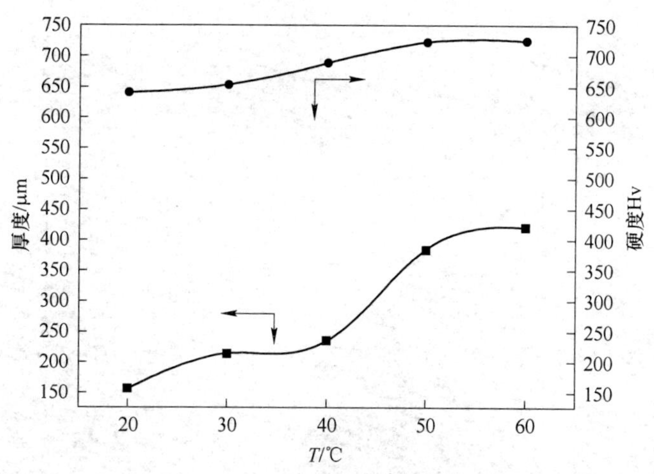

图 3-21 电解液中温度对复合镀层的厚度和显微硬度的影响

从图 3-21 可知，升高镀液温度，复合镀层的沉积厚度和显微硬度都上升，且在低温范围 20～40℃ 内镀层厚度增加的幅度小（78μm），在高于 50℃时，厚度增加的幅度大（高于 150μm）。其原因可能是：一方面，镀液的温度升高，镀层中的固体颗粒含量增加，固体颗粒的弥散强化作用使得镀层硬度增加；另一方面，镀液的温度越高，晶核生长的速度越快，晶粒就越大，使得镀层硬度提高了，这与 Velichenko 的研究结论一致[26]。温度升高，镀液中离子的扩散速度加快，浓差极化减少，离子与基体接触的概率增多，使得镀层厚度增加，此外，镀层固体颗粒的增加，有利于提高沉积速度，所以厚度也增加。从经济角度考虑，取镀液温度为 50℃为佳。

3.4.5.4 电流密度对镀层成分及性能的影响

在硝酸铅 250g/L、硝酸 15g/L、WC 40g/L、ZrO_2 50g/L、温度 50℃，电镀时间 4h 条件下，电流密度对镀层中 WC、ZrO_2 质量分数及镀层沉积厚度和硬度影响分别见图 3-22 和图 3-23。

由图 3-22 可知，随着电流密度的升高，复合镀层中二氧化锆和碳化钨的含量都是先增加后减少。碳化钨的含量在电流密度为 4A/dm^2 时最大，而二氧化锆的含量是在电流密度为 3A/dm^2 时最大。其

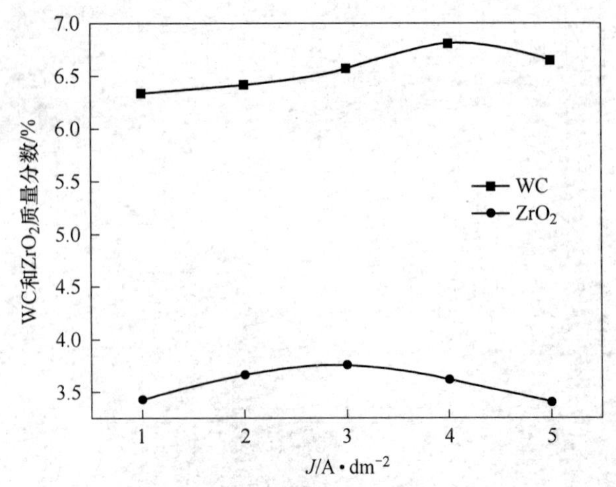

图 3-22 电流密度对复合镀层 WC 和纳米 ZrO_2 成分的影响

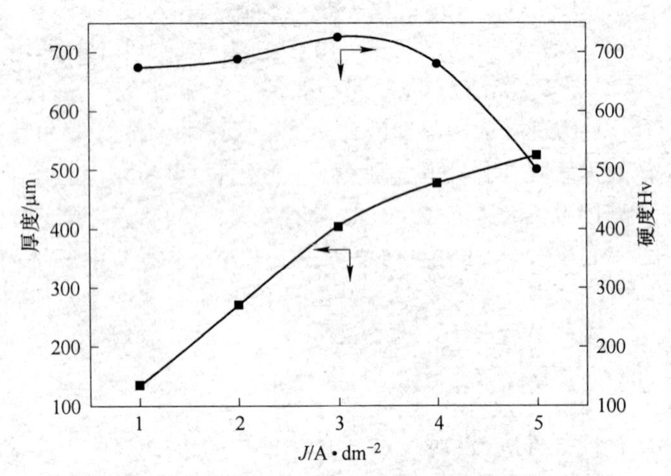

图 3-23 电流密度对复合镀层的厚度和显微硬度的影响

原因是电流密度对沉积镀层的物化性能影响很大[27]。一方面，当电流密度增大时，过电位会相应地提高，因而电场力增强，阳极对吸附微粒的静电力增强，所以在这种情况下，电流密度的增大对 PbO_2 与微粒的共沉积有一定的促进作用；但是另一方面，阳极电流密度进一步提高，微粒在阳极上的沉积可能赶不上 PbO_2 的沉积，这样一来镀层中微粒含量下降。

从图 3-23 可以看出，增大电流密度，复合镀层的沉积厚度增加，而显微硬度先增加后减小。在电流密度为 $3A/dm^2$ 时，其显微硬度达到最大（Hv725）。这是因为在小于 $3A/dm^2$ 的电流密度下，随着电流密度增加，固体颗粒的含量上升，所以硬度增加；而电流密度超过 $3A/dm^2$，复合镀层中的纳米 ZrO_2 含量减少了，导致镀层硬度下降。另外，过大的电流密度得到的镀层疏松、多孔、易脱落，镀层硬度相应地减小。综合考虑各因素，把电流密度选在 $3A/dm^2$ 左右，所得镀层的性能较好。

3.4.5.5 电沉积时间对镀层成分及性能的影响

在硝酸铅 250g/L、硝酸 15g/L、WC 40g/L、ZrO_2 50g/L、温度 50℃，电流密度 $3A/dm^2$ 条件下，在 1~6.0h 的时间内，电沉积得到复合镀层，对镀层中 WC、ZrO_2 质量分数及镀层沉积厚度和硬度影响分别见图 3-24 和图 3-25。

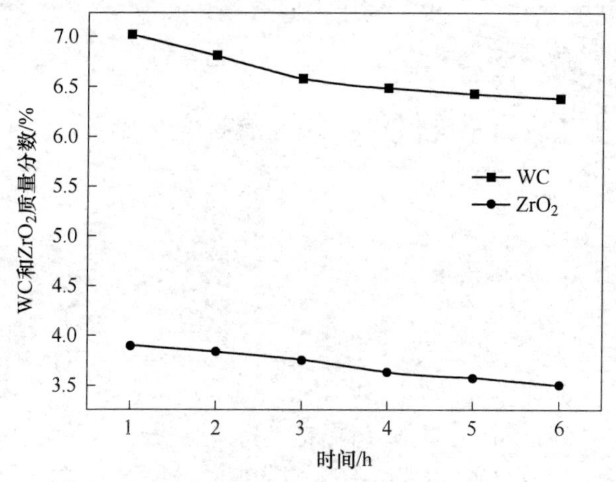

图 3-24 电沉积时间对复合镀层 WC 和纳米 ZrO_2 成分的影响

从图 3-24 可知，固体颗粒的含量随电沉积时间延长而减少。其原因可能是电沉积初期，镀液的固体颗粒具有活性的数量多，使颗粒易吸附在镀层中。而随着电镀时间增加，活性粒子越来越少，吸

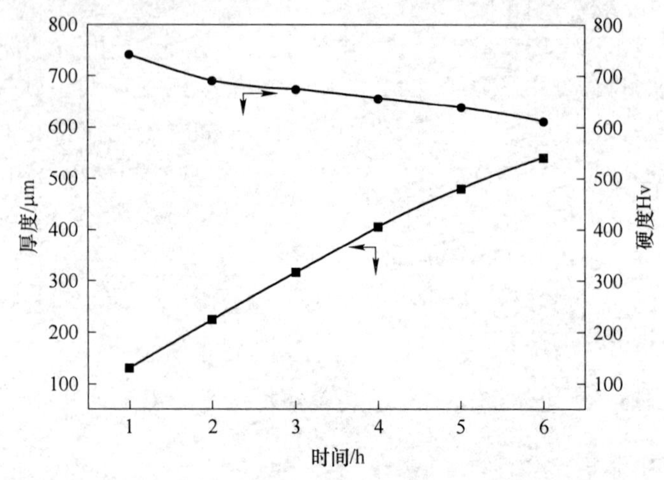

图 3-25 电沉积时间对复合镀层的厚度和显微硬度的影响

附在镀层中的颗粒含量相应地降低。从图 3-25 看出，镀层厚度随电沉积时间的延长增加，而镀层的显微硬度随时间的延长减小。这是因为电沉积时间延长，复合镀层中固体颗粒的含量都减小，导致显微硬度下降。综合厚度和性能的考虑，选电沉积时间为 4h 较好。

3.5 铝基二氧化铅电极材料的性能研究

3.5.1 Al/α-PbO_2-CeO_2-TiO_2 的电化学性能

3.5.1.1 循环伏安研究

A 碱性条件

在 4mol/L NaOH 溶液和 4mol/L NaOH 溶液中加入氧化铅物质至氧化铅完全溶解得到的溶液（简称 S1）中，反应体系温度为 40℃，分别在 0~1.0V 和 0~1.4V 范围内进行正向扫描，扫描速率为 5mV/s，所得的循环伏安曲线图见图 3-26。图 3-26a、b 是在 4mol/L NaOH 溶液，电势在 0~1.0V 正向扫描得到的循环伏安曲线；而图 3-26c、d 是在 S1 溶液，电势在 0~1.4V 正向扫描得到的循环伏安曲线。图 3-26a、c 分别是 α-PbO_2 在各溶液中的典型伏安曲线。从图

3-26a 可见，在电位（vs. SCE）为 0.2V 时，出现很小的氧化峰，可能是 α-PbO_2 镀层含有少量 PbO 的缘故，出现 PbO 氧化成 PbO_2 的峰（$PbO+2OH^- - 2e^- = PbO_2 + H_2O$）；当电位（vs. SCE）超过 0.7V 时，其为氧气的析出。从图 3-26b 可以看出，不同的电极在 4mol/L NaOH 溶液中的循环伏安曲线氧化峰的个数没有发生变化，只是析出氧气的电势发生了变化。其中 α-PbO_2-3.73（质量分数）% TiO_2-2.14（质量分数）% CeO_2 复合镀层的析氧电位最低，α-PbO_2-2.16%CeO_2 次之，而 α-PbO_2 和 α-PbO_2-3.70%TiO_2 的最高。说明 α-PbO_2-3.73%TiO_2-2.14%CeO_2 电极的催化活性最好。

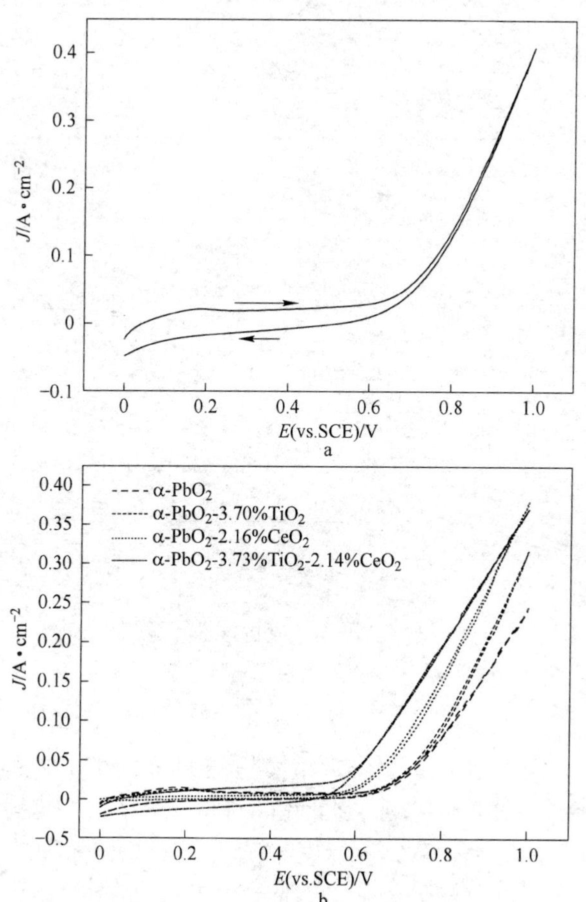

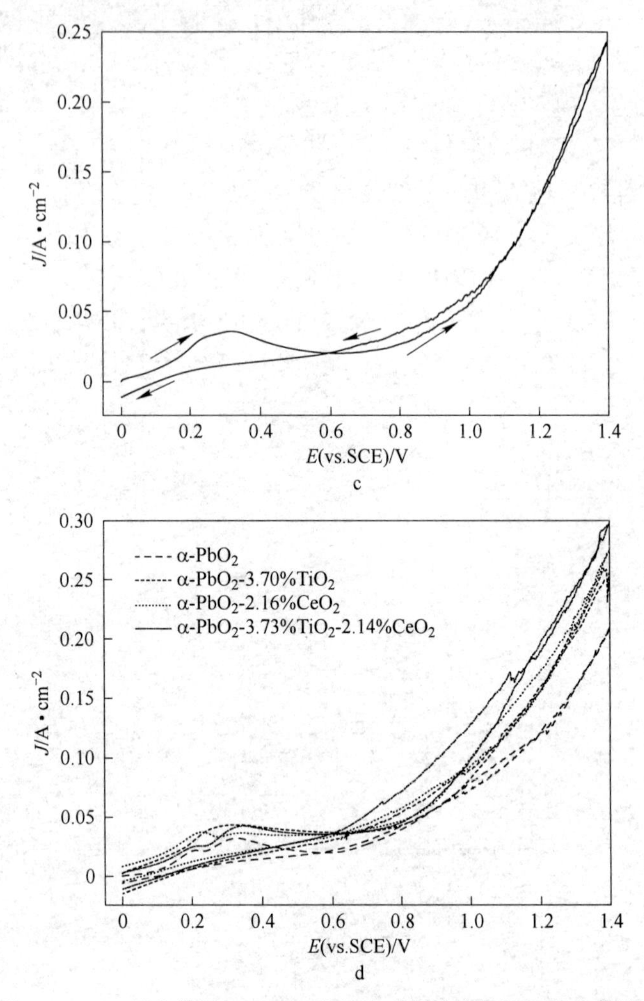

图 3-26　Al/导电涂层/α-PbO_2 电极在碱性溶液的循环伏安曲线图

a，b—在 4mol/L NaOH 溶液中（v=50mV/s）；

c，d—在 4mol/L NaOH 溶液中加入氧化铅至饱和（v=50mV/s）

从图 3-26c 看出，产生 α-PbO_2 镀层的初始电位（vs. SCE）在 0. 20V。在伏安的正分支观察到两个阳极电流峰值，对应的电势分别是 $E_{P1}=0.2$ 和 $E_{P2}=0.3V$；此峰可能对应的是 Pb_3O_4 和 PbO_2 造成的。在负向电势扫描，在 $E_{P3}<0V$ 发现一个阴极电流增大趋势，可能是

二氧化铅的溶解。从图 3-26d 可以看出，不同的电极在 S1 溶液中的循环伏安曲线氧化峰的个数没有发生明显变化，也只是析出氧气的电势发生了变化；这说明掺杂的固体颗粒不会改变 $\alpha-PbO_2$ 电极的反应机理。同理可得 $\alpha-PbO_2-3.73\%TiO_2-2.14\%CeO_2$ 复合镀层在碱性溶液中的催化活性最好。

B 酸性条件

图 3-27 是分别在 2mol/L KNO_3 溶液（pH = 1.5）（见图 3-27a 和 b）和 220g/L $Pb(NO_3)_2+HNO_3$+0.5g/L NaF(pH = 1.5)(简称 S2) 溶液（见图 3-27c 和 d）中，反应体系温度为 60℃，在 0~1.4V 范围内进行正向扫描，扫描速率为 5mV/s 条件下的循环伏安图。图 3-27a、b 分别是 $\alpha-PbO_2$ 在各溶液中的典型伏安曲线。从图 3-27a 可见，在电位（vs. SCE）为 1.45V 时，出现一氧化峰，除了可能是 $\alpha-PbO_2$ 镀层含有少量 PbO 氧化成 PbO_2 的峰（$PbO+2OH^--2e = PbO_2+H_2O$）外，还更可能是 Pb^{2+} 氧化成 PbO_2 的峰（$Pb^{2+}+2H_2O-2e = PbO_2+4H^+$），这是因为在低的电位下，电流为负值，且电流值很大，说明 $\alpha-PbO_2$ 在此溶液中发生了化学腐蚀，其中式（$PbO+2H^+ = Pb^{2+}+H_2O$）发生反应的可能性大。当电位（vs. SCE）超过 1.9V 时，其为氧气的析出。在阴极有一还原峰，此是二氧化铅的还原。从图 3-27b 可以看出，不同的电极在 2mol/L KNO_3 溶液（pH = 1.5）中的循环伏安曲线氧化峰的个数没有发生变化，只是析出氧气的电势发生了变化；这说明掺杂的固体颗粒不会改变 $\alpha-PbO_2$ 电极的反应机理。其中 $\alpha-PbO_2-3.70\%TiO_2-2.11\%CeO_2$ 复合镀层的析氧电位最低，$\alpha-PbO_2-2.15\%CeO_2$ 次之，而 $\alpha-PbO_2$ 的最高。说明 $\alpha-PbO_2-3.73\%TiO_2-2.14\%CeO_2$ 电极在酸性溶液中的催化活性最好。从图 3-27c 看出，产生 $\beta-PbO_2$ 镀层的初始电位（vs. SCE）在 1.30V。在伏安的正分支观察到两个阳极电流峰值，对应的电势分别是 E_{P1} = 1.4 和 E_{P2} = 2.1V；此峰可能对应的是 PbO_2 和 O_2 造成的。阴极扫描得到的两个电流峰分别出现在 E_{P3} = 0.3 和 E_{P4} = 0.91V，这两个阴极电流峰分别为 Pb(Ⅲ) 和 Pb(Ⅳ) 物质的还原峰。从图 3-27d 可以看出，不同的电极在 S2 溶液中的循环伏安曲线氧化峰的个数没有发

生明显变化，也只是析出氧气的电势发生了变化，这说明掺杂的固体颗粒不会改变 $\alpha-PbO_2$ 电极的反应机理。同理可得 $\alpha-PbO_2-3.71\%TiO_2-2.12\%CeO_2$ 复合镀层的催化活性最好。但 Pb(Ⅲ) 物质的还原峰峰值和电位随掺杂颗粒的加入而分别减小和负移，这说明掺杂固体颗粒的 $\alpha-PbO_2$ 电极反应过程的准可逆程度大，尤其是 $\alpha-PbO_2-3.71\%TiO_2-2.12\%CeO_2$ 复合电极。

PbO_2 电沉积机理在电催化活性应用中起到非常重要的作用，关于二氧化铅电极的循环伏安研究不少。Beck[28] 提出的反应机理分四

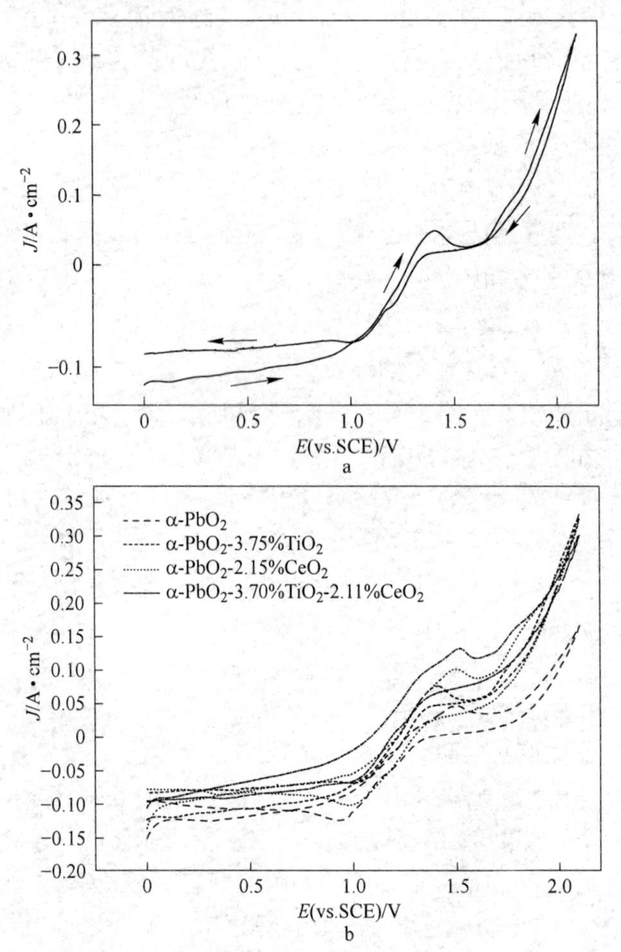

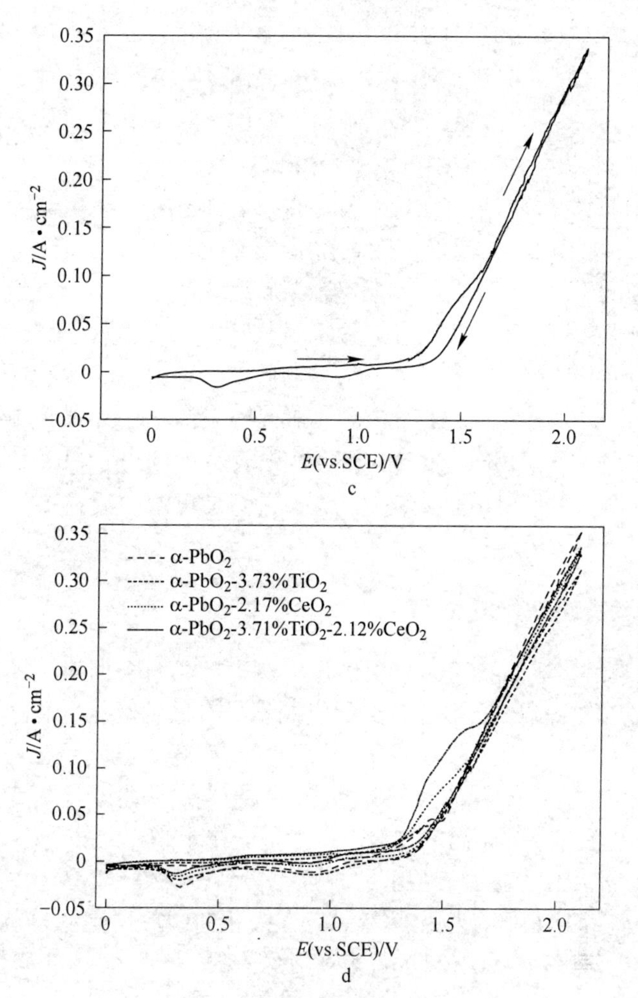

图 3-27 Al/导电涂层/α-PbO_2 电极在酸性溶液的循环伏安曲线图

a，b—在 2mol/L KNO_3 溶液（pH=1.5）；

c，d—220g/L $Pb(NO_3)_2$+HNO_3+0.5g/L NaF（pH=1.5）

个阶段，第一阶段，铅离子在水溶液形成水合平衡；第二阶段，水合含铅物质被基体表面吸附；第三阶段，在基体表面上形成 $Pb(OH)_2^+$ 和 $Pb(OOH)_{ad}^+$ 中间产物。最后阶段，$Pb(OOH)_{ad}^+$ 脱氢产生 PbO_2。此机理得到 Suryanarayanan 等[29]的支持。

$$Pb_{aq}^{2+} + H_2O \longrightarrow Pb(OH)_{aq}^{+} + H^{+} \tag{3-6}$$

$$Pb(OH)_{ad}^{+} + H_2O \longrightarrow Pb(OH)_{2ad}^{+} + H^{+} + e^{-} \tag{3-7}$$

$$Pb(OH)_{2ad}^{+} \longrightarrow Pb(OOH)_{ad}^{+} + H^{+} + e^{-} \tag{3-8}$$

$$Pb(OOH)_{ad}^{+} \longrightarrow PbO_2 + H^{+} \tag{3-9}$$

从上面的碱酸性体系循环伏安曲线可知，我们在碱性镀二氧化铅溶液发现了两个氧化峰（除氧气析出峰外），而在酸性镀二氧化铅溶液条件下，只发现了一个氧化峰（除氧气析出峰外）。这说明在强酸性条件下，Pb^{2+}或 PbO 可能直接氧化成 PbO_2，而在碱性条件下，Pb^{2+}或 PbO 可能先氧化成 Pb_3O_4，然后 Pb_3O_4 进一步氧化为 PbO_2。这暗示在碱性条件下，第一个氧化峰是对应着 Pb_3O_4 的形成，第二个氧化峰对应 PbO_2 形成。这说明表面上形成 $Pb(OH)_2^{+}$ 和 $Pb(OOH)_{ad}^{+}$中间产物确实存在，至于它们是可溶物质还是不可溶物质有待于进一步研究。

3.5.1.2 表观活化能

表观活化能的测定无法提供反应机理的信息，但对判断电极过程是受扩散控制还是受电化学反应控制是有效的。从电化学原理可知，当电极过程受扩散控制时，由于反应速度的温度系数较小，故电极的反应活化能较低，一般为 12~16kJ/mol。而电化学为控制步骤时，其反应速度的温度系数较大，一般在 40kJ/mol 以上。

在不同温度下的 S1 溶液，扫描电势范围为 0~1.4V，以扫描速率为 5mV/s 进行阳极极化，然后对在极化曲线中所得的电沉积的二氧化铅电势区 0.1~0.5V 进行表观活化能的计算，根据方程[30]

$$(\Delta G)_E = -2.303R\left(\frac{\partial(\lg j)}{\partial(1/T)}\right)_E \tag{3-10}$$

不同的 α-PbO_2 电极上电沉积二氧化铅的标准表观活化能可通过 Arrhenius 关系，由 $\lg j$ 和 $1/T$ 曲线的斜率求得，结果见图 3-28。从图 3-28 可以看出，Al/导电涂层/α-PbO_2-3.70%TiO_2-2.14%CeO_2 电极在相同的电势下所需要的活化能最小。在 0.1V 电势下，我们发现其表观活化能大约为 60kJ/mol，活化能随着电势的增加而减小，且在 0.35V 时，整个活化能最低。可知在电势 0.30V 的左边是以电化学控制为主，右边以扩散控制为主。

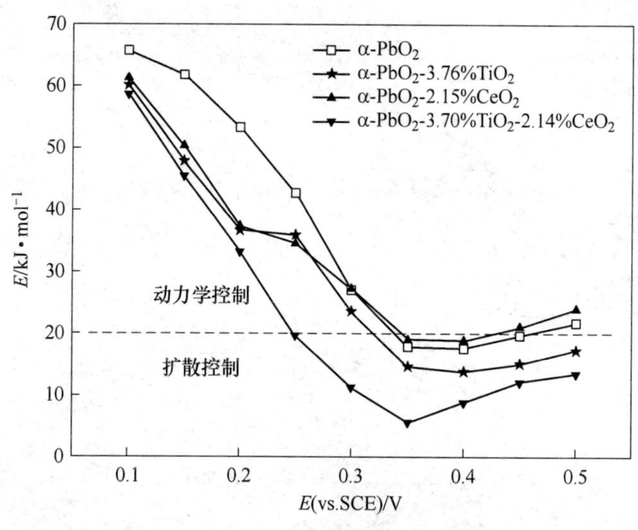

图 3-28 不同电势下电极的表观活化能

3.5.1.3 在硝酸体系中耐腐蚀性测试

将制得的 α-PbO_2、α-PbO_2-3.72%TiO_2、α-PbO_2-2.12%CeO_2 和 α-PbO_2-3.73%TiO_2-2.11%CeO_2 镀层分别在 300g/L $Pb(NO_3)_2$+10g/L HNO_3(25℃) 溶液中进行 Tafel 性能测试，得阳极 Tafel 曲线，见图 3-29。图 3-29 所得 Tafel 曲线数据经处理，得到腐蚀电位 E_{corr} 和腐蚀电流密度 J_{corr} 值，见表 3-18。

表 3-18 不同镀层在 300g/L $Pb(NO_3)_2$+10g/L HNO_3 溶液中的腐蚀电流密度和腐蚀电位

溶 质	涂 层	腐蚀电位 (vs. SCE)/V	腐蚀电流 /A · cm^{-2}
300g/L $Pb(NO_3)_2^+$ 10g/L HNO_3	α-PbO_2	1.210	3.305×10^{-4}
	α-PbO_2-3.72%TiO_2	1.219	1.421×10^{-4}
	α-PbO_2-2.12%CeO_2	1.216	2.275×10^{-4}
	α-PbO_2-3.73%TiO_2-2.11%CeO_2	1.228	1.12×10^{-4}

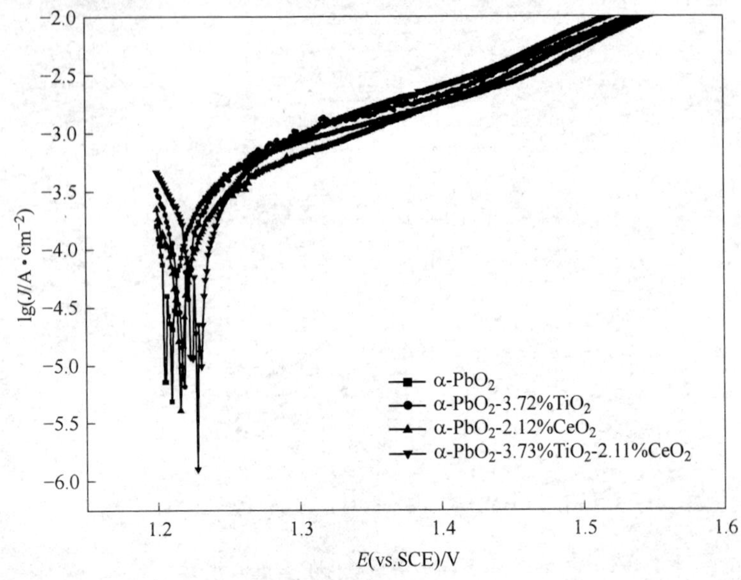

图 3-29 不同镀层在 300g/L $Pb(NO_3)_2$+10g/L HNO_3 溶液中的 Tafel 图

从表 3-18 可知，掺杂固体颗粒明显地提高了 $\alpha-PbO_2$ 镀层耐蚀性能；尤其是 $\alpha-PbO_2$-3.73%TiO_2-2.11%CeO_2 腐蚀电位最高，腐蚀电流最小。我们还可知，$\alpha-PbO_2$-3.72%TiO_2 镀层的耐蚀性优于 $\alpha-PbO_2$-2.12%CeO_2，说明掺杂纳米 TiO_2 比 CeO_2 具有更强的耐蚀性；同时掺杂纳米 TiO_2 和 CeO_2，其耐蚀性最强，这可能是 TiO_2 和 CeO_2 之间产生协同效应，形成了部分固溶体。

3.5.1.4 在硫酸体系中的性能测试

A 阳极极化曲线

图 3-30 表示 Al/导电涂层/$\alpha-PbO_2$、Al/导电涂层/$\alpha-PbO_2$-3.73%TiO_2、Al/导电涂层/$\alpha-PbO_2$-2.17%CeO_2 和 Al/导电涂层/$\alpha-PbO_2$-3.71%TiO_2-2.12%CeO_2 电极在 50g/L Zn^{2+} + 150g/L H_2SO_4 溶液中（25℃）的阳极极化曲线。从图 3-30 可以看出，阳极 Al/导电涂层/$\alpha-PbO_2$-3.71%TiO_2-2.12%CeO_2 在恒定电流密度

下的电势 E 最小，说明该电极的电催化活性最高。阳极 Al/导电涂层/$\alpha-PbO_2-2.17\%CeO_2$ 的电势比 Al/导电涂层/$\alpha-PbO_2-3.73\%TiO_2$ 的小，说明掺杂 CeO_2 的催化活性比掺杂 TiO_2 的好。阳极 Al/导电涂层/$\alpha-PbO_2$ 的电势最大，这说明掺杂的颗粒明显改善了电极的催化活性。

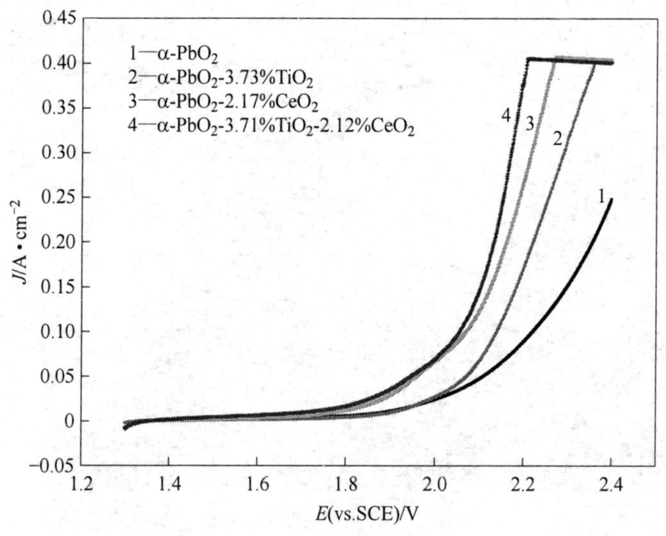

图 3-30 不同电极在 50g/L Zn^{2+}、150g/L H_2SO_4 溶液中的极化曲线

B Tafel 曲线

将制得的 $\alpha-PbO_2$、$\alpha-PbO_2-3.68\%TiO_2$、$\alpha-PbO_2-2.14\%CeO_2$ 和 $\alpha-PbO_2-3.69\%TiO_2-2.12\%CeO_2$ 镀层分别在 50g/L Zn^{2+}、150g/L H_2SO_4 溶液中（25℃）进行 Tafel 性能测试，得阳极 Tafel 曲线，见图 3-31。图 3-31 所得 Tafel 曲线数据经处理，得到腐蚀电位 E_{corr} 和腐蚀电流密度 J_{corr} 值，见表 3-19。从表 3-19 可知，镀层的耐腐蚀性能大小为：$\alpha-PbO_2-3.69\%TiO_2-2.12\%CeO_2>\alpha-PbO_2-3.68\%TiO_2>\alpha-PbO_2-2.14\%CeO_2>\alpha-PbO_2$，尤其是 $\alpha-PbO_2-3.69\%TiO_2-2.12\%CeO_2$ 腐蚀电位最高，腐蚀电流最小。说明同时掺杂纳米 TiO_2 和 CeO_2，其耐蚀性最强。

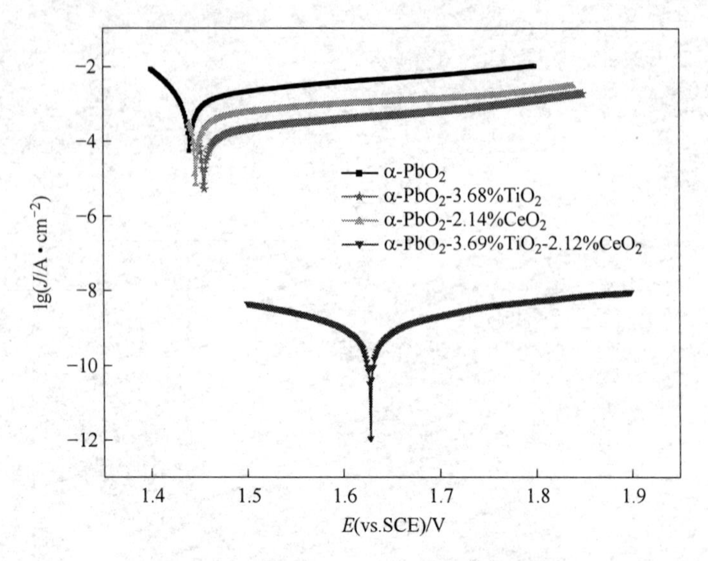

图 3-31 不同镀层在 50g/L Zn^{2+}、150g/L H_2SO_4 溶液中的 Tafel 图

表 3-19 不同镀层在 50g/L Zn^{2+}+150g/L H_2SO_4 溶液中的腐蚀电流密度和腐蚀电位

溶 质	涂 层	腐蚀电压 (vs. SCE)/V	腐蚀电流 /A · cm^{-2}
50g/L Zn^{2+}+ 150g/L H_2SO_4	α-PbO_2	1.440	1.189×10^{-3}
	α-PbO_2-3.68%TiO_2	1.456	1.703×10^{-4}
	α-PbO_2-2.14%CeO_2	1.447	4.623×10^{-4}
	α-PbO_2-3.69%TiO_2-2.12%CeO_2	1.628	1.424×10^{-9}

C 电化学阻抗谱（EIS）测试

为了进一步研究阳极电沉积 α-PbO_2 以及复合 α-PbO_2 电极上析氧反应的动力学特征，在 50g/L Zn^{2+} + 150g/L H_2SO_4 溶液中（25℃），保持恒定的电势 E = 1.40V，进行电化学阻抗谱（EIS）测

试。由于在更高的电势下，氧气泡的大量析出干扰了电极表面的稳定性，信噪比较差，不能得到理想的测试结果。

实验结果如图 3-32 所示。在不考虑电极表面弥散效应的情况下，不同电极上氧气析出的阻抗行为采用 $R_s(R_1Q_1)(R_2Q_2)\ L$ 的等效电路，采用 Zsimpwin 软件进行拟合。拟合结果和实验结果非常吻合。具体的等效电路参数如表 3-20 所示。表中数据表明，Al/导电

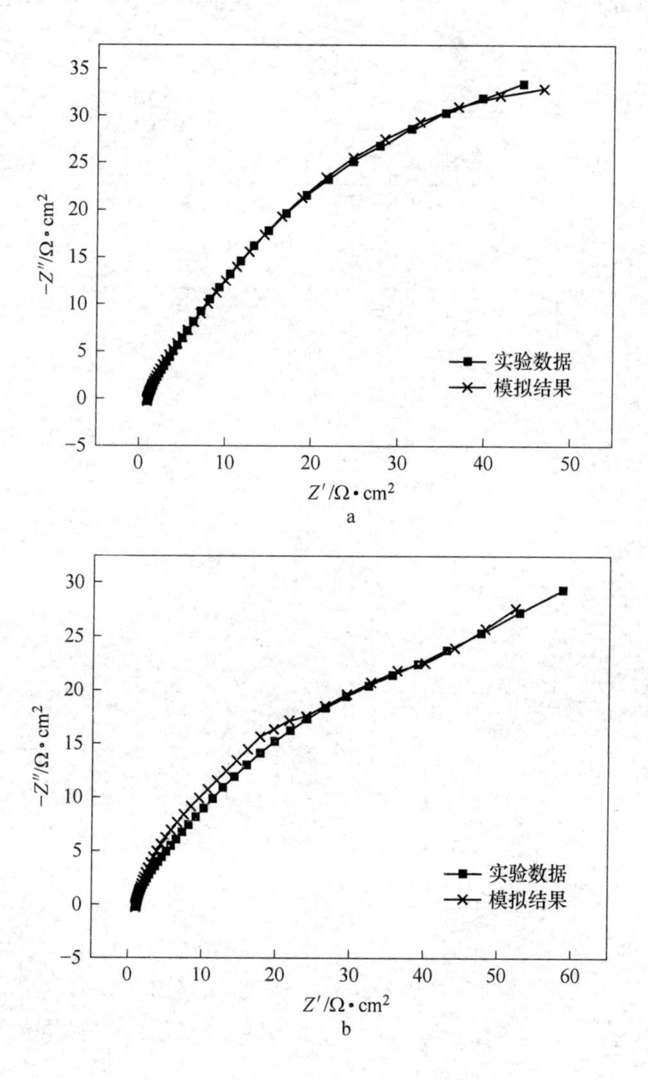

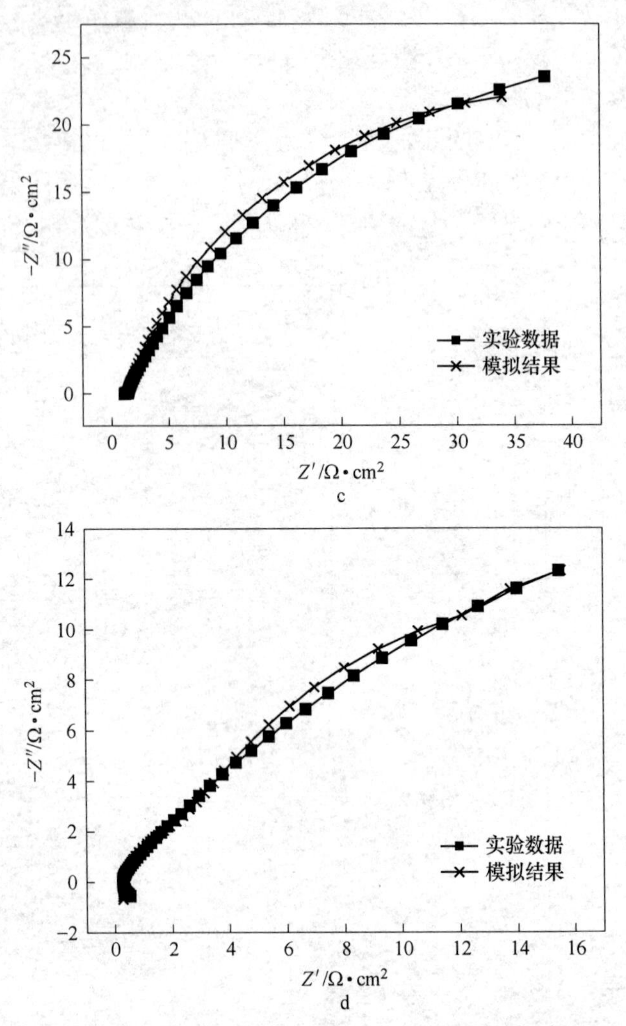

图 3-32 测量电位为 1.40V(SCE) 时不同 PbO_2 电极在 50g/L Zn^{2+}+150g/L H_2SO_4 溶液（25℃）中的 Nyquist 图

a—α-PbO_2；b—α-PbO_2-3.68%TiO_2；c—α-PbO_2-2.14%CeO_2；d—α-PbO_2-3.69%TiO_2-2.12%CeO_2

涂层/α-PbO_2-3.69%TiO_2-2.12%CeO_2 阳极具有最小的 R_2(或 R_{ct}) 值和最大的 Q_1(或 C_p) 值，这说明此电极具有最高的电催化析氧活

性，以及吸附中间产物的表面活性点浓度最高。相似的阻抗特性在其他析氧阳极上也有相关的报道[31]。

表 3-20 不同 PbO_2 电极在 50g/L Zn^{2+}+150g/L H_2SO_4 溶液中（25℃）于 1.40V(vs. SCE) 时电化学阻抗各参数的拟合值

电极	R_s /Ω·cm²	R_1 /Ω·cm²	Q_1 /$\Omega^{-1}\cdot cm^{-2}\cdot S^n$	n_1	R_2 /Ω·cm²	Q_2 /$\Omega^{-1}\cdot cm^{-2}\cdot S^n$	n_2	L /μH
a	0.97	94	1.5×10^{-2}	0.78	18	1.9×10^{-2}	0.82	0.43
b	1.07	71	1.5×10^{-2}	0.79	16	7.9×10^{-3}	0.79	0.36
c	1.32	60	2.9×10^{-2}	0.74	12	3.7×10^{-2}	0.82	-
d	0.28	31	4.1×10^{-2}	0.80	1.67	1.78×10^{-2}	0.95	1.05

3.5.1.5 α-PbO_2-CeO_2-TiO_2 复合共沉积的 Guglielmi 模型

本实验采用 PbO 溶解于 4mol/L 的 NaOH 的水溶液至饱和，在上述含 PbO 电镀液中，加入 TiO_2 和 CeO_2 颗粒进行阳极电沉积。其沉积的主要化学反应如下：

阳极：

$$HPbO_2^- + OH^- \longrightarrow PbO_2 + H_2O + 2e^- \quad (3-11)$$

$$4OH^- \longrightarrow O_2\uparrow + 2H_2O + 4e^- \quad (3-12)$$

阴极：

$$HPbO_2^- + H_2O + 2e^- \longrightarrow Pb + 3OH^- \quad (3-13)$$

$$2H_2O + 2e^- \longrightarrow H_2\uparrow + 2OH^- \quad (3-14)$$

TiO_2 和 CeO_2 与 PbO_2 共沉积的反应式：

$$HPbO_2^- + OH^- + TiO_2 \longrightarrow PbO_2-TiO_2 + H_2O + 2e^- \quad (3-15)$$

$$HPbO_2^- + OH^- + CeO_2 \longrightarrow PbO_2-CeO_2 + H_2O + 2e^- \quad (3-16)$$

$$HPbO_2^- + OH^- + CeO_2 + TiO_2 \longrightarrow PbO_2-CeO_2-TiO_2 + H_2O + 2e^- \quad (3-17)$$

复合电沉积的机理可以通过 Guglielmi 模型来描述，见图 3-33。其反应机理可通过两步来完成：第一步，TiO_2 和 CeO_2 颗粒被带电离子及溶剂所包覆，在电极的紧密外侧形成弱吸附，这一吸附是可逆吸附，其实质是一种物理吸附。第二步，在界面电场的影响下，颗粒 TiO_2 和 CeO_2 表面的膜被脱去，TiO_2 和 CeO_2 的一部分进入紧密层 α-PbO_2 内与电极接触，形成依赖于电场的强吸附，这一吸附为不可逆吸附。

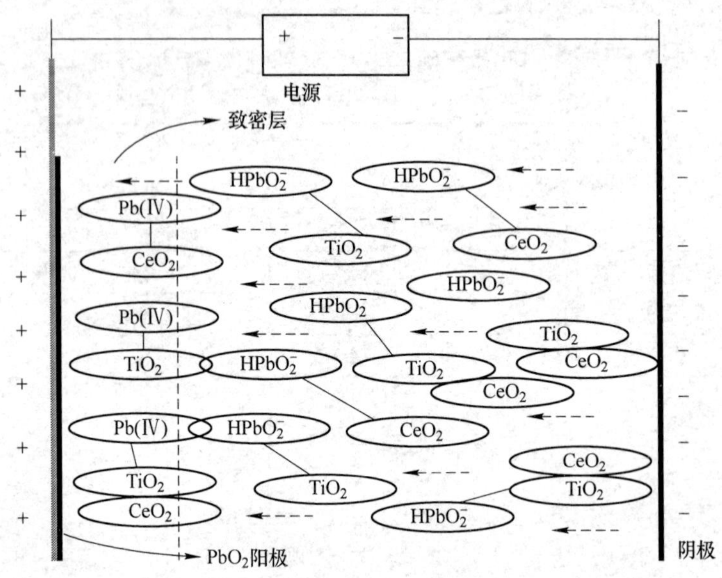

图 3-33 掺 CeO_2 和 TiO_2 的 α-PbO_2 的 Guglielmi 模型结构图

3.5.1.6 α-PbO_2-CeO_2-TiO_2 复合镀层的组织结构分析

图 3-34 表示加入不同含量的固体颗粒于 S1 镀液中电沉积制备的 α-PbO_2 和复合 α-PbO_2 镀层的 SEM 图；图 3-34a～d 分别对应 α-PbO_2 镀层、掺 TiO_2（颗粒加入镀液中的量 15g/L）的 α-PbO_2 复合镀层、掺 CeO_2(10g/L) 的 α-PbO_2 复合镀层和掺 TiO_2(15g/L) 和 CeO_2(10g/L) 的 α-PbO_2 复合镀层的表面形貌图，其中，图 3-34a′～d′分别是 a～d 的放大图。从图 3-34 可看出，未掺杂固体颗粒的 α-PbO_2 镀层有裂缝，并且表面为圆柱形晶胞，晶胞突出表面，呈凹凸不平状。而掺杂的固体颗粒 α-PbO_2 复合镀层无裂纹，表面均匀，结合紧密；尤其是掺 CeO_2 的 α-PbO_2 复合镀层表面最光滑致密。这说明掺杂固体颗粒能抑制 α-PbO_2 晶胞的长大，可提高镀层表面的比表面积。通过放大图可以看出，掺 TiO_2 和 CeO_2 的 α-PbO_2 复合镀层的表面最粗糙。将图 3-34 的镀层进行能谱分析，得到不同的 PbO_2 镀层能谱图，见图 3-35。

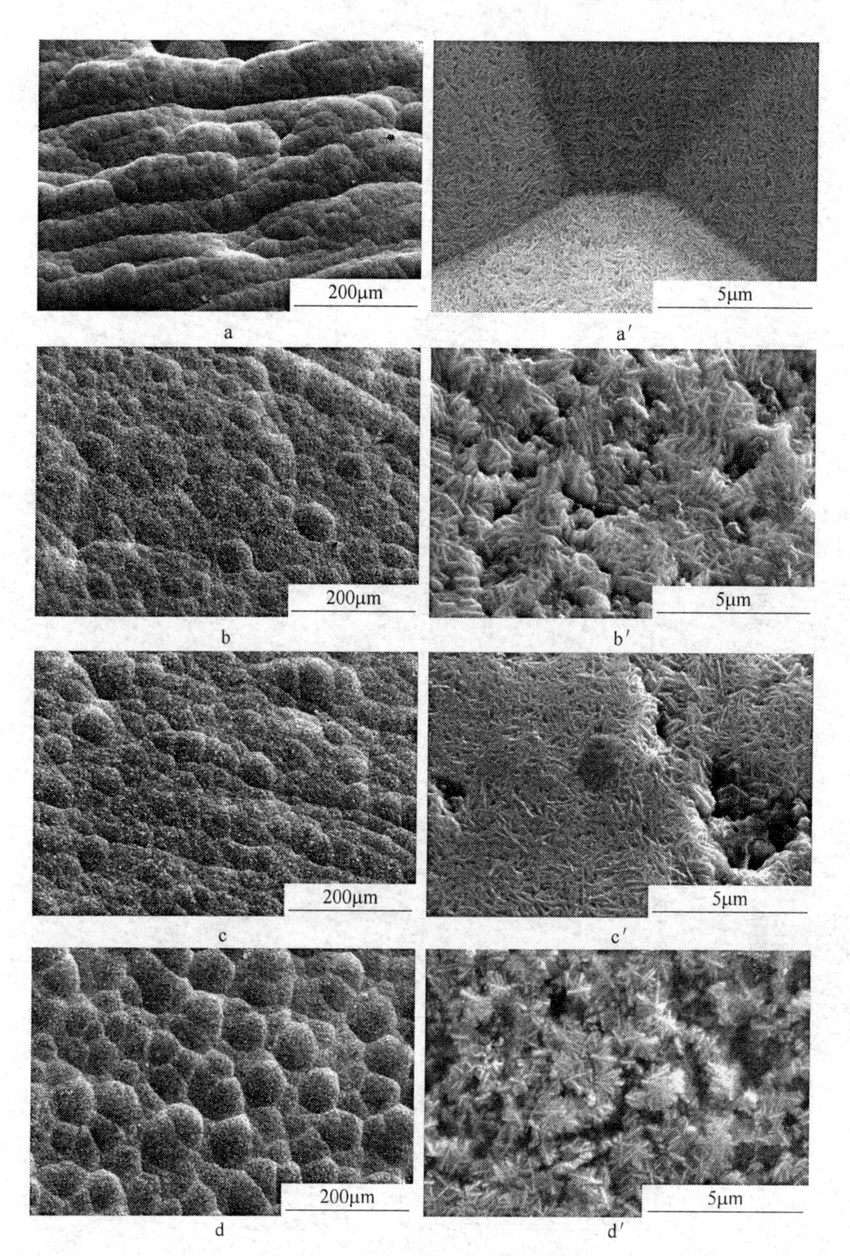

图 3-34 PbO_2 镀层的表面形貌

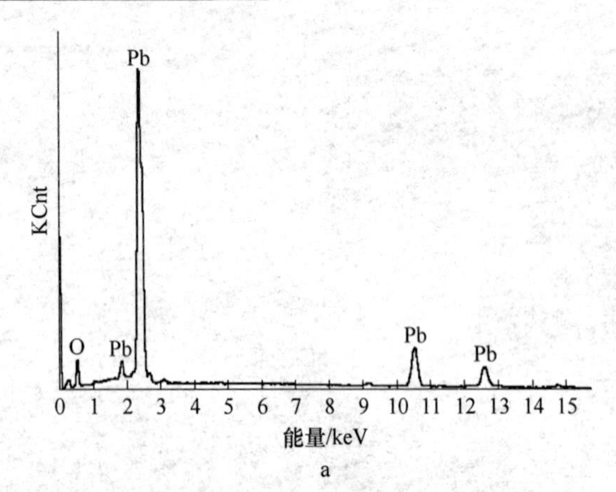
Pb
KCnt
O
Pb
Pb
Pb
0 1 2 3 4 5 6 7 8 9 10 11 12 13 14 15
能量/keV
a

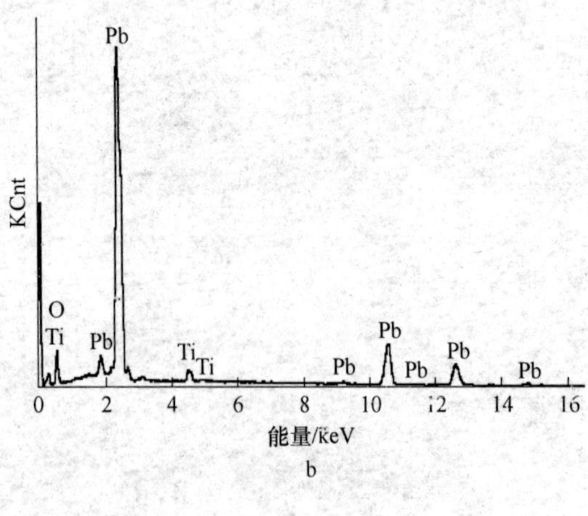
Pb
KCnt
O
Ti
Pb
Ti
Ti
Pb
Pb
Pb
Pb
Pb
0 2 4 6 8 10 12 14 16
能量/keV
b

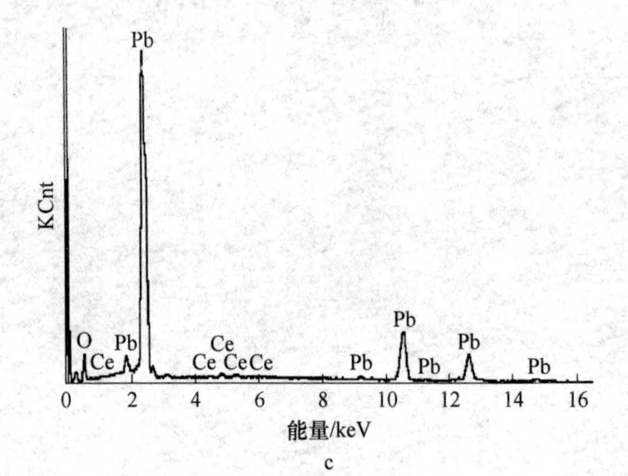
Pb
KCnt
O
Ce
Pb
Ce
Ce
Ce
Ce
Pb
Pb
Pb
Pb
Pb
0 2 4 6 8 10 12 14 16
能量/keV
c

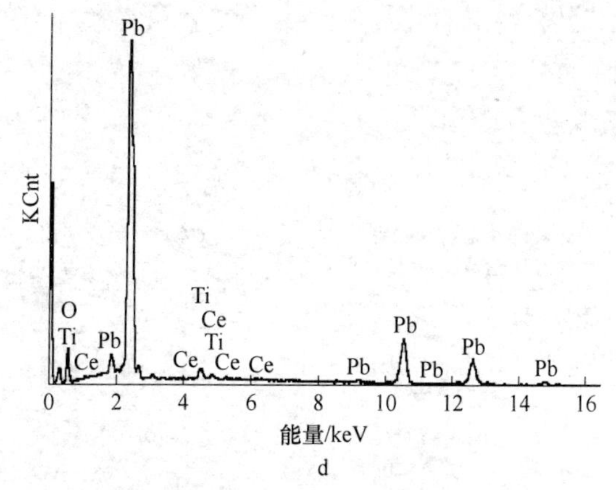

图 3-35 不同 α-PbO_2 镀层的能谱图

a—α-PbO_2；b—掺杂-TiO_2-α-PbO_2；c—掺杂-CeO_2-α-PbO_2；d—掺杂-TiO_2-CeO_2-α-PbO_2

通过 EDAX 对镀层进行成分测试，得到不同的 α-PbO_2 成分，见表 3-21。从表中可以计算出，掺 TiO_2 的 α-PbO_2 复合镀层中的 TiO_2 质量分数为 3.68%，掺 CeO_2 的 α-PbO_2 复合镀层中的 CeO_2 质量分数为 2.15%，掺 TiO_2 和 CeO_2 的 α-PbO_2 复合镀层中 TiO_2 和 CeO_2 质量分数分别为 3.73%和 2.17%。

表 3-21 二氧化铅镀层的成分分析 (%)

涂 层	质量分数			
	Pb	O	Ti	Ce
α-PbO_2	88.84	11.16	—	—
掺杂-TiO_2-α-PbO_2	83.42	14.37	2.21	—
掺杂-CeO_2-α-PbO_2	84.75	13.5	—	1.75
掺杂-TiO_2-CeO_2-α-PbO_2	81.5	13.75	2.98	1.77

为了避免 PbO_2 镀层的厚度对相成分的影响，所制得的镀层厚度大约控制为 100μm，XRD 测试使用 Co 靶 Kα 射线。不同掺杂颗粒下

制得的 $\alpha-PbO_2$ 镀层相组成见图 3-36，与 JCPDS 卡片对照得到相应的数据。从图 3-36 可以看出，$\alpha-PbO_2$ 镀层和掺杂颗粒的 $\alpha-PbO_2$ 复合镀层除含 $\alpha-PbO_2$ 物质外，还有少量的 PbO 杂质，此杂质可能是由于在电沉积过程中，部分不溶性的 $Pb(OH)_2$ 或 PbO 与 $\alpha-PbO_2$ 产生共沉积。与文献报道一致[10,11]，$\alpha-PbO_2$ 中（200）晶面的强度最大。从图 3-36 还可以看出，衍射峰的强度随着掺杂颗粒的加入而

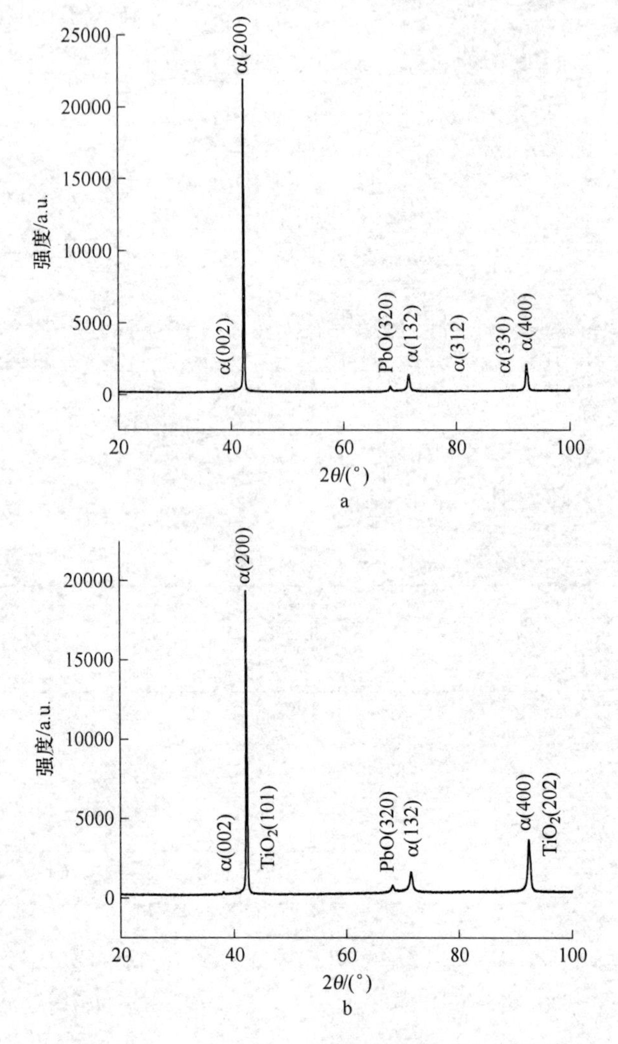

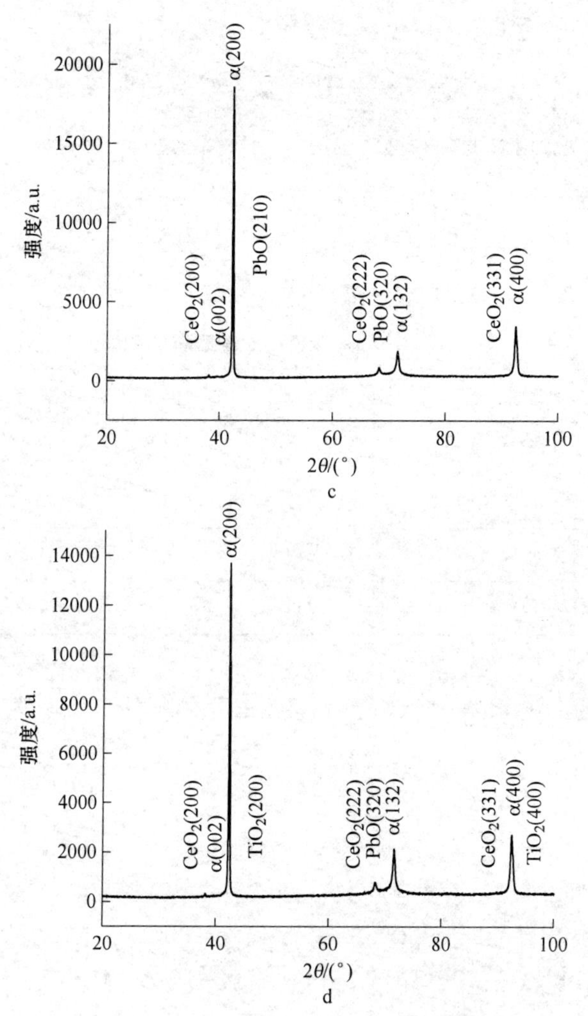

图 3-36 不同的 α-PbO_2 镀层的 XRD

a—α-PbO_2；b—掺杂-TiO_2-α-PbO_2；c—掺杂-CeO_2-α-PbO_2；

d—掺杂-TiO_2-CeO_2-α-PbO_2

降低，尤其是掺杂 TiO_2 和 CeO_2 混合固体颗粒的镀层衍射峰强度最低，强度大约降了一半，这说明固体颗粒的掺入减少了复合镀层的结晶度。虽然在图 3-35 中发现镀层的晶相中确实含有颗粒的晶相，但由于含量非常低，其峰的强度很微弱。

3.5.1.7 α-PbO_2-CeO_2-TiO_2 复合镀层的电解腐蚀测试

不同掺杂颗粒下制得的 α-PbO_2 镀层（其厚度都大约为 0.2mm）在 50g/L Zn^{2+}、150g/L H_2SO_4 溶液中（40℃）以 5A/dm^2 的电流密度进行电解 240h，其结果见表 3-22。从表 3-22 可知，α-PbO_2-3.72%TiO_2-2.12%CeO_2 镀层的耐蚀性最好。

表 3-22 不同 α-PbO_2 镀层的腐蚀结果

涂 层	时间/h	平均腐蚀速率/mg·$(A \cdot h)^{-1}$
α-PbO_2	240	87.6
α-PbO_2-3.73%TiO_2	240	18.6
α-PbO_2-2.13%CeO_2	240	24.7
α-PbO_2-3.72%TiO_2-2.12%CeO_2	240	13.6

3.5.2 铝基 β-PbO_2-WC-ZrO_2 复合电极材料的电化学性能

3.5.2.1 阳极极化曲线分析

图 3-37 表示 Al/导电涂层/α-PbO_2-CeO_2-TiO_2/β-PbO_2-6.56%WC-3.74%ZrO_2、Al/导电涂层/α-PbO_2-CeO_2-TiO_2/β-PbO_2-6.57%WC、Al/导电涂层/α-PbO_2-CeO_2-TiO_2/β-PbO_2-3.75%ZrO_2、Al/导电涂层/α-PbO_2-CeO_2-TiO_2/β-PbO_2、Pb-1%Ag 和 Pb 电极在 40℃，50g/L Zn^{2+}+150g/L H_2SO_4 溶液中的以 5mV/s 速度进行的阳极极化曲线。

由图 3-37 可以看出，在恒定电流密度下的电势 E 大小为：Pb>Pb-1%Ag>β-PbO_2>β-PbO_2-3.75%ZrO_2>β-PbO_2-6.57%WC>β-PbO_2-6.56%WC-3.74%ZrO_2。图 3-37 所得极化曲线数据经处理，得到了电流密度与超电势的关系以及有关的电极过程的动力学数据，见表 3-23。

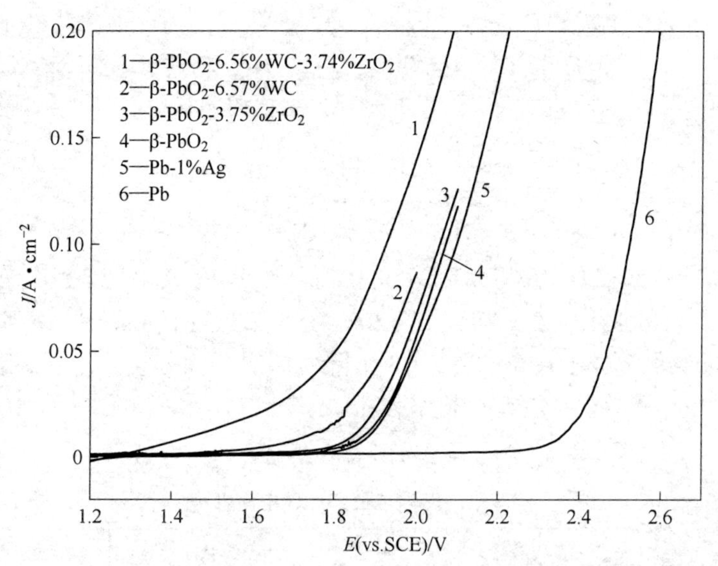

图 3-37 不同电极在 50g/L Zn^{2+}+150g/L H_2SO_4 溶液中的极化曲线

表 3-23 不同电极上的析氧超电压和反应动力学参数

电极	η/V					a	b	i_0 /A · cm^{-2}
	500A/m^2	1000A/m^2	1500A/m^2	2000A/m^2	2500A/m^2			
1	0.433	0.576	0.659	0.718	0.764	1.049	0.473	6.1×10^{-3}
2	0.583	0.685	0.745	0.787	0.820	1.023	0.338	9.4×10^{-4}
3	0.623	0.683	0.718	0.743	0.763	0.883	0.200	3.8×10^{-5}
4	0.640	0.696	0.729	0.752	0.770	0.881	0.185	1.7×10^{-5}
5	0.627	0.671	0.697	0.715	0.729	0.818	0.147	2.7×10^{-6}
6	1.113	1.167	1.199	1.221	1.239	1.348	0.181	3.6×10^{-8}

从电化学催化角度来看，a 越大，电解时槽电压越高，耗电量越大；b 越大，过电位越大，电耗越大；i_0 值越大，电化学反应速度越快以及相同表观电流密度下的超电压 η 越低，其耗电量越小。

从表 3-23 可以看出，Pb 电极的 a 大，i_0 小，因此 Pb 作为阳极，超电势大，槽电压高，电耗大。Pb-1%Ag 阳极 i_0 小，则电化学反应速度慢。Al/导电涂层/α-PbO_2-CeO_2-TiO_2/β-PbO_2-6.56%WC-

3.74%ZrO_2 电极的超电压 η 低，i_0 最大，适合作为电催化活性阳极材料。关于 Al/导电涂层/α-PbO_2-CeO_2-TiO_2/β-PbO_2-6.56%WC-3.74%ZrO_2 电极的 b 大，可以通过双位垒模型解释。

3.5.2.2 Tafel 曲线分析

将 β-PbO_2-6.55%WC-3.76%ZrO_2、β-PbO_2-6.56%WC、β-PbO_2-3.75%ZrO_2、β-PbO_2、Pb-1%Ag 和 Pb/PbO_2 电极分别在 50g/L Zn^{2+}、150g/L H_2SO_4 溶液中（40℃）进行 Tafel 性能测试，得阳极 Tafel 曲线，见图 3-38。图 3-38 所得 Tafel 曲线数据经处理，得到的腐蚀电位 E_{corr} 和腐蚀电流密度 J_{corr} 值见表 3-24。

表 3-24 不同电极在 50g/L Zn^{2+}+150g/L H_2SO_4 溶液中的腐蚀电位和腐蚀电流密度

溶质	电 极	腐蚀电压 (vs. SCE)/V	腐蚀电流 /A · cm^{-2}
50g/L Zn^{2+} + 150g/L H_2SO_4	β-PbO_2-6.55%WC-3.76%ZrO_2	1.432	3.083×10^{-5}
	β-PbO_2-6.56%WC	1.404	4.510×10^{-5}
	β-PbO_2-3.75%ZrO_2	1.383	3.174×10^{-5}
	β-PbO_2	1.368	4.459×10^{-4}
	Pb-1%Ag	-0.140	1.730×10^{-5}
	Pb	-0.168	6.536×10^{-5}

从表 3-24 可知，β-PbO_2 电极的腐蚀电势变化不大的情况下，其腐蚀电流越小，耐蚀性越好，即耐腐蚀性能大小为：β-PbO_2-6.55%WC-3.76%ZrO_2>β-PbO_2-3.75%ZrO_2>β-PbO_2-6.57%WC>β-PbO_2，说明掺杂纳米 ZrO_2 和 WC 都能提高电极的耐蚀性能，掺杂纳米 ZrO_2 镀层的耐蚀性强于掺 WC 微粒镀层的，且同时掺杂纳米 ZrO_2 和 WC 耐腐蚀性最强。当腐蚀电流变化不大的情况下，腐蚀电位越高，其电极的耐腐蚀性能越强，从表 3-24 可知，β-PbO_2 及其复合电极的腐蚀电位远远高于 Pb-1%Ag 和 Pb/PbO_2 电极，说明前者的耐腐蚀性能强。

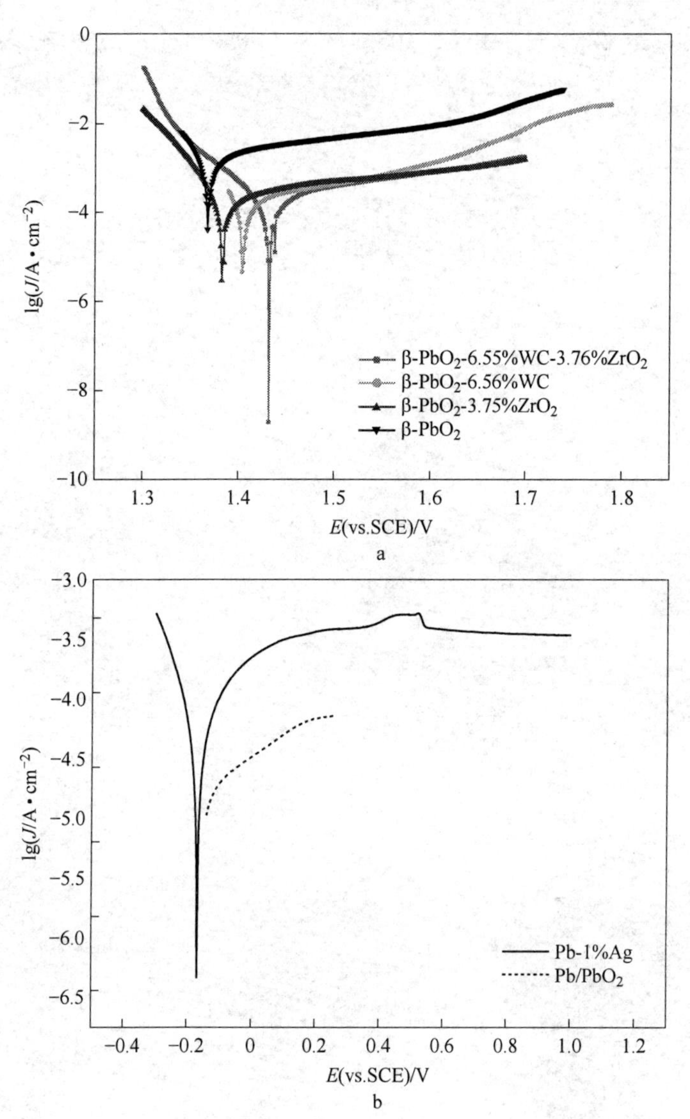

图 3-38 不同镀层在 50g/L Zn^{2+}+150g/L H_2SO_4 溶液中的 Tafel 图

3.5.2.3 电化学阻抗谱（EIS）测试

将 β-PbO_2-6.55%WC-3.76%ZrO_2、β-PbO_2-6.56%WC、β-

PbO_2-3.75%ZrO_2、β-PbO_2、Pb-1%Ag 和 Pb/PbO_2 电极分别在 Zn^{2+} 50g/L、$H_2SO_4$150g/L 溶液中（40℃）进行交流阻抗测试，得 EIS 复面图，见图 3-39。

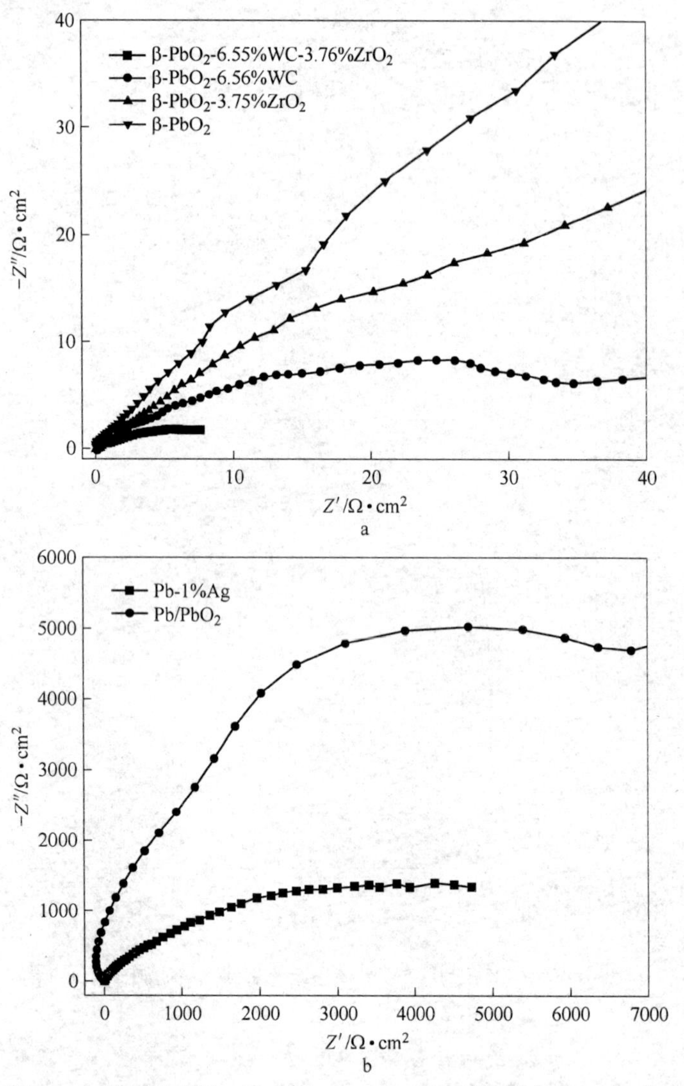

图 3-39 测量电位为 1.40V（vs. SCE）时不同电极在 50g/L Zn^{2+} + 150g/L H_2SO_4 溶液（40℃）中的 Nyquist 图

一般来说，电极的催化活性由电荷传递电阻和扩散电容决定[32]，而这与曲率的半径有关，半径越小，镀层的催化活性越好。从图 3-39a 中不难看出，β-PbO_2-6.55%WC-3.76%ZrO_2 的曲率半径最小，β-PbO_2-6.56%WC 的次之，β-PbO_2-3.75%ZrO_2 较大，β-PbO_2 的最大，可知固体颗粒的掺杂可以提高镀层的活性。对比图 3-39a 和 b，可以明显地看到两幅图的坐标数值差别很大，即图 3-39b 中的坐标值很大，说明 Pb-1%Ag 和 Pb/PbO_2 镀层的催化活性远远低于复合镀层的催化活性，尤其是 Pb/PbO_2 镀层。

3.5.2.4 β-PbO_2-WC-ZrO_2 复合镀层的组织结构分析

图 3-40 给出了 Al/导电涂层/α-PbO_2-CeO_2-TiO_2 上不同的固体颗粒加入在硝酸铅酸性体系中制备的 β-PbO_2 和复合 β-PbO_2 镀层的 SEM 照片；图 3-40a～d 分别对应 β-PbO_2 镀层、掺 WC（颗粒加入镀液中的量 40g/L）的 β-PbO_2 复合镀层、掺纳米 ZrO_2

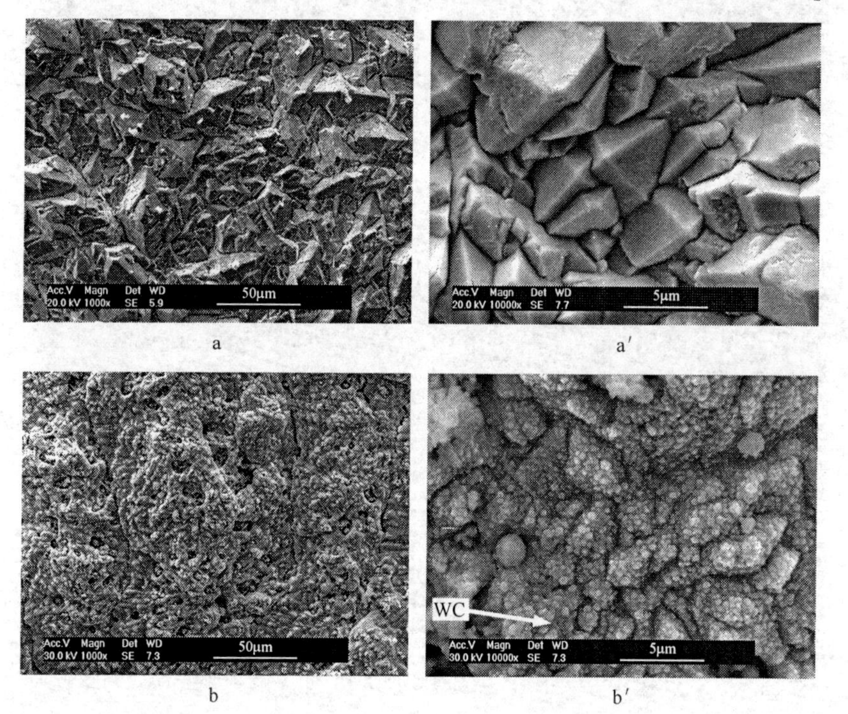

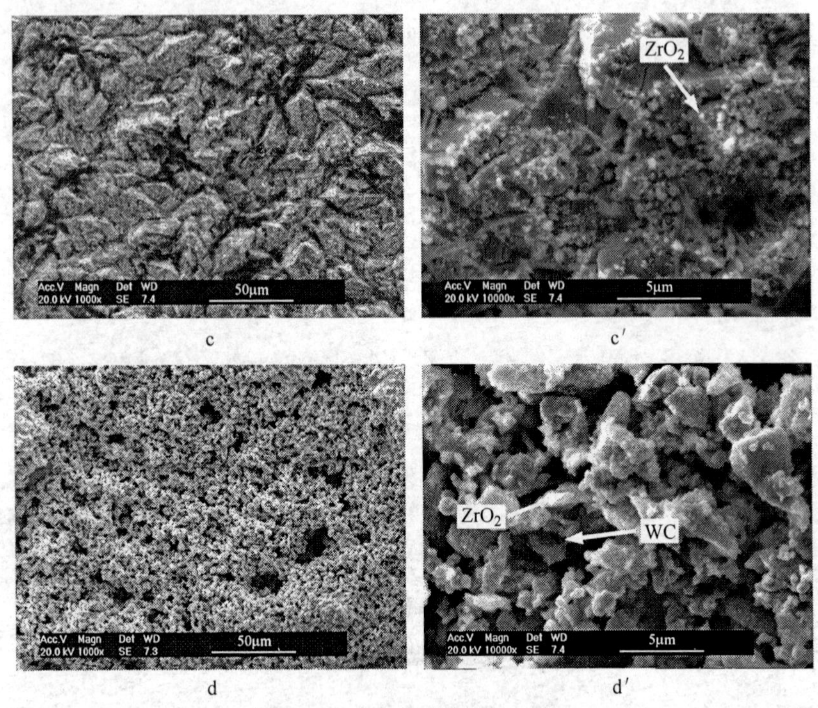

c　　c′

d　　d′

图 3-40 PbO_2 镀层的表面形貌

(50g/L) 的β-PbO_2 复合镀层和掺 WC(40g/L) 和 ZrO_2(50g/L) 的 β-PbO_2 复合镀层的1000倍表面形貌图，其中图 3-40a′~d′分别是 a~d 的放大图，其为 10000 倍的表面形貌。从图 3-40 可以看出，纯 β-PbO_2 镀层的晶粒相对粗化，呈八面体结构。掺 WC 的 β-PbO_2 镀层中除发现有不规则形状 WC 颗粒镶入镀层中外，还发现 β-PbO_2 晶胞由许多纳米球形形状的晶粒堆积而成，且晶胞之间有裂纹；在晶胞表面上还发现有许多大小不均的孔洞，其内存在许多细小的 WC 微粒，β-PbO_2 晶粒轮廓模糊。掺纳米 ZrO_2 的 β-PbO_2 镀层中的晶粒细小而均匀，β-PbO_2 晶粒轮廓清晰，呈八面体结构，ZrO_2 纳米颗粒均匀地镶嵌在基质 β-PbO_2 中。掺纳米 ZrO_2 和 WC 的 β-PbO_2 镀层中晶粒更加细小，纳米 ZrO_2 和 WC 弥散分布于 β-PbO_2 基体中，呈不规则状排列，微粒之间形成的空隙增加了镀层表面的粗糙度。

为了更深入地了解掺杂有固体颗粒的复合镀层的微观特性，对不同的复合镀层进行了微区能谱分析，得到掺 WC 的 $\beta-PbO_2$ 复合镀层、掺纳米 ZrO_2 的 $\beta-PbO_2$ 复合镀层以及掺 WC 和 ZrO_2 的 $\beta-PbO_2$ 复合镀层的微区元素分析图，分别见图 3-41～图 3-43。从图 3-41

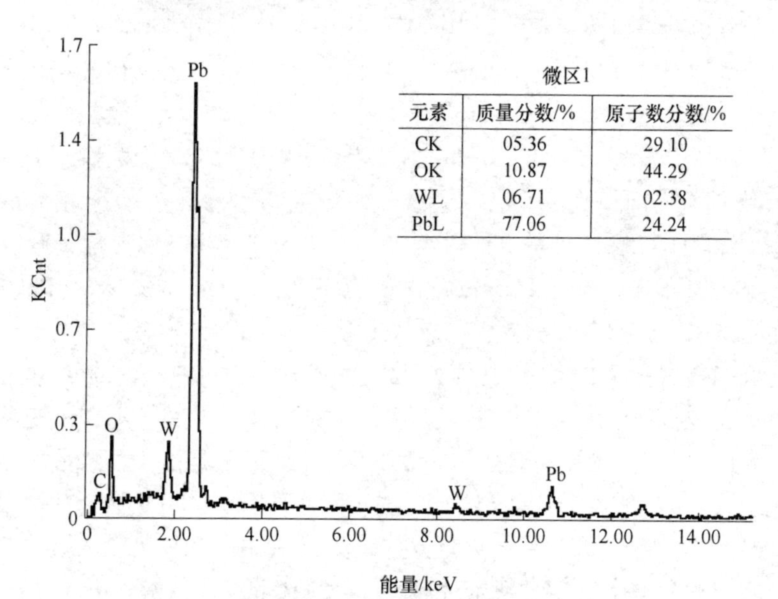

微区1

元素	质量分数/%	原子数分数/%
CK	05.36	29.10
OK	10.87	44.29
WL	06.71	02.38
PbL	77.06	24.24

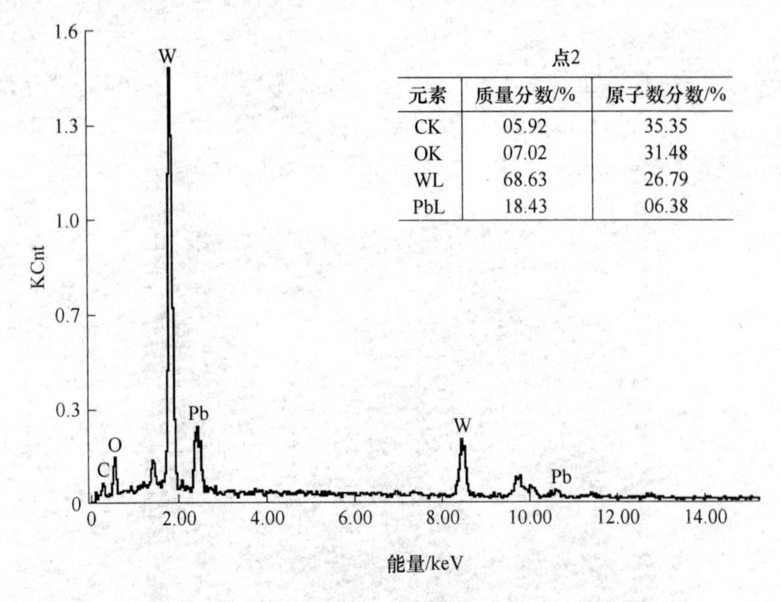

元素	质量分数/%	原子数分数/%
CK	05.92	35.35
OK	07.02	31.48
WL	68.63	26.79
PbL	18.43	06.38

图 3-41　掺 WC-β-PbO_2 复合镀层 EDAX 能谱图

能谱分析结果可知，微区 1 中掺 WC 的 β-PbO_2 镀层中由许多纳米球形形状的晶粒堆积而成的晶胞表面主要是 β-PbO_2，但也有 WC 物质存在，说明 WC 被 β-PbO_2 包裹镶嵌在镀层中。同时 WC 颗粒中也含有 β-PbO_2 晶粒，说明 β-PbO_2 晶粒能在 WC 表面上发生沉积。从图 3-42 结果可知，微区 1 中含有许多钠元素，其 Pb 和 Zr 元素相对少些，此晶须可能主要是由钠盐组成，至于为什么存在钠元素，有待于进一步研究。点 2 只含有 Pb 和 O，说明 ZrO_2 颗粒未进入 β-PbO_2 的晶格中，只掺杂在晶界中。点 3 主要是 Zr 元素，含有极少的 Pb，这可能是因为 ZrO_2 颗粒表面上只发生吸附作用，β-PbO_2 晶粒并未在 ZrO_2 表面上发生沉积，进一步显示掺杂的非导电颗粒不会改变晶粒的形状。从图 3-43 能谱分析结果可知，微区 1 是由比较致密的晶粒组成，其 W 和 Zr 元素的含量（质量分数）分别为 9.71% 和 8.23%，可见 W 的含量（质量分数）高于 Zr 的。在微区 2 区域的晶粒之间的孔隙比较多，其 W 和 Zr 元素的含量（质量分数）分别为

26.84%和28.20%，其W的含量（质量分数）低于Zr的，且该区的W和Zr元素的含量远远多于微区1。此结果说明：（1）多孔镀层有利于纳米ZrO_2颗粒的吸附，使得其含量多；（2）纳米ZrO_2颗粒和WC颗粒在多孔的镀层中产生协同作用，促进固体颗粒的吸附、镶嵌。

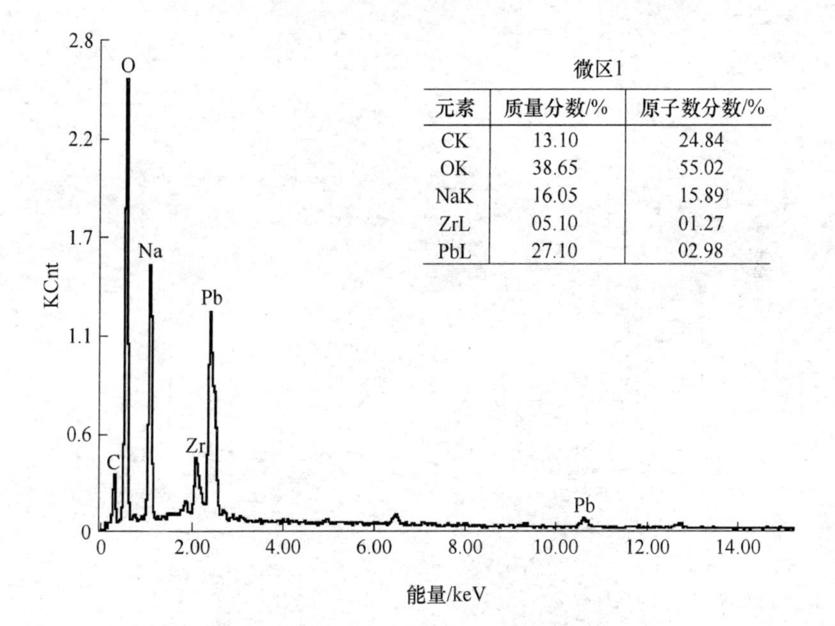

微区1

元素	质量分数/%	原子数分数/%
CK	13.10	24.84
OK	38.65	55.02
NaK	16.05	15.89
ZrL	05.10	01.27
PbL	27.10	02.98

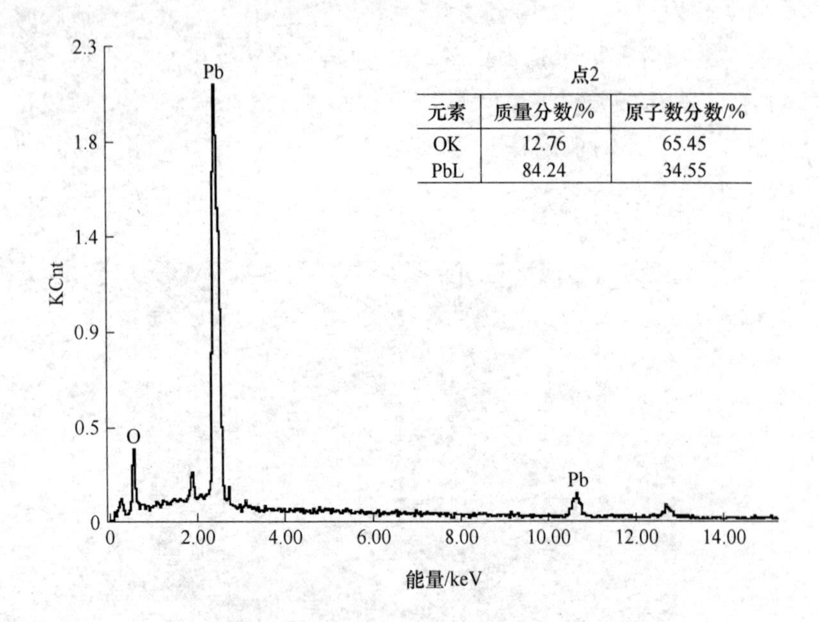

点2

元素	质量分数/%	原子数分数/%
OK	12.76	65.45
PbL	84.24	34.55

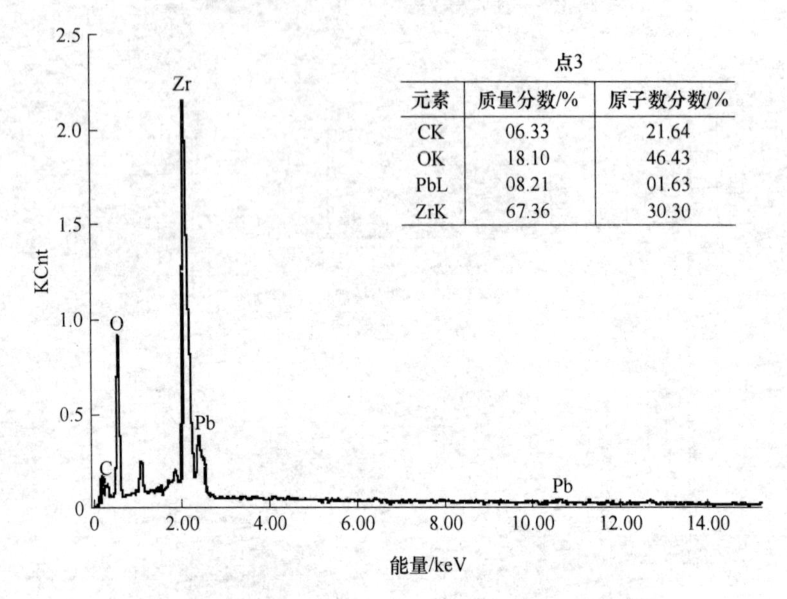

点3

元素	质量分数/%	原子数分数/%
CK	06.33	21.64
OK	18.10	46.43
PbL	08.21	01.63
ZrK	67.36	30.30

图 3-42　掺 ZrO_2-β-PbO_2 复合镀层 EDAX 能谱图

利用X射线衍射仪分别对电沉积获得的β-PbO_2镀层（图3-44a）、掺WC的β-PbO_2复合镀层（图3-44b）、掺纳米ZrO_2的β-PbO_2复合镀层（图3-44c）和掺WC和ZrO_2的β-PbO_2复合镀层（图3-44d）进行分析，结果见图3-44。

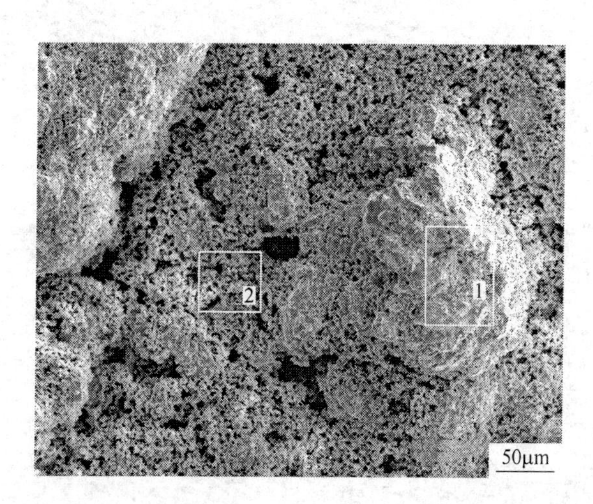

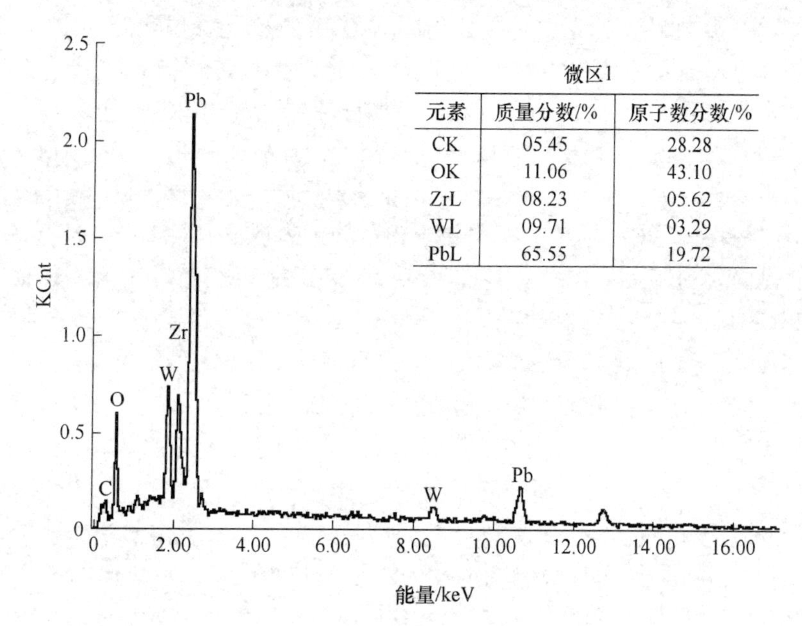

微区1

元素	质量分数/%	原子数分数/%
CK	05.45	28.28
OK	11.06	43.10
ZrL	08.23	05.62
WL	09.71	03.29
PbL	65.55	19.72

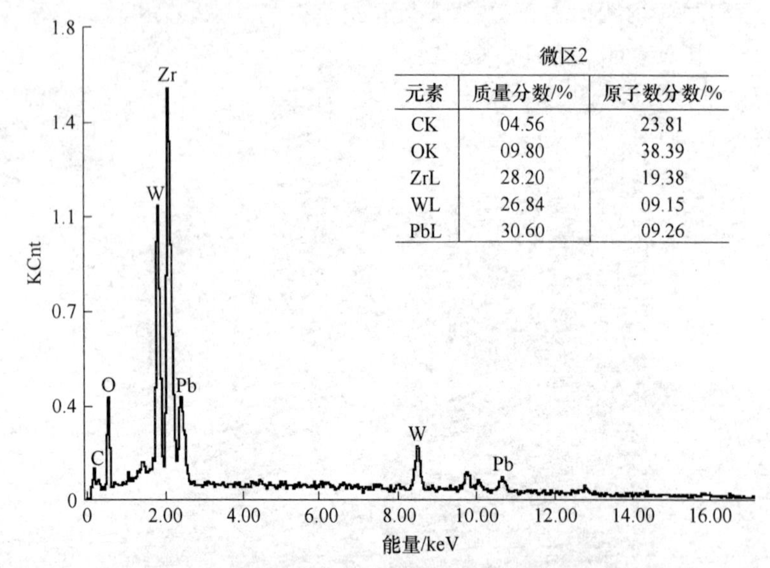

元素	质量分数/%	原子数分数/%
CK	04.56	23.81
OK	09.80	38.39
ZrL	28.20	19.38
WL	26.84	09.15
PbL	30.60	09.26

图 3-43　掺 WC 和 ZrO_2 的 β-PbO_2 复合镀层 EDAX 能谱图

与 JCPDS 卡片对照得到相应的数据。与未掺杂固体颗粒的 β-PbO_2 镀层相比，掺杂固体颗粒后的 PbO_2 衍射峰的峰位略向左偏移，这说明掺杂固体颗粒影响了 β-PbO_2 晶核的形成过程，同一晶轴方向能形成反射的晶粒较少。与纯 β-PbO_2 镀层衍射峰相比，掺 WC-β-PbO_2 复合镀层衍射峰强度明显减弱了，且晶面间距 d 值变大了，说明掺杂后的镀层晶粒更加细小，也可从 SEM 图看出。WC 颗粒的衍射峰在掺 WC-β-PbO_2 复合镀层衍射峰中表现很强烈，尤其是 WC 的晶面（110）和（101），甚至比最强的 β-PbO_2 衍射峰还强。与纯 β-PbO_2 镀层衍射峰相比，掺纳米 ZrO_2 的 β-PbO_2 复合镀层的衍射峰强度升高了，ZrO_2 衍射峰很弱，并且镀层中未出现 α-PbO_2 晶相，说明纳米 ZrO_2 可能抑制了 α-PbO_2 镀层的产生。还可以从图 3-44a 看出，纯 β-PbO_2 镀层最强峰的晶面是（211）。而掺纳米 ZrO_2 的 β-PbO_2 复合镀层最强衍射峰的晶面是（301）(见图 3-44b)，说明掺杂纳米 ZrO_2 能改变 β-PbO_2 镀层晶面的择优取向。与纯 β-PbO_2 镀层衍射峰相比，掺 WC 和 ZrO_2 的 β-PbO_2 复合镀层发现了新相 $PbWO_4$ 的产生，并且在此镀层衍射峰中 $PbWO_4$ 的衍射峰最强（见图 3-

44d)。同时各固体微粒在衍射峰中也表现出很高的强度。其原因是固体颗粒 WC 中的 W 可能以置换或添隙的方式进入 PbO_2 晶格，并与 PbO_2 发生反应产生新的晶相 $PbWO_4$。此新晶体对纳米 ZrO_2 有强烈的吸附作用，使得 ZrO_2 颗粒增多，导致在衍射峰中出现较强的峰。

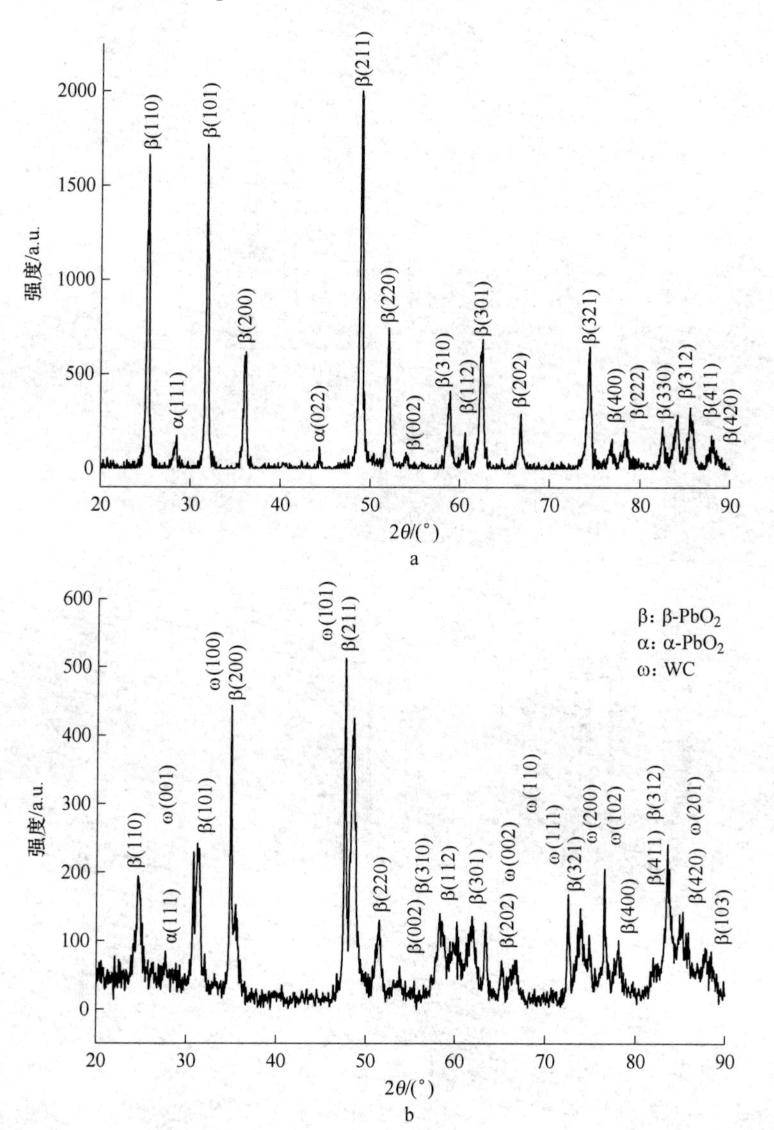

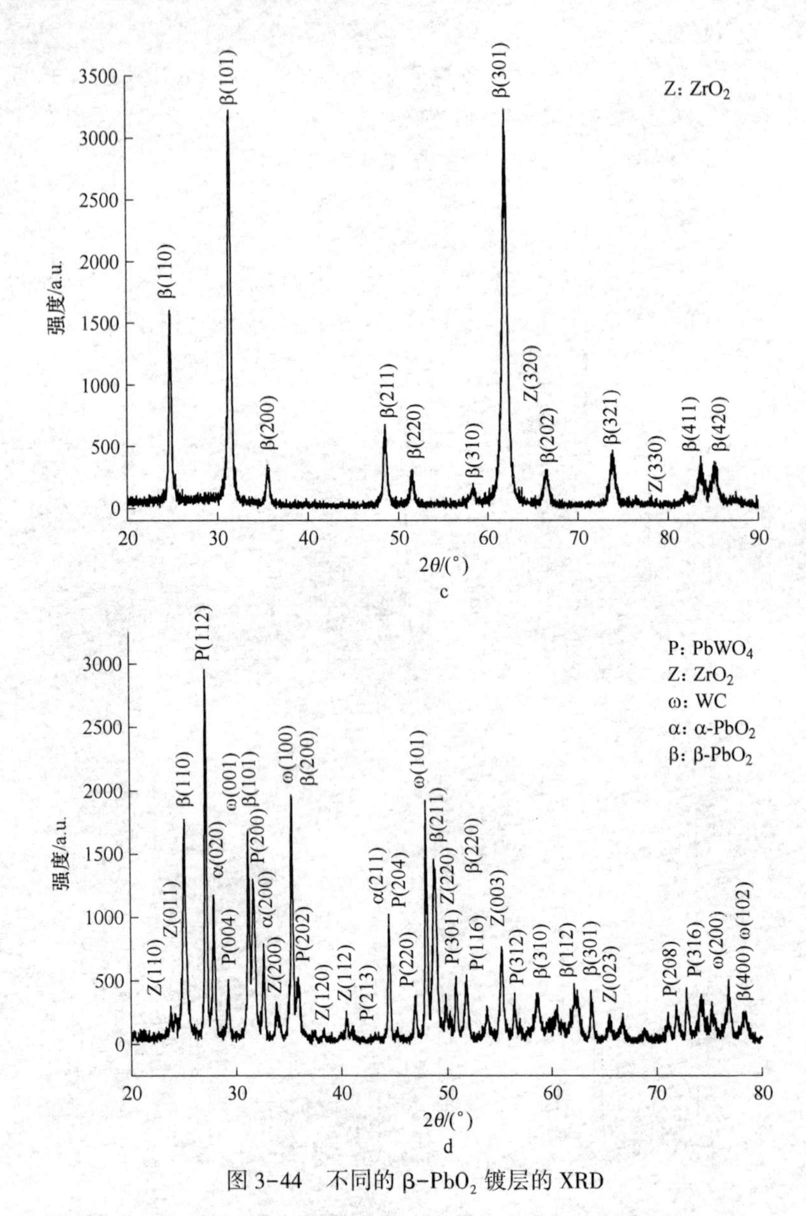

图 3-44　不同的 β-PbO_2 镀层的 XRD

图 3-45a 为 α-PbO_2-CeO_2-TiO_2/β-PbO_2-WC-ZrO_2 复合镀层的冲击断口形貌，图 3-45b ~ d 分别为复合镀层冲击断口的 α-PbO_2、

$\alpha-PbO_2/\beta-PbO_2$、$\beta-PbO_2$ 复合镀层区的放大形貌。

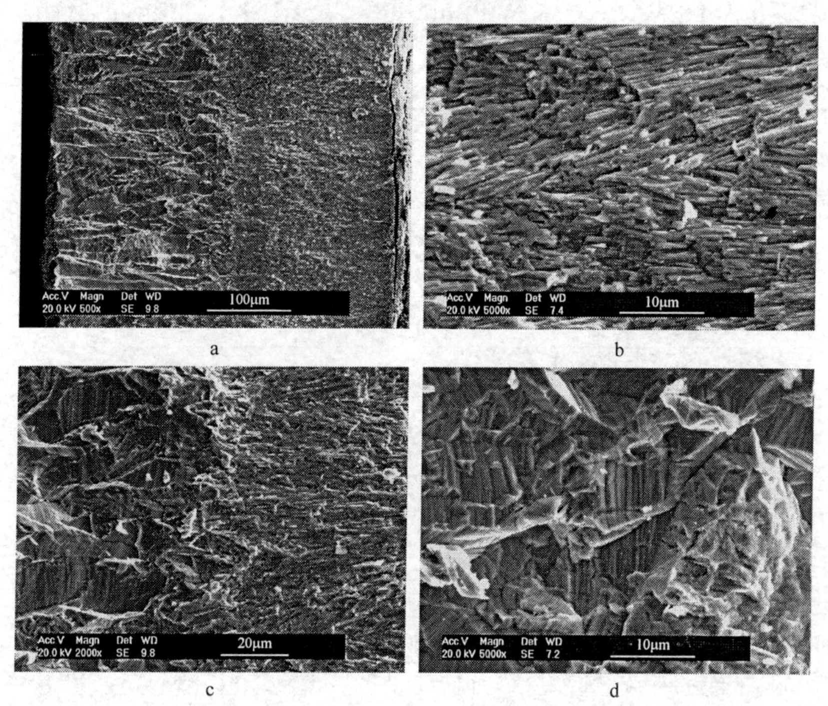

a b c d

图 3-45 $\alpha-PbO_2-CeO_2-TiO_2/\beta-PbO_2-WC-ZrO_2$ 复合镀层的断口形貌 SEM 图

从图 3-45b 可知，$\alpha-PbO_2$ 晶粒有很强的方向感，各晶粒以垂直于电极表面的方向进行生长，此结果与 X 射线衍射图所提供的结果一致；且晶粒向一个方向生长并有汇合的表现，因此，它是准解理断裂接近解理断裂。图 3-45d 是河流花样，属于解理断裂。则 $\alpha-PbO_2-CeO_2-TiO_2$ 过渡到 $\beta-PbO_2-WC-ZrO_2$ 是通过准解理断裂接近解理断裂到解理断裂，图 3-45c 图中没有发现裂纹证实了它们之间起到很好的梯度过渡。

3.5.2.5 电极寿命

由于电极实际寿命较长，本实验采用高电流密度下加速寿命实验的方法来考察电极寿命。铝基二氧化铅电极为阳极，Al 板作阴极，保持电极间距为 30mm，电流密度为 $2A/cm^2$，40℃ 的条件下电解 150g/L H_2SO_4 溶液，电解初期槽电压维持在 3~8V，一段时间后槽电压急剧上升到 10V 以上电流急剧减少，表明此电极已失效。记录从开始到槽电压上升时（10V 左右）所经历的时间，即为使用寿命。

表 3-25 给出了 150g/L H_2SO_4 溶液中高电流密度（$2A/cm^2$）下的寿命和普通电流密度（$1000A/m^2$）下的预期使用寿命[33]。

表 3-25 铅基二氧化铅系列电极在硫酸溶液中加速寿命和预期寿命

电　极	实验寿命 ($2A/cm^2$)/h	预期寿命 ($1000A/m^2$)/$h \cdot a^{-1}$
Al/CCα*/β-PbO_2	231	92400/10.5
Al/CCα*/β-PbO_2-6.56%WC	251	100400/11.5
Al/CCα*/β-PbO_2-3.75%ZrO_2	278	111200/12.7
Al/CCα*/β-PbO_2-6.58%WC-3.78%ZrO_2	441	176400/20.1

注：CCα* 为导电涂层/α-PbO_2-CeO_2-TiO_2。

β-PbO_2 腐蚀通常有两种情况，一是 β-PbO_2 的电化学腐蚀，另一种是 β-PbO_2 镀层的脱落。张招贤[34]认为在电沉积 β-PbO_2 时，由于晶体结构所决定，不可避免地产生 β-PbO_2 镀层内固有的内应力，可通过向 β-PbO_2 层添加防腐蚀的、电化学性能不活泼的颗粒物料和纤维物料来消除这种内应力。通过将颗粒物料和纤维物料加到 β-PbO_2 层中的方法，可以避免镀层中 β-PbO_2 的连续结合，有利于把 β-PbO_2 层中由于电沉积产生的内应力分散开，这样将消除 β-PbO_2 镀层脱落的现象。蔡天晓等[35]以钛作电极，将 $Pb(NO_3)_2$、纳米级 TiO_2(50nm)、NaF 分别按 260g/L，5g/L，5g/L 的比例配制成镀液，制得的 β-PbO_2 的脆性大大降低，从而使其可在温度为 90℃ 的 H_2SO_4 介质中使用，镀层不会从基材剥落，而是自然损耗。Ueda 等[36]和 Devilliers 等[11]在电沉积 β-PbO_2 镀液中掺杂 Ta_2O_5 固体微粒，所制得的 β-PbO_2 镀层的内应力明显低于纯 β-PbO_2 镀层的。

从表 3-25 可知，掺杂固体颗粒的 β-PbO_2 复合镀层的寿命都比纯 β-PbO_2 镀层的长，一方面是由于掺杂固体颗粒降低了 β-PbO_2 镀层的内应力，防止 β-PbO_2 镀层很快脱落。另一方面，镀层硬度也是影响电极寿命的因素之一，文献［34］报道，新型的二氧化铅电极和旧式的二氧化铅电极相比，前者的硬度高；并对其旧式电极和新型电极消耗的速度进行了比较发现：在 1.0A/cm^2 高电流密度下，新型的电极损耗速度是旧式电极的 1/8 左右。通过实验发现，掺杂固体颗粒的 β-PbO_2 复合镀层显微硬度都比未掺杂的 β-PbO_2 高，所以它们的寿命都应比未掺杂的 β-PbO_2 长。Al/CCα*/β-PbO_2-3.75%ZrO_2 电极的寿命优于 Al/CCα*/β-PbO_2-6.56%WC 电极是由于：（1）掺纳米 ZrO_2 的 β-PbO_2 复合镀层的腐蚀性比掺微粒 WC 的 β-PbO_2 复合镀层腐蚀性强；（2）ZrO_2 具有良好的热稳定性，降低了复合镀层的热应力，消除了镀层因热应力而裂开的现象，使得镀层寿命相对长些。由于掺 WC 和纳米 ZrO_2 两种固体颗粒的复合镀层兼具以上的优点，致使 Al/CCα*/β-PbO_2-6.58%WC-3.78%ZrO_2 阳极在硫酸中通常工业电流密度（1000A/m^2）下的预期寿命可达 20.1 年。

3.5.3 铝基 β-PbO_2-MnO_2-WC-ZrO_2 复合电极材料的电化学性能

3.5.3.1 掺杂 ZrO_2 复合阳极材料的电化学性能

Al/导电涂层/α-PbO_2-CeO_2-TiO_2 电极分别在纯 β-PbO_2、β-PbO_2-MnO_2 以及 MnO_2 电镀液中的循环伏安曲线见图 3-46，其扫描速度为 5mV/s，镀液温度为 60℃。

从图 3-46 可以看出，MnO_2 开始沉积的电势是 1.0V，β-PbO_2-MnO_2 开始沉积的电势为 1.0V，而 β-PbO_2 开始沉积的电势是 1.25V，这说明 MnO_2 和 β-PbO_2-MnO_2 的初始沉积电势相同，都比 β-PbO_2 的低。从热力学的角度来看，阳极二氧化锰比二氧化铅容易沉积：

$$Mn^{2+}+2H_2O \xlongequal{} MnO_2+4H^++2e^-$$

$$E^{\ominus}(\text{vs. NHE}) = 1.228 - 0.1182\text{pH} - \lg[Mn^{2+}]\text{V} \quad (3\text{-}18)$$

$$Pb^{2+}+2H_2O \xlongequal{} PbO_2+4H^++2e^-$$

$$E^{\ominus}(\text{vs. NHE}) = 1.449 - 0.1182\text{pH} - \lg[Pb^{2+}]\text{V} \quad (3\text{-}19)$$

从式（3-18）和式（3-19）可以看出，二氧化锰的标准平衡电势比二氧化铅的低 0.221V，所以低电势条件下适合二氧化锰的沉积，但一旦 Mn^{2+}浓度越来越少，显著不同的情况发生：Pb^{2+}的存在或 PbO_2 的产生提高了 MnO_2 沉积的过电位。

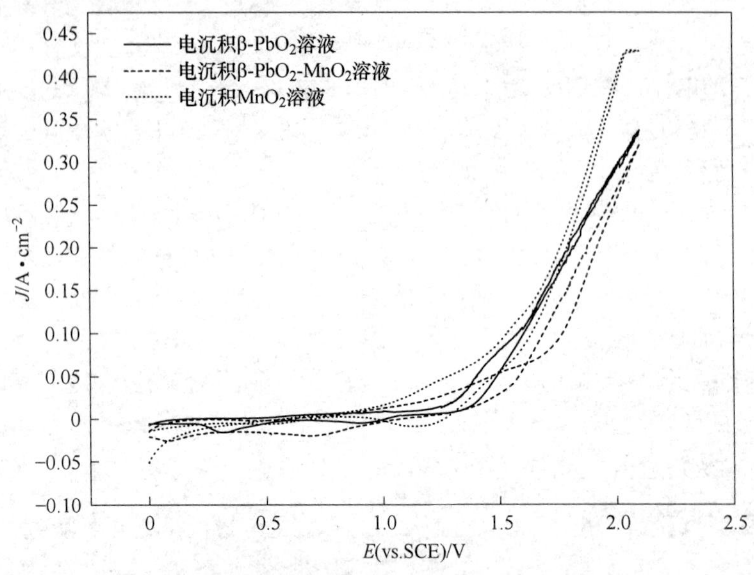

图 3-46 Al/导电涂层/α-PbO_2-CeO_2-TiO_2 电极
在不同的镀液中的循环伏安曲线

3.5.3.2 电流密度对复合阳极材料电沉积过程的影响

在硝酸锰浓度为 80g/L 时，研究了电流密度对 β-PbO_2-MnO_2-WC-ZrO_2 复合镀层化学成分、阳极极化曲线和交流阻抗的影响。

A 电流密度对复合阳极镀层的化学组分影响

电流密度对 β-PbO_2-MnO_2-WC-ZrO_2 复合镀层的化学组分的影响如图 3-47 所示。

从图 3-47 可知，增大电流密度，WC 和 ZrO_2 颗粒含量增加，当电流密度在 1A/dm^2 时，WC 和 ZrO_2 颗粒的含量最高，分别为 6.63%和 3.49%。继续增大电流密度，WC 和 ZrO_2 颗粒的含量开始下降（见图 3-47a）。PbO_2 含量随着电流密度的增大而增加，但 MnO_2 含量随着电流密度的增大而下降，在电流密度小于 1A/dm^2 时，各含量变化缓慢（见图 3-47b）。其原因是，一方面，当电流密度增大时，过电位会相应地提高，因而电场力增强，那么阳极对吸

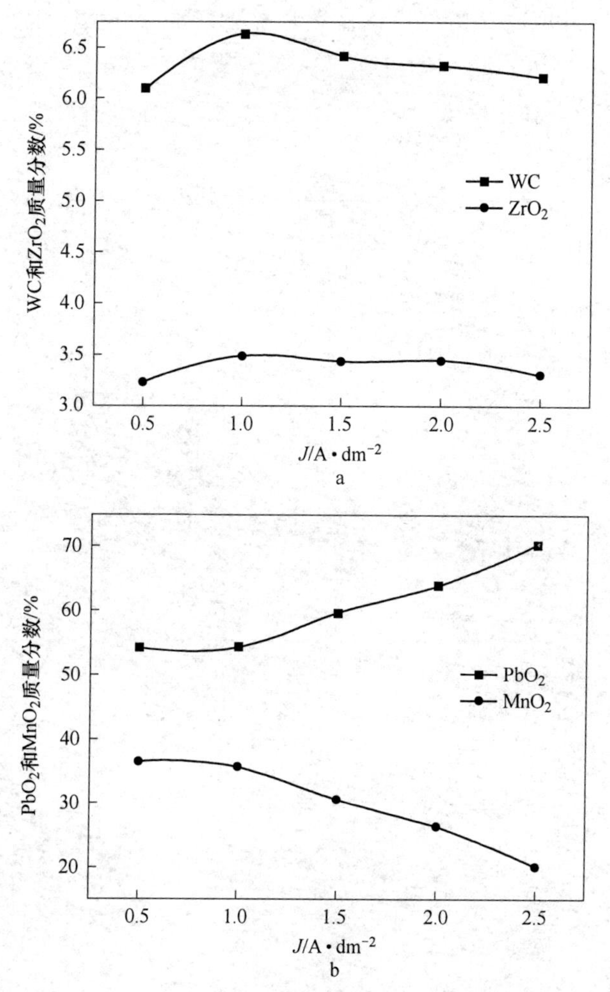

图 3-47 电流密度对复合镀层化学组成的影响

a—WC 和 ZrO_2 颗粒的质量分数；b—PbO_2 和 MnO_2 的质量分数

附微粒的静电力增强，所以在这种情况下，电流密度的增大对 PbO_2 和 MnO_2 与微粒的共沉积有一定的促进作用；但是另一方面，阳极电流密度进一步提高，微粒在阳极上的沉积可能赶不上 PbO_2 和 MnO_2 的沉积，这样一来镀层中微粒含量下降。此外，电流密度增大，过电位增大，有利于 PbO_2 的沉积，使得沉积的 MnO_2 含量相对减少。

B 电流密度对阳极极化曲线和交流阻抗的影响

图 3-48a 表示不同的电流密度下制得的 β-PbO_2-MnO_2-WC-ZrO_2 复合镀层在 40℃、50g/L Zn^{2+}、150g/L H_2SO_4 溶液中的阳极极化曲线。

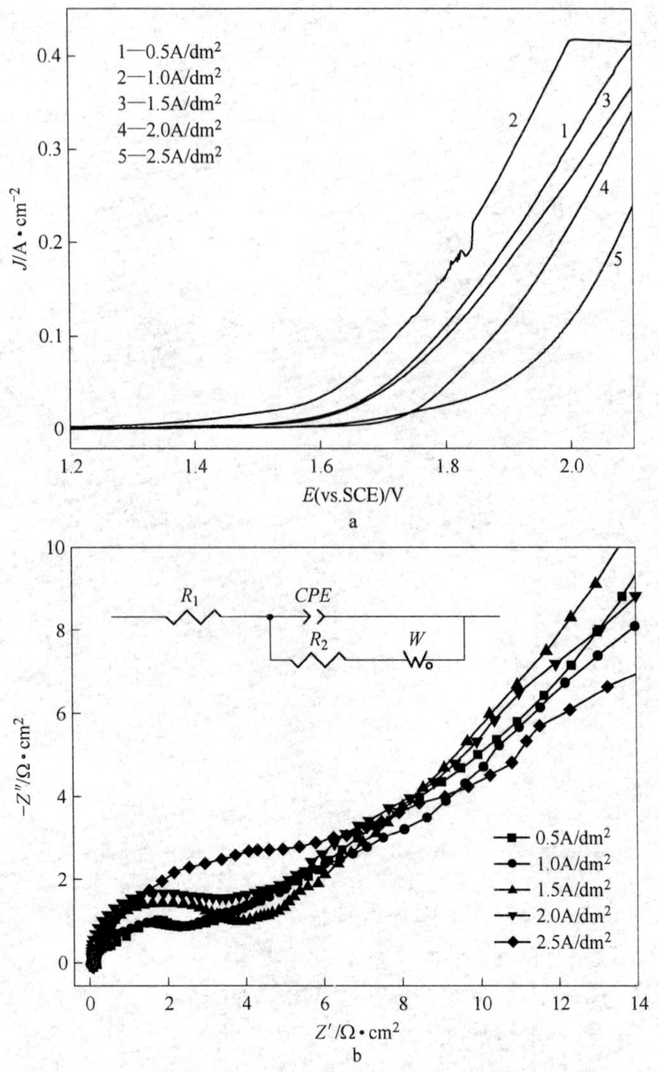

图 3-48 不同电流密度对阳极极化曲线和交流阻抗的影响

从图3-48a可知，在相同的电位下，电流密度为1A/dm^{2}制备的β-PbO_2-MnO_2-WC-ZrO_2复合镀层的电流密度最大，所以其催化活性最好。其原因可能是，一方面，在电流密度为1A/dm^{2}时，由于WC和ZrO_2固体颗粒质量含量最高，固体颗粒有利于提高镀层的催化活性；另一方面，MnO_2含量高也有利于提高复合镀层的催化活性，在电流密度为1A/dm^{2}制得的二氧化锰含量减少程度低，对镀层的催化活性影响不大。图3-48b表示在不同的电流密度下电沉积制得的β-PbO_2-MnO_2-WC-ZrO_2复合电极在40℃、50g/L Zn^{2+}、150g/L H_2SO_4溶液中得到的交流阻抗图（采用的测量电位（vs. SCE）为1.4V）。从图3-48b可以看出，各曲线对应的起始实部电阻基本上为0左右，说明溶液的电阻基本上不变。各曲线在高频区呈现半圆形式，说明在高中频区都发生了电化学反应。在图3-48b中对阻抗谱做出最佳的拟合等效电路[37]，其中R_1表示溶液电阻，CPE为常相位角组元，R_2表示电化学反应过程中的电荷转移电阻，W是扩散控制的Warburg阻抗。表3-26列出通过Zsimpwin软件拟合的结果。从表3-26可以看出，在电流密度为1A/dm^{2}时，电荷转移电阻最小，说明此条件得到的复合镀层催化活性最好，结果与极化曲线测得的一致。研究表明，电流密度应控制在1A/dm^{2}为宜。

表3-26 不同电流密度下制得的复合镀层在40℃、50g/L Zn^{2+}、150g/L H_2SO_4溶液中的等效模拟结果

电流密度 /A·dm^{-2}	R_1 /Ω·cm^2	CPE /Ω^{-1}·cm^{-2}·S^n	R_2 /Ω·cm^2	W /Ω·cm^2
0.5	0.125	5.26×10^{-5}	1.67	9.634
1.0	0.167	5.60×10^{-6}	1.31	9.519
1.5	0.112	9.23×10^{-5}	2.8	8.761
2.0	0.115	9.72×10^{-6}	3	9.364
2.5	0.069	9.72×10^{-4}	5.8	8.543

3.5.3.3 硝酸锰浓度对复合阳极材料电沉积过程的影响

在电流密度为1A/dm^{2}时，研究硝酸锰浓度对β-PbO_2-MnO_2-

WC-ZrO_2 复合镀层化学成分、阳极极化曲线和交流阻抗的影响。

A 硝酸锰浓度对复合阳极镀层的化学组分影响

电解液中硝酸锰浓度对 β-PbO_2-MnO_2-WC-ZrO_2 复合镀层的化学组分的影响如图 3-49 所示。

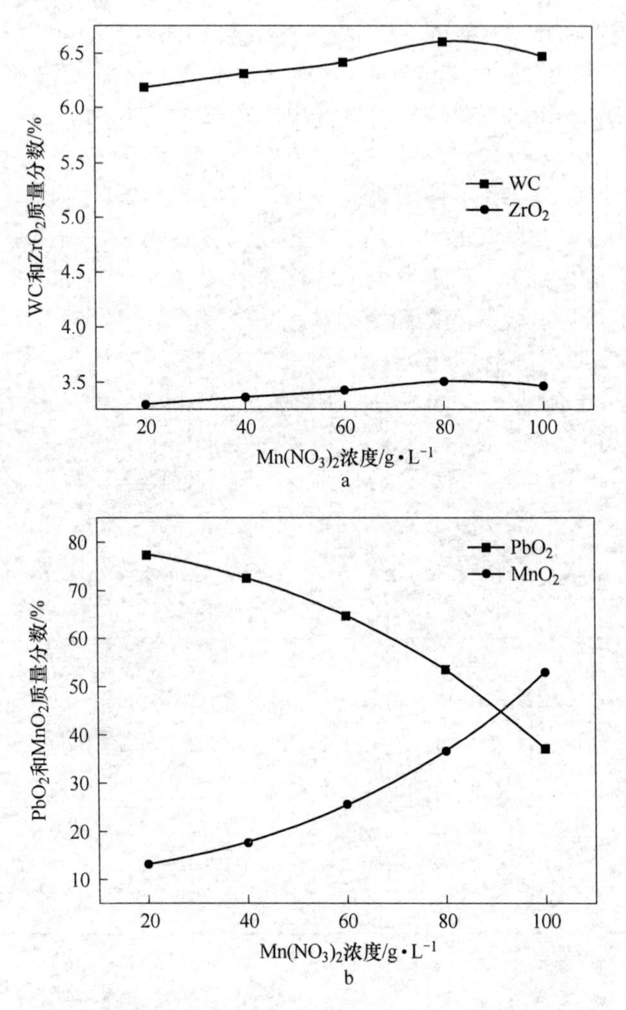

图 3-49 电解液中硝酸锰浓度对复合镀层化学组成的影响

a—WC 和 ZrO_2 颗粒的质量分数；b—PbO_2 和 MnO_2 的质量分数

从图 3-49 可知，增加硝酸锰浓度，WC 和 ZrO_2 颗粒含量增加，当硝酸锰浓度在 80g/L 时，WC 和 ZrO_2 颗粒的含量最高，分别为 6.61%和 3.51%。继续增加硝酸锰浓度，WC 和 ZrO_2 颗粒的含量开始下降（见图 3-49a）。PbO_2 含量随着硝酸锰浓度的增加而减少，但 MnO_2 含量随着硝酸锰浓度的增加而增加，且上升趋势为非线性。由 Nernst 方程可知[38]，电解液中硝酸锰浓度越高，阳极反应生成二氧化锰的电位越低，越有利于 MnO_2 的产生，所以二氧化锰的质量含量随硝酸锰浓度的增加呈抛物线上升趋势。WC 和 ZrO_2 颗粒含量随硝酸锰的浓度先增加后减少是因为硝酸锰浓度增加，溶液中离子数增多，离子对颗粒的吸附增多，所以在电场作用下离子到达阳极的数目增多，吸附在阳极上的固体颗粒相应地增加；当吸附的颗粒达到饱和时，继续增加浓度吸附颗粒的作用不大。另外，硝酸锰浓度过多，产生的二氧化锰也多，由于二氧化锰的导电性比二氧化铅的差，γ-MnO_2 电阻率为 5.0Ω·cm，β-PbO_2 电阻率为（4~5）$\times10^{-5}$Ω·cm，使得吸附在镀层颗粒减少。

B 硝酸锰浓度对阳极极化曲线和交流阻抗的影响

图 3-50a 表示在电解液中不同的硝酸锰浓度下制得的 β-PbO_2-MnO_2-WC-ZrO_2 复合镀层在 40℃、50g/L Zn^{2+}、150g/L H_2SO_4 溶液中的阳极极化曲线。

从图 3-50a 可知，在相同的电位下，β-PbO_2-MnO_2-WC-ZrO_2 复合镀层的电流密度随硝酸锰的增大而变大，这说明复合镀层 MnO_2 含量越高，其电极的催化活性也越大。图 3-50b 表示电解液中不同的硝酸锰浓度下电沉积制得的 β-PbO_2-MnO_2-WC-ZrO_2 复合电极在 40℃、50g/L Zn^{2+}、150g/L H_2SO_4 溶液中得到的交流阻抗图（采用的测量电位（vs. SCE）为 1.4V）。同样对图中的阻抗谱作出等效电路图于图 3-50b 中。图 3-50b 中，表 3-27 列出通过 Zsimpwin 软件拟合的结果。从表 3-27 可以看出，在电解液硝酸锰的浓度为 100g/L 时，电荷转移电阻最小，为 0.4Ω·cm^2。说明此条件得到的复合镀层催化活性最好，结果与极化曲线测得的一致。但我们发现该复合镀层裂纹大，易脱落。综合研究表明，硝酸锰浓度应控制在 80g/L 为宜。

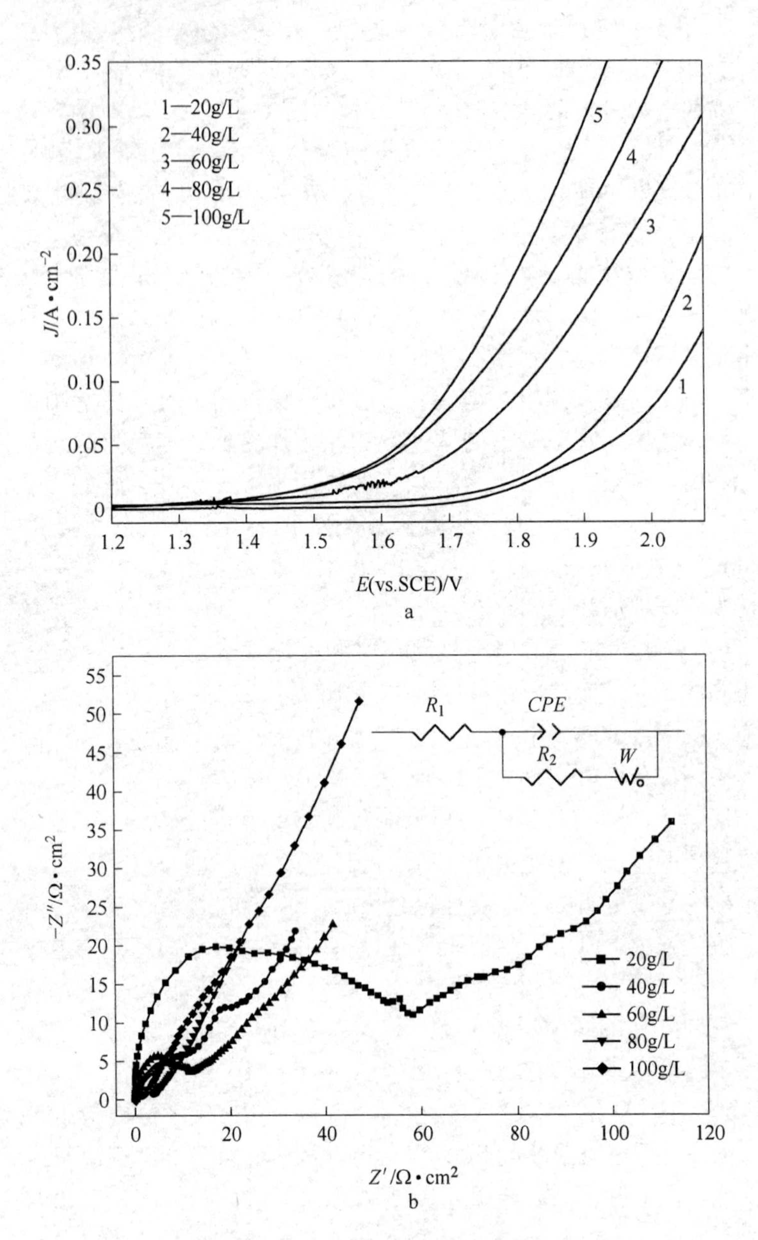

图 3-50 不同硝酸锰浓度对阳极极化曲线和交流阻抗的影响

表 3-27 电解液中不同硝酸锰浓度下制得的复合镀层在 40℃，50g/L Zn^{2+}，150g/L H_2SO_4 溶液中的等效模拟结果

$\rho(Mn(NO_3)_2)$ /g · L^{-1}	R_1 /Ω · cm^2	CPE /Ω^{-1} · cm^{-2} · S^n	R_2 /Ω · cm^2	W /Ω · cm^2
20	0.332	1.97×10^{-6}	36	6
40	0.072	1.09×10^{-3}	12	3.2
60	0.163	1.88×10^{-6}	3.6	30.66
80	0.167	5.60×10^{-6}	1.312	9.519
100	0.107	1.43×10^{-5}	0.4	2.695

3.5.3.4 β-PbO_2-MnO_2-WC-ZrO_2 复合镀层的组织结构分析

图 3-51 是不同电流密度下电沉积 β-PbO_2-MnO_2-WC-ZrO_2 得到的电极表面的显微组织。

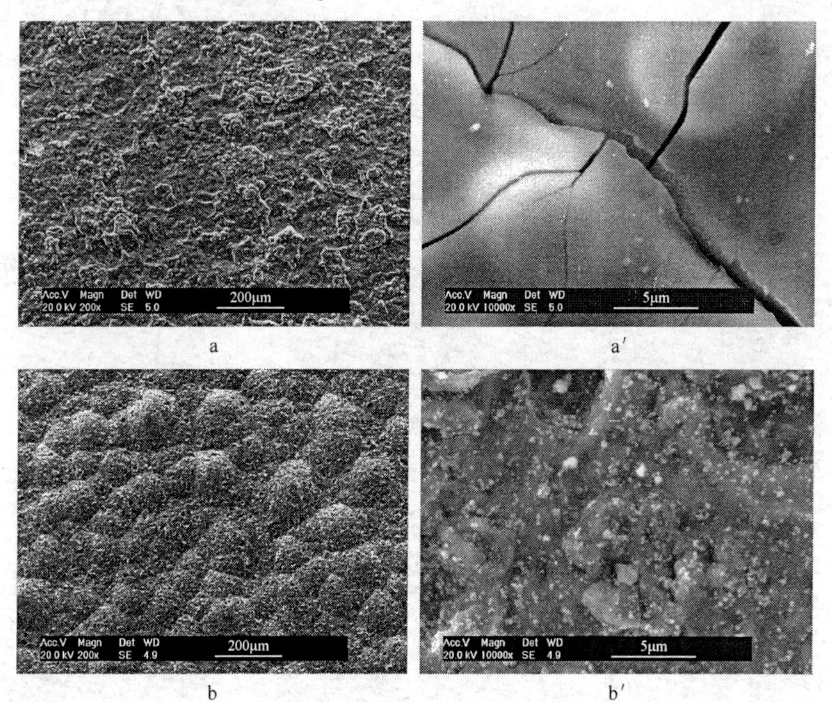

a a′

b b′

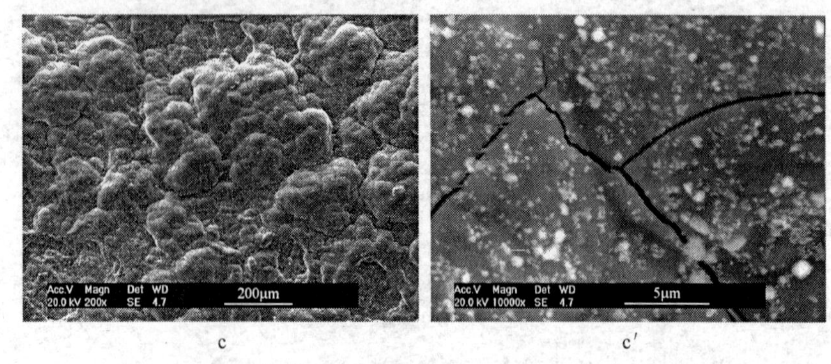

c c′

图 3-51 电流密度对复合镀层表面微观组织的影响

a—0.5A/dm^2；b—1A/dm^2；c—1.5A/dm^2；a′、b′和 c′分别是 a、b 和 c 的放大图

从图 3-51 可见，电沉积形成的 β-PbO_2-MnO_2-WC-ZrO_2 由大量晶粒堆积而成，晶粒内部存在更小的晶粒，即亚晶粒，随着电流密度的升高，由亚晶粒堆积成的晶粒越来越大，与二氧化锰的沉积方式相同[39]。还从图 3-51 中可看出，电流密度在 1A/dm^2 和 1.5A/dm^2 时，镀层表面的固体颗粒多，且在电流密度为 1A/dm^2 制得的镀层形貌未发现明显的裂纹。这说明适当地提高电流密度有利于镀层对固体颗粒的吸附；在电流密度为 1A/dm^2 时，复合镀层中的固体颗粒的含量最多，使得复合镀层表面起到极大的弥散作用，消除了镀层之间的内应力，所以镀层产生的缝隙很少，甚至消失。因此，电流密度应控制在 1A/dm^2 为宜。

电解液中硝酸锰浓度对 β-PbO_2-MnO_2-WC-ZrO_2 复合镀层表面形貌的影响如图 3-52 所示。

图 3-52a～d 是 20g/L、60g/L、80g/L 和 100g/L 时，纳米复合镀层 1000 倍下的表面形貌；图 3-52e 是电沉积纯 MnO_2 镀层 1000 倍的表面形貌；图 3-52c′是硝酸锰浓度为 80g/L 时，复合镀层 10000 倍的表面形貌图。图 3-52 表明，增加电解液中硝酸锰的浓度，复合镀层的晶粒得到细化，表面平整度也得到提高。主要原因可能是硝酸锰浓度增加后，二氧化锰的沉积速率加快，形核速率增加并大于晶核的生长速率，晶粒尺寸减小。当硝酸锰浓度升高到 80g/L 时，复合镀层晶粒更加细小而均匀，固体颗粒在复合镀层中的含量最高，

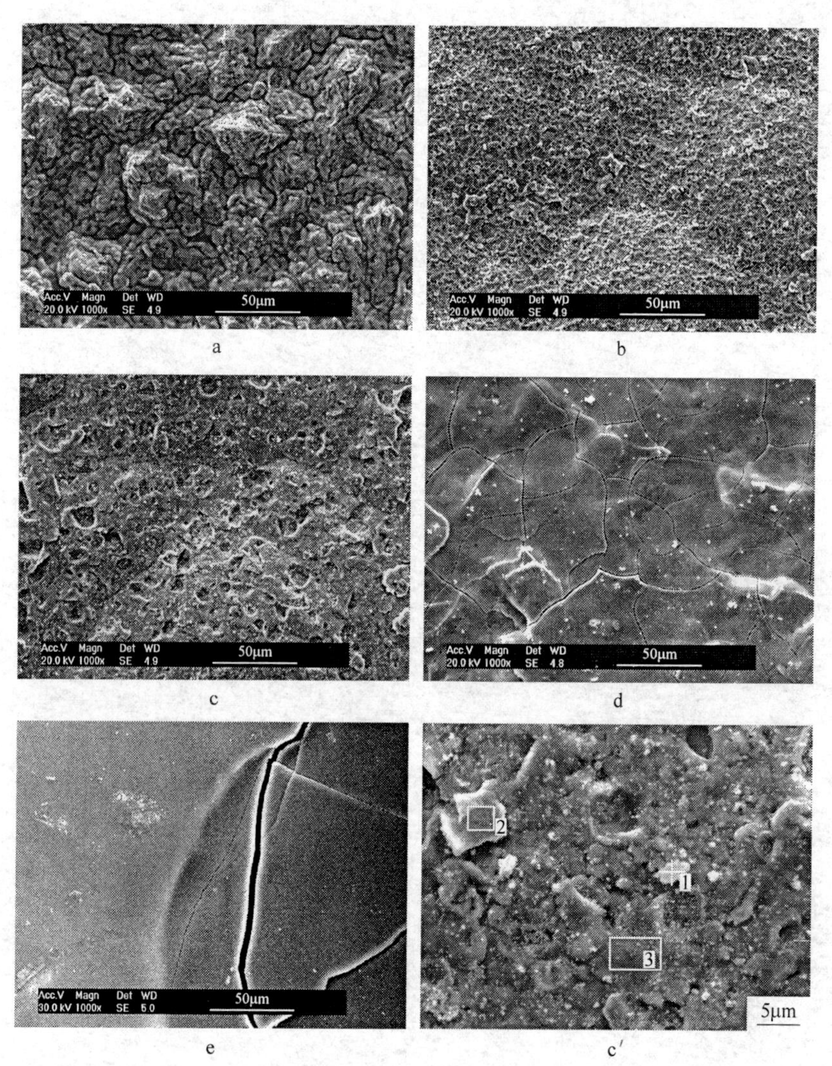

图 3-52 电解液中硝酸锰浓度对复合镀层表面微观组织的影响

a—20g/L；b—60g/L；c—80g/L；d—100g/L；e—纯 MnO_2；c′—c 的放大图

分散均匀，表面无裂缝。但电解液中过高的硝酸锰浓度引起复合镀层产生裂纹，镀层脆性增加，与基体的结合力下降。与纯 MnO_2 镀层（图 3-52e）相比，复合镀层的裂纹细小，分布均匀。这说明单独电

沉积 MnO_2，结合力更差。对图 3-52c′进行了微区元素分析，分析结果在能谱见图 3-53。从图 3-53 中可知，ZrO_2 的含量稍偏高，并且分布不均，可能是纳米二氧化锆很容易被局部镀层吸附的原因。综合研究表明，电解液中硝酸锰浓度控制在 80g/L 左右为宜。

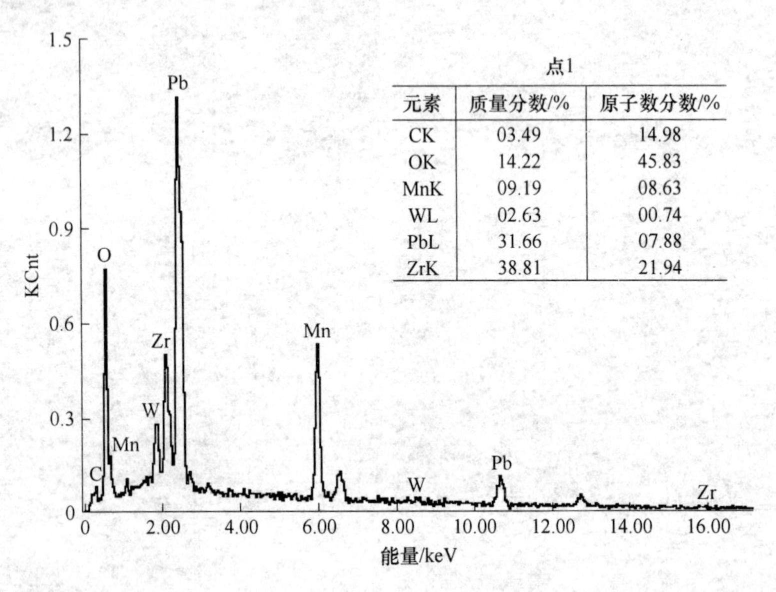

点1

元素	质量分数/%	原子数分数/%
CK	03.49	14.98
OK	14.22	45.83
MnK	09.19	08.63
WL	02.63	00.74
PbL	31.66	07.88
ZrK	38.81	21.94

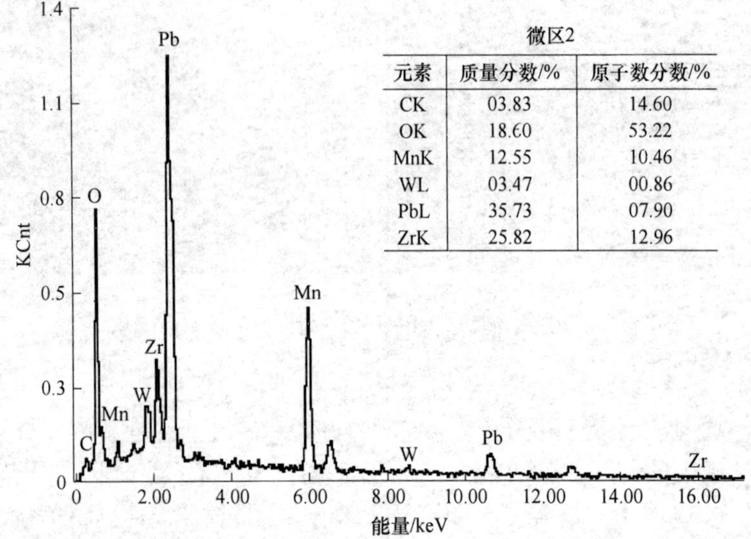

微区2

元素	质量分数/%	原子数分数/%
CK	03.83	14.60
OK	18.60	53.22
MnK	12.55	10.46
WL	03.47	00.86
PbL	35.73	07.90
ZrK	25.82	12.96

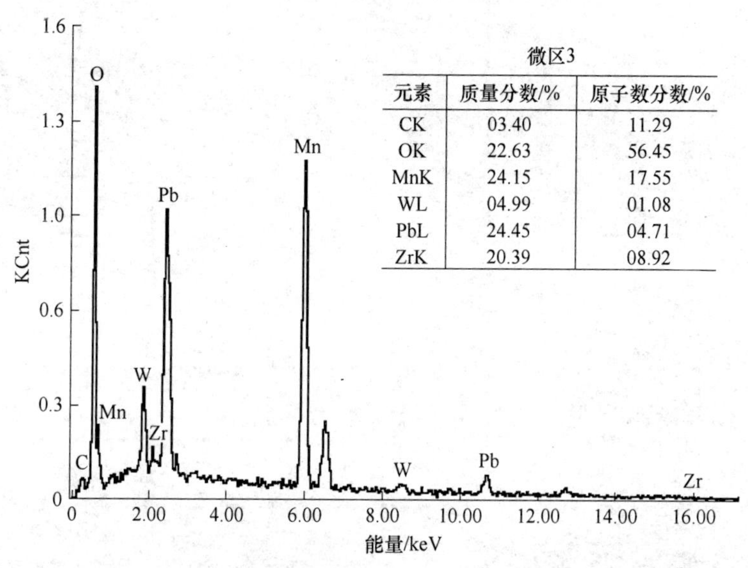

元素	质量分数/%	原子数分数/%
CK	03.40	11.29
OK	22.63	56.45
MnK	24.15	17.55
WL	04.99	01.08
PbL	24.45	04.71
ZrK	20.39	08.92

图 3-53 通过点和区域分析的能谱图

图 3-54 是在不同电流密度时电极表面复合镀层 β-PbO_2-MnO_2-WC-ZrO_2 的 X 射线衍射图谱。由于该复合镀层比较薄，因此衍射图谱中存在 α-PbO_2 的衍射峰。根据特征衍射峰所对应的 2θ，与 JCPDS 标准卡对照表明，复合镀层中都含有 α-PbO_2、β-PbO_2、MnO_2、WC 和 ZrO_2 晶格，尤其是 β-PbO_2 的峰表现强烈。在电流密度为 $1A/dm^2$ 时，复合镀层的 X 射线衍射峰的高度下降最低，峰值宽度 d 变大，固体颗粒的晶相较明显。这是因为在电流密度为 $1A/dm^2$ 时所得的固体颗粒含量最高，且固体颗粒在复合镀层中起到弥散、细化晶体的作用。还可看出，衍射图中未发现非晶态相。

图 3-55 是在电解液中不同的硝酸锰浓度时电极表面复合镀层 β-PbO_2-MnO_2-WC-ZrO_2 的 X 射线衍射图谱。从图中可以看出，随着硝酸锰浓度的增加，复合镀层中的 X 射线衍射峰的高度逐渐下降。当硝酸锰浓度为 100g/L 和 120g/L 时，复合镀层的 X 射线衍射图中 $2\theta=28°$ 和 36°左右有两“馒头包”衍射峰，说明该复合镀层在镀态下是非晶态；此外在 $2\theta=36.1°$、29.1°和 34.1°还有三支尖而窄的衍射峰，分别是 β-PbO_2、α-PbO_2 和 MnO_2 的衍射峰，这是晶态结构

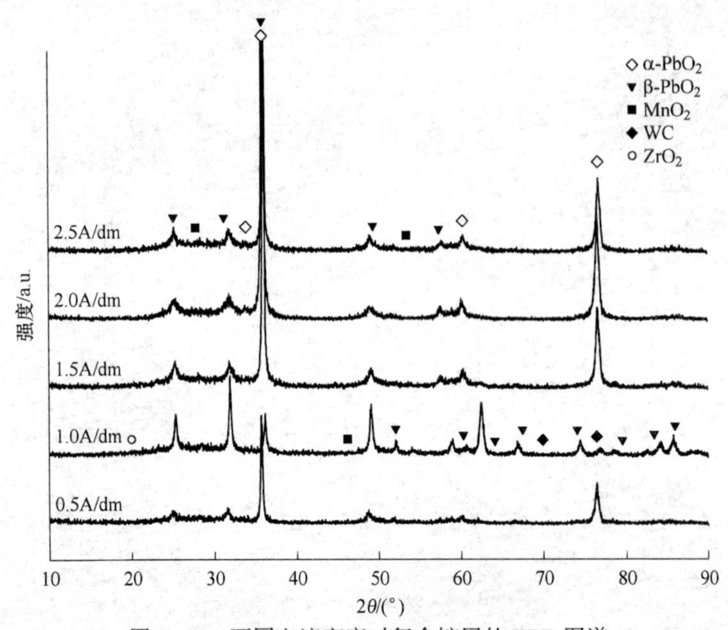

图 3-54　不同电流密度时复合镀层的 XRD 图谱

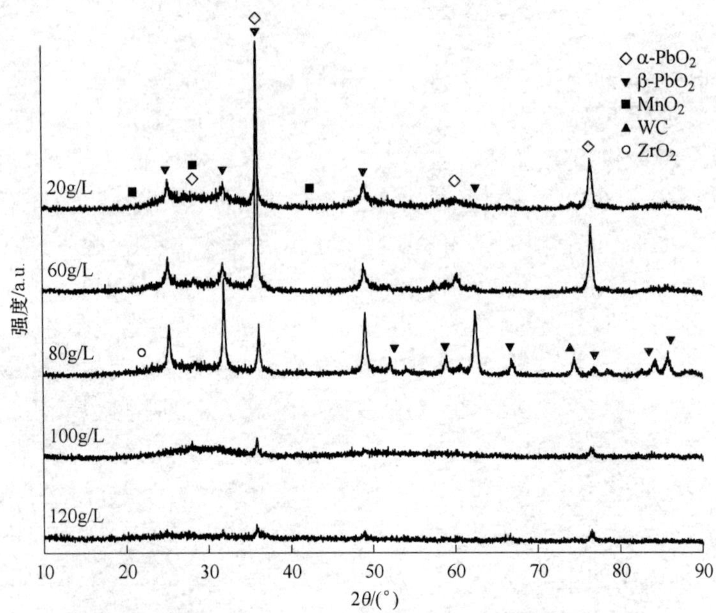

图 3-55　电解液中不同硝酸锰浓度时复合镀层的 XRD 图谱

的标志[40]，说明β-PbO_2-MnO_2-WC-ZrO_2复合镀层在镀态时为混晶态。其原因可能是：一方面，随着硝酸锰浓度的升高，其MnO_2的含量增多，会使阳极表面生成一层玻璃态的沉积物，此沉积物是β-PbO_2-MnO_2的混合型氧化物[41]；另一方面，由于电极表面有β-PbO_2、α-PbO_2和MnO_2存在，氧在这三种物质上析出的超电压各不相同，这三种物质在电极表面所占面积的份额将影响电极电位[42]，从而改变镀层上产物的特性。

3.5.3.5 电极寿命

铝基β-PbO_2-MnO_2-WC-ZrO_2电极为阳极，Al板作阴极，保持电极间距为30mm，电流密度为2A/cm^2，40℃的条件下电解150g/L H_2SO_4溶液，电解初期槽电压维持在3~8V，一段时间后槽电压急剧上升到10V以上电流急剧减少，表明此电极已失效。记录从开始到槽电压上升时（10V左右）所经历的时间，即为使用寿命。

表3-28列出了不同的电流密度和不同的硝酸锰浓度下的复合镀层在150g/L H_2SO_4溶液中高电流密度（2A/cm^2）下的寿命。

从表3-28可以看出，电流密度的改变对电极寿命的影响比较大，而硝酸锰浓度的变化影响小，在电流密度为1A/dm^2和硝酸锰浓度为80g/L时，复合镀层的寿命最长，达到368h，所以进行复合电沉积，选电流密度为1A/dm^2和硝酸锰浓度为80g/L为宜。

表3-28 不同电流密度和电解液中硝酸锰浓度下得到的复合镀层在硫酸溶液中的使用寿命

编号	电流密度/$A \cdot dm^{-2}$	$\rho(Mn(NO_3)_2)/g \cdot L^{-1}$	寿命/h
1	0.5	80	45
2	1	80	368
3	1.5	80	220
4	2	80	180
5	2.5	80	32
6	1	20	234

续表 3-28

编号	电流密度/A · dm^{-2}	$\rho(Mn(NO_3)_2)$/g · L^{-1}	寿命/h
7	1	40	265
8	1	60	279
9	1	100	184

3.5.3.6 槽电压

对不同的电极分别在含 4g/L Mn^{2+} 或不含 Mn^{2+} 的 $ZnSO_4-H_2SO_4$ 水溶液，工艺条件为：Zn^{2+} 50g/L，Mn^{2+} 4g/L（或不含 Mn^{2+}），H_2SO_4 150g/L，温度 40℃，间距 3cm，在电流密度为 500A/m^2 的条件下电解 24h，测得其槽电压，见表 3-29。

从表 3-29 可以看出，在 50g/L Zn^{2+}、150g/L H_2SO_4 溶液中电极的槽电压大小为：Pb > Al/cc*/α-PbO_2#/β-PbO_2 > Pb-1%Ag > Al/cc*/α-PbO_2#/β-PbO_2-WC-ZrO_2 > Al/cc*/α-PbO_2#/β-PbO_2-MnO_2 > Al/cc*/α-PbO_2#/β-PbO_2-MnO_2-WC-ZrO_2。在 50g/L Zn^{2+}、4g/L Mn^{2+}，150g/L H_2SO_4 中的槽电压大小为：Pb>Pb-1%Ag>Al/cc*/α-PbO_2#/β-PbO_2 > Al/cc*/α-PbO_2#/β-PbO_2-WC-ZrO_2 > Al/cc*/α-PbO_2#/β-PbO_2-MnO_2 > Al/cc*/α-PbO_2#/β-PbO_2-MnO_2-WC-ZrO_2。这说明添加固体颗粒 WC 和 ZrO_2 制得的复合电极能降低电解中的槽电压；而混合氧化物 β-PbO_2-MnO_2 作为阳极影响更大，相对 Pb-1%Ag 合金，其槽电压能降低大于 0.3V，添加固体颗粒后，槽电压进一步减小，相差大于 0.4V。

表 3-29 不同电极在 $ZnSO_4-H_2SO_4$ 水溶液中电解时的槽电压

电　极	槽电压/V	
	Zn^{2+} 50g/L，H_2SO_4 150g/L	Zn^{2+} 50g/L，Mn^{2+} 4g/L，H_2SO_4 150g/L
Pb	3.81	3.61
Pb-1%Ag	3.14	3.34

续表 3-29

电 极	槽电压/V	
	Zn^{2+} 50g/L, H_2SO_4 150g/L	Zn^{2+} 50g/L, Mn^{2+} 4g/L, H_2SO_4 150g/L
Al/cc* /α-PbO_2#/β-PbO_2	3.18	3.30
Al/cc* /α-PbO_2#/β-PbO_2-WC-ZrO_2	2.85	3.12
Al/cc* /α-PbO_2#/β-PbO_2-MnO_2	2.82	2.91
Al/cc* /α-PbO_2#/β-PbO_2-MnO_2-WC-ZrO_2	2.75	2.83

注：cc* 为导电涂层；α-PbO_2# 为 α-PbO_2-CeO_2-TiO_2。

参 考 文 献

[1] 郑晓虹，戴美美，陈古镛 . MnO_2 和 PbO_2 共沉积电极的阳极行为 [J]. 福建师范大学（自然科学版），1998，14（1）：62-65，89.

[2] Dalchiele E A，Cattarin S，Musiani M，et al. Electrodeposition studies in the MnO_2+PbO_2 system：formation of $Pb_3Mn_7O_{15}$ [J]. Journal of Applied Electrochemistry，2000，30（1）：117-120.

[3] 杨显万，何蔼平，袁宝州 . 高温水溶液热力学数据计算手册 [M]. 第一版. 北京：冶金工业出版社，1983.

[4] 李狄 . 电化学原理 [M]. 北京：北京航空航天大学出版社，1999.

[5] 李文超 . 冶金与材料物理化学 [M]. 北京：冶金工业出版社，2001.

[6] 郭忠诚，陈步明，黄惠等 . 湿法冶金电极新材料制备技术及应用 [M]. 北京：冶金工业出版社，2016.

[7] 张招贤 . 钛电极工学 [M]. 北京：冶金工业出版社，2002.

[8] Campbell S A，Peter L M. A study of the effect of deposition current density of the structure of electrodeposited α-PbO_2 [J]. Electrochimica Acta，1989，34（7）：943-949.

[9] Berlin S，Depot P，Paediatric P. Potential-pH diagram of lead and its applications to the study of lead corrosion and to the lead storage battery [J]. Journal of the Electrochemical Society，1951，98（98）：57-64.

[10] Casellato U，Cattarin S，Guerriero P，et al. Anodic synthesis of oxide-matrix composites. Composition，morphology，and structure of PbO_2-matrix composites

[J]. Chemistry of Materials, 1997, 9 (4): 960-966.

[11] Devilliers D, Thi M T D, Mahé E, et al. Cr (Ⅲ) oxidation with lead dioxide-based anodes [J]. Electrochimica Acta, 2003, 48 (28): 4301-4309.

[12] Campbell S A, Peter L M. Determination of the density of lead dioxide films by in situ laser interferometry [J]. Electrochimica Acta, 1987, 32 (2): 357-360.

[13] da Silva L A, Alves V A, da Silva M A P, et al. Oxygen evolution in acid solution on $IrO_2 + TiO_2$ ceramic films. A study by impedance, voltammetry and SEM [J]. Electrochimica Acta, 1997, 42 (2): 271-281.

[14] Da Silva L A, Alves V A, da Silva M A P, et al. Electrochemical impedance, SEM, EDX and voltammetric study of oxygen evolution on Ir+Ti+Pt ternary-oxide electrodes in alkaline solution [J]. Electrochimica Acta, 1996, 41: 1279-1285.

[15] Shen P K, Wei X L. Morphologic study of electrochemically formed lead dioxide [J]. Electrochimica Acta, 2003, 48 (12): 1743-1747.

[16] Gnanasekaran K S A, Narasimham K C, Udupa H V K. Stress measurements in electrodeposited lead dioxide [J]. Electrochimica Acta, 1970, 15 (10): 1615-1622.

[17] Velichenko A B, Devilliers D. Electrodeposition of fluorine-doped lead dioxide [J]. Cheminform, 2007, 128 (4): 269-276.

[18] Paul Delahay, Marcel Pourbaix, Pierre Van Rysselberghe. Potential-pH diagram of lead and its applications to the study of lead corrosion and to the lead storage battery [J] . Journal of Electrochemical Society, 1951, 98 (2): 57-64.

[19] Guglielmi N. Kinetics of the deposition of inert particles from electrolytic baths [J]. Journal of Electrochemical Society, 1972, 119: 1009-1012.

[20] 姚寿山，李戈扬，胡文彬．表面科学与技术 [M]. 北京：机械工业出版社，2005.

[21] Bertoncello R, Cattarin S, Frateur I, et al. ChemInform Abstract: Preparation of anodes for oxygen evolution by electrodeposition of composite oxides of Pb and Ru on Ti [J]. Journal of Electroanalytical Chemistry, 2001, 492 (2): 145-149.

[22] 徐瑞东，王军丽，郭忠诚，等．钨酸钠和次磷酸钠浓度对脉冲电镀 CeO_2-SiO_2/Ni-W-P 纳米复合薄膜组织及性能的影响 [J]. 复合材料学报，2008，25 (4): 106-112.

[23] 侯峰岩，王为，刘家臣，等．ZrO_2 纳米颗粒在 Ni-ZrO_2 复合镀层中的分散

性对镀层结构及性能的影响［J］. 材料工程，2004，3：21-23，27.

［24］朱龙章，张元庆，陈宇飞，等．电沉积镍-钴-碳化钨符合镀层的研究［J］. 电镀与涂饰，1999，18（1）：4-7.

［25］Cattarin S，Guerriero P，Musiani M. Preparation of anodes for oxygen evolution by electrodeposition of composite Pb and Co oxides ［J］. Electrochimica Acta，2001，46：4229-4234.

［26］Velichenko A B，Amadelli R，Zucchini G L. Electrosynthesis and physicochemical properties of Fe-doped lead dioxide electrocatalysts ［J］. Electrochimica Acta，2000，45（25）：4341-4350.

［27］Munichandraiah N. Physicochemical properties of electrodeposited β-lead dioxide：Effect of deposition current density ［J］. Journal of Applied Electrochemistry，1992，22（9）：825-829.

［28］Beck F. Cyclic behaviour of lead dioxide electrodes in tetrafluorborate solutions ［J］. Journal of Electroanalytical Chemistry，1975，65（1）：231-243.

［29］Suryanarayanan V，Nakazawa I，Yoshihara S，et al. The influence of electrolyte media on the deposition/dissolution of lead dioxide on boron-doped diamond electrode—A surface morphologic study ［J］. Journal of Electroanalytical Chemistry，2006，592（2）：175-182.

［30］Jasem S M，Tseung A C C. A Potentiostatic pluse study of oxygen evolution on Teflon-Bonded nicke-cobalt oxide electrodes ［J］. Journal of Electrochemical Society，1979，126（8）：1353-1360.

［31］Xu L K，Scantlebury J D. A study on the deactivation of an IrO_2-TaO_2 coated titanium anode ［J］. Corrosion Science，2003，45（12）：2729-2740.

［32］武刚，李宁，戴长松，等．阳极电沉积Co-Ni混合氧化物在碱性介质中的电催化析氧性能［J］．催化学报，2004，25（4）：319-325.

［33］梁镇海，张福元，孙彦平．耐酸非贵金属 Ti/MO_2 阳极 $SnO_2+Sb_2O_4$ 中间层研究［J］. 稀有金属材料与工程，2006，35（10）：1605-1609.

［34］张招贤．钛电极工学［M］. 北京：冶金工业出版社，2003.

［35］蔡天晓，鞠鹤，武宏让，等．β-PbO_2 电极中加入纳米级 TiO_2 的性能研究［J］. 稀有金属材料与工程，2003，32（7）：558-560.

［36］Ueda M，Watanabe A，Kameyama T，et al. Performance characteristics of a new type of lead dioxide-coated titanium anode ［J］. Journal of Applied Electrochemistry，1995，25（9）：817-822.

［37］Xue F Q，Wang Y L，Wang W H，et al. Investigation on the electrode process of the Mn（Ⅱ）/Mn（Ⅲ）couple in redox flow battery [J]. Electrochimica Acta，2008，53（22）：6636-6642.

[38] 杨显万，邱定蕃．湿法冶金 [M]．北京：冶金工业出版社，1998.

[39] 陈振方，蒋汉瀛，舒余德，等．电沉积 MnO_2 工艺因素对 PbO_2-Ti/MnO_2 电极性能的影响 [J]．中南矿冶学院学报，1991，22（2）：207-214.

[40] 郭忠诚，杨显万．电沉积多功能复合材料的理论与实践 [M]．北京：冶金工业出版社，2002.

[41] 李宁，王旭东，吴志良，等．高速电镀锌用不溶性阳极 [J]．材料保护，1999，32（9）：7-9.

[42] 梅光贵，钟竹前，刘勇刚，等．锌电解中铅银阳极的电化学行为 [J]．中南工业大学学报，1998，29（4）：337-340.

4 钛基二氧化铅复合电极材料

4.1 概述

尺寸稳定性阳极（DSA）由钛基体和氧化物涂层组成，是一种新型不溶性阳极；它因为具有耐腐蚀性好、催化活性高、使用寿命长等特点广泛应用于化工、冶金、环保、电镀及其他电解工业中[1]。PbO_2 电极是一种典型的金属氧化物不溶性阳极，它性能良好，价格便宜，对氧化性和强酸性体系有很好的惰性，一直受到人们的广泛研究和关注[2,3]。然而，传统使用的无基体的 PbO_2 电极存在着许多的问题，比如坚硬致密但电畸变大，有陶瓷制品所特有的脆性，容易损坏；机械加工困难，成品率低；导电性不够好，接触电阻大；电沉积时间太长；不适用于工业应用[4]。钛基二氧化铅电极材料结合 DSA 阳极和 PbO_2 电极的优点，具有导电性好、催化活性高、质量小、结构稳定、耐腐蚀、制备成本低等特点，广泛应用于氯碱工业、有机合成、污水处理，冶金工业等领域[5~10]。因此研究二氧化铅在湿法冶金中的应用具有重要的现实意义。

4.2 实验部分

4.2.1 钛基前处理

本试验用于制备钛基二氧化铅电极的钛材，尺寸均为 50mm×30mm×2mm。为了得到均匀致密且结合力好的表面镀层，必须对钛基体进行前处理，在电镀过程中镀件表面的洁净程度以及粗糙度对镀层结合力有着直接的影响。本试验对钛基体的前处理主要分为以下三步：

4.2.1.1 除油

采用10%NaOH溶液（本章出现的百分数均为质量分数）为除油剂，把试验所需的钛片放入装有10%NaOH溶液的烧杯中，并在温度为70℃的水浴锅中反应30min，然后用去离子水清洗干净，干燥后装入自封袋备用。

4.2.1.2 除氧化层

经过除油处理的钛片表面往往存在许多杂质，以及较厚的氧化层，所以必须除去。文中采用混酸（$V_{HF}:V_{HNO_3}:V_{H_2O}=1:4:5$）清洗钛片表面的杂质及氧化层。具体做法是，把需要处理的钛片浸没在装有混酸的烧杯中，在室温条件下反应一定时间后取出，并用去离子水冲洗干净，干燥后装入自封袋备用。

4.2.1.3 酸蚀刻

为了得到比表面积较大的钛片，文中采用20%HCl溶液对钛片进行腐蚀处理。取一定量的酸溶液放入烧杯中，把需要处理的钛片浸没在酸里，并用保鲜膜封住烧杯口，在90℃温度条件下水浴反应2h，取出用去离子水冲洗干净，干燥后装入自封袋备用。

4.2.2 钛基底层氧化物电极材料

制备Sb-SnO_2底层有助于改善钛基体与二氧化铅镀层之间的结合性能，同时也有助于抑制在电沉积二氧化铅过程中阳极的析氧现象，制备出均匀致密的二氧化铅层。Sb-SnO_2底层的制备分以下几个步骤完成。

4.2.2.1 配制涂液

本试验采用$SnCl_4\cdot 5H_2O$和$SbCl_3$作为制备Sb-SnO_2底层的Sn源和Sb源，按锡锑摩尔比6∶1称量四氯化锡和三氯化锑，把这两种物质溶于20%HCl溶液中（防止锡锑水解），混合均匀后，向其中加入一定量的正丁醇溶剂，待混合均匀后备用。

4.2.2.2 涂覆涂层

涂覆涂层过程中一般分为四步：

（1）涂覆涂液，把涂液用毛刷均匀地涂在钛基体上；

（2）烘干，每涂覆一次放在电热鼓风干燥箱中烘烤，温度为100℃，烘烤时间为3~5min；

（3）热氧化，把烘干的钛基体放入马弗炉中进行热氧化处理，温度为500℃，处理时间为10min；

（4）取出热氧化处理的基体，在空气中冷却后再进行新一次的涂覆，重复以上3个过程9次，到第10次时，把热氧化时间延长为1h。

4.2.3 梯度钛基二氧化铅复合电极材料

梯度钛基二氧化铅复合电极材料主要是在钛基体表面构筑涂层和镀层，形成梯度型的电极材料，改善电极的电化学性能和提高电极的使用寿命。前文中就钛基体的预处理和底层的制备进行了研究，文中关于二氧化铅的制备在此部分进行了研究，即在底层上沉积α-PbO_2然后沉积β-PbO_2。

4.2.3.1 α-PbO_2镀层制备

制备α-PbO_2涂层的电镀液组成和电镀条件见表4-1。

表4-1 制备α-PbO_2涂层的电镀液组成和电镀条件

电镀液组成/$g \cdot L^{-1}$		电镀条件	
PbO	22.32	电流密度	$3mA/cm^2$
NaOH	140	温度	40℃
		时间	1h

按上述配比配置α-PbO_2的镀液，电沉积的电流密度为$3mA/cm^2$，电沉积时间控制在1h，电沉积的温度保持在40℃，配置好溶液之后在开始电镀前加入不同含量的重铬酸钾，待溶解之后备用。

4.2.3.2 β-PbO_2 镀层制备

制备 β-PbO_2 涂层的电镀液组成和电镀条件见表 4-2。

表 4-2 制备 β-PbO_2 涂层的电镀液组成和电镀条件

电镀液组成/g · L^{-1}		电镀条件	
$Pb(NO_3)_2$	250	电流密度	30mA/cm^2
NaF	0.5	温度	60℃
HNO_3	10	时间	1h

按上述配比配置 β-PbO_2 的镀液，电沉积的电流密度为 30mA/cm^2，电沉积时间控制在 1h，电沉积的温度保持在 60℃，配置好溶液之后在开始电镀前加入不同含量的硝酸银，待溶解之后备用。

4.3 钛基体氧化膜去除的研究

钛是热力学上很活泼的金属，在大气或水溶液中，钛表面会立即形成一层致密的氧化膜，这层氧化膜的存在会降低后续制备出的钛基二氧化铅电极的导电性，所以要在钛基的前处理中除去。另外经切削焊接加工的钛基体表面往往还存在许多灰尘，而在镀层制备过程中对基体表面的洁净度与粗糙度都有很高的要求，酸腐蚀钛基体表面的过程能同时起到清洗钛基表面与改善钛基表面粗糙度的作用。因此，有必要研究混酸对钛基表面的处理效果，并得出一种较好的处理条件。

处理方法是把钛板放在体积比为 1∶4∶5(V_{HF} ∶ V_{HNO_3} ∶ V_{H_2O}) 的混酸中浸泡一段时间，然后用去离子水冲洗干净，干燥后备用。本试验为了探究不同的处理时间对钛基体表面形貌及质量变化的影响，分别做了 6 组不同处理时长的试验，每组试验重复 3 次，以尺寸为 10mm×10mm×2mm 的钛片为研究试样，在进行混酸腐蚀前首先按试验部分 4.2.1 节介绍的除油工艺对钛片进行除油处理，每次腐蚀处理混酸的用量为 5mL，钛片处理前后质量变化如表 4-3 所示。

表 4-3 不同处理时长的钛片质量变化

质量变化	反应时间					
	1min	2min	3min	4min	5min	6min
Δm_1/g	0.010	0.008	0.007	0.011	0.011	0.014
Δm_2/g	0.009	0.013	0.019	0.012	0.016	0.015
Δm_3/g	0.008	0.009	0.011	0.009	0.012	0.017
$\overline{\Delta m}$/g	0.009	0.010	0.012	0.011	0.013	0.015

从表 4-3 可以看出，在用混酸处理钛片去除氧化层的过程中，在 1~6min 内，不同的处理时长所造成的钛片质量变化差别并不大，说明在试验研究的时间范围内，因混酸腐蚀造成的金属损失也相差不大。从样品外观来看，处理过的钛片都变得比较光亮。

用金相显微镜观察不同处理时长的钛片表面，在放大 200 倍的条件下观察，所得的结果如图 4-1 所示。

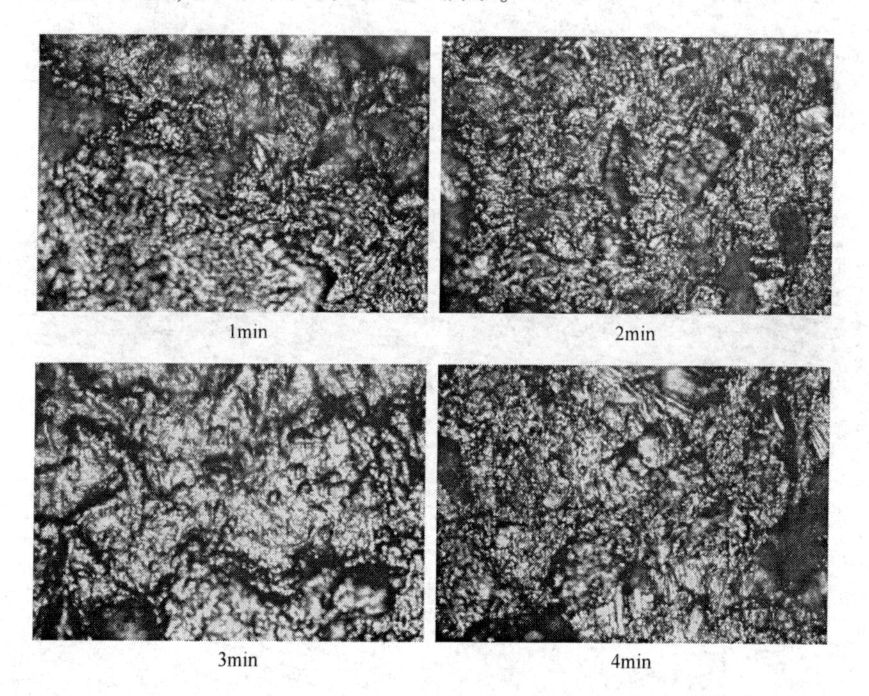

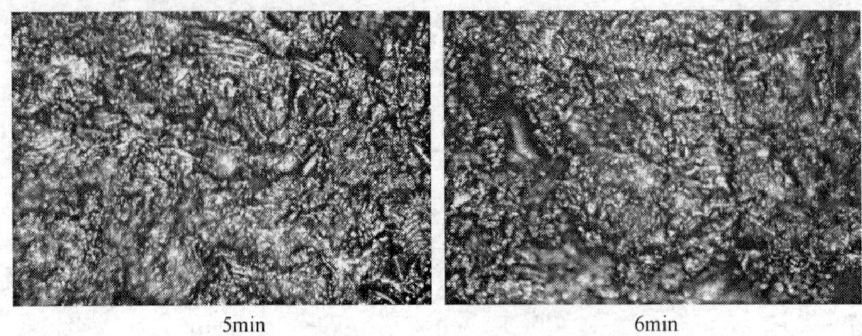

图 4-1 混酸处理不同时长的钛基金相表面形貌

从图 4-1 中可以看出，在 1～6min 内不同的处理时长对钛片形貌的影响差别也不大，但考虑到要除掉原始钛基表面的氧化层及其他杂质，同时考虑到从理论上说反应时间越长钛的消耗量越大，所以选择除去氧化层的反应时间为 3min 为益。对使用混酸腐蚀时长为 3min 的钛片试样形貌使用扫描电镜（SEM）进行了分析，得到不同放大倍数的 SEM 照片，如图 4-2 所示。从图中可以看出，虽然钛片表面相貌犹如月球陨石坑，但并不十分地粗糙而且不存在孔洞。

图 4-2 混酸腐蚀 3min 的钛基表面 SEM 图

a—3000×；b—1000×

4.4 酸蚀刻钛基体的研究

4.4.1 不同酸刻蚀条件下钛基体质量变化

为了比较试验研究中使用的三种酸，20% HCl、20% H_2SO_4 和

$10\%H_2C_2O_4$ 对钛基体腐蚀能力的差异。本试验做了如下研究：采用尺寸为 10mm×10mm×2mm 的钛片为研究试样，这些试样均经过了除油与混酸腐蚀处理，在 90℃ 的条件下使用一定量的 20%HCl，分别处理 1h、2h 及 3h，每个处理时间段重复 3 次，并记录好酸蚀刻前后钛片的质量，计算出重复蚀刻 3 次钛片质量变化的平均值；同样的在 90℃ 的条件下，使用 $20\%H_2SO_4$，按相同的处理方式，得出 $20\%H_2SO_4$ 蚀刻处理，钛片质量变化的平均值；最后在煮沸的条件下，使用 $10\%H_2C_2O_4$ 按之前的处理方式，再计算出 $10\%H_2C_2O_4$ 蚀刻处理，钛片质量变化的平均值。在试验过程中，所有使用的反应器皿均用保鲜膜封住开口处，加热方式均采用恒温水浴锅加热。试验结果如表 4-4 所示。

表 4-4 不同的酸不同的处理时长钛片的质量变化 $\overline{\Delta m}$ (g)

酸蚀刻条件	1h	2h	3h
20%HCl，90℃	0.002	0.016	0.017
$20\%H_2SO_4$，90℃	0.012	0.019	0.027
$10\%H_2C_2O_4$，煮沸	0.001	0.009	0.015

从表 4-4 中反映出的基本规律可以看出，相同的处理时间钛质量损失最大的是 $20\%H_2SO_4$ 的处理试验，质量损失最少的是 $10\%H_2C_2O_4$ 的处理试验。

4.4.2 不同酸刻蚀条件对钛基体表面形貌的影响

本部分的试验研究，主要是为了比较不同酸刻蚀处理条件下得到的钛基体对镀层结合力的影响差异，并确定出一种最有利于提升镀层与基体结合力并适合工业应用的酸蚀刻处理工艺。试验中采用了 20%HCl、$20\%H_2SO_4$ 和 $10\%H_2C_2O_4$（均为质量分数）分别对不同的试样进行了腐蚀处理，其中 20%HCl 和 $20\%H_2SO_4$ 反应温度为 90℃，$10\%H_2C_2O_4$ 的反应温度为沸腾；然后研究了用 10%HCl、15%HCl 和 20%HCl 分别对不同的试样进行了腐蚀处理，反应温度为 90℃；最后研究了用 20%HCl 在 80℃、90℃和沸腾的温度条件下对不同的试样进行了腐蚀处理。所有不同条件下的酸腐蚀研究的反应时间都为 2h。三种不同酸腐蚀钛基体得到的表面形貌，经 SEM 分析后，如图 4-3 所示。

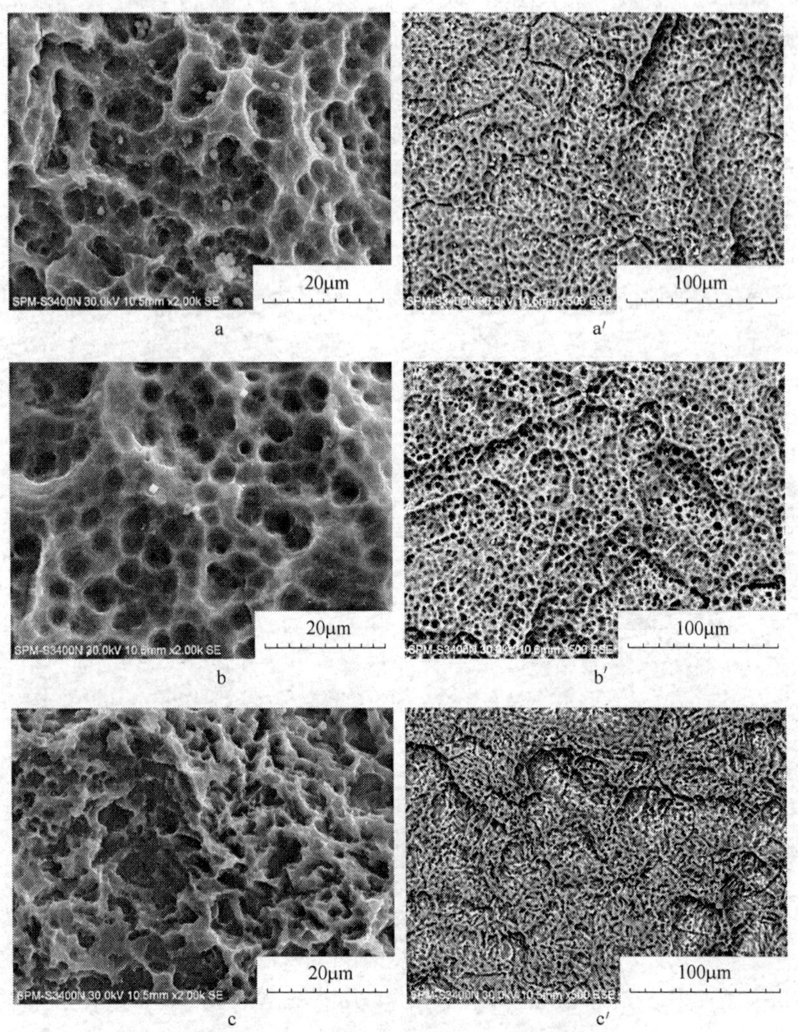

图 4-3　不同酸腐蚀钛基的表面形貌

a，a′—20%HCl，90℃；b，b′—20%H_2SO_4，90℃；c，c′—10%$H_2C_2O_4$，沸腾

从图 4-3 中钛基体经不同酸腐蚀后的形貌可以看出，采用 20% HCl 和 20%H_2SO_4 腐蚀处理过的钛基表面都呈蜂窝状，而且后者腐蚀出的孔洞要更大更深一些，但腐蚀出的孔洞的均匀性不及前者。

10%$H_2C_2O_4$ 在煮沸的条件下腐蚀出的钛基体表面，所呈现出的是一种犬牙交错的形状，这种结构的分布也比较均匀。这三种不同的酸对钛基体的腐蚀效果存在着较大的差异，20%HCl 和 20%H_2SO_4 腐蚀效果类似于点腐蚀，而 10%$H_2C_2O_4$ 的腐蚀效果类似于晶间腐蚀。这从三种酸腐蚀后钛基的表面形貌分析可以得出。但哪种结构的表面更适于提高二氧化铅镀层与钛基体的结合力，光凭表面形貌分析还无法得出结论，所以还需要进一步的镀层结合力对比研究。

4.4.3 不同酸刻蚀条件对钛基体镀层结合力的影响

经酸刻蚀处理过的钛基体，还要制备出 Sb-SnO_2 底层后，再电镀 β-PbO_2 层，才能通过热震试验进行镀层结合力比较。Sb-SnO_2 底层按试验部分 4.2.2 节中介绍的方法，采用固定成分的涂液进行制备；β-PbO_2 层也是按试验部分 4.2.3.2 节中介绍的方法，采用相同的镀液及相同的电镀条件进行制备。制备出的电极可表示为 Ti/Sb-SnO_2/β-PbO_2。

经 20%HCl、20%H_2SO_4 和 10%$H_2C_2O_4$ 分别处理过的钛基体，通过热涂覆的方法制备 Sb-SnO_2 底层再镀上 β-PbO_2 镀层后，采用热震试验比较了所得镀层与钛基体的结合力差异，试验结果如图 4-4 所示。

在图 4-4 中，图的上半部分代表的是未进行热震试验前电极原貌的数码照片，下半部分是代表的是进行过热震试验的电极数码照片。图 4-4a 上半部分代表经 10%$H_2C_2O_4$ 腐蚀处理的钛基体制备出的二氧化铅电极镀件试样，下半部分为热震后的结果。图 4-4a 试样的热震终点温度为 240℃，在此温度前的梯度升温热震试验中，图 4-4a 试样未见任何明显损坏，当热震温度达到 240℃时，从马弗炉中取出的试样在 20℃水中急冷后，镀层出现部分脱落并露出了基体，基体的裸露部分已用白色的虚线圈出，如图 4-4a 中下半部分所示。同样的图 4-4b 和 c 分别代表 20%HCl 与 20%H_2SO_4 腐蚀处理的钛基体制备出的镀件试样及热震结果。其中图 4-4b 的热震终点温度也为 240℃，镀件在此温度下也出现了损坏并露出基体，如图 4-4b 下半部分所示。图 4-4c 的热震终点温度仅为 200℃，镀层损坏状况如图 4-4c 下半部分所示。

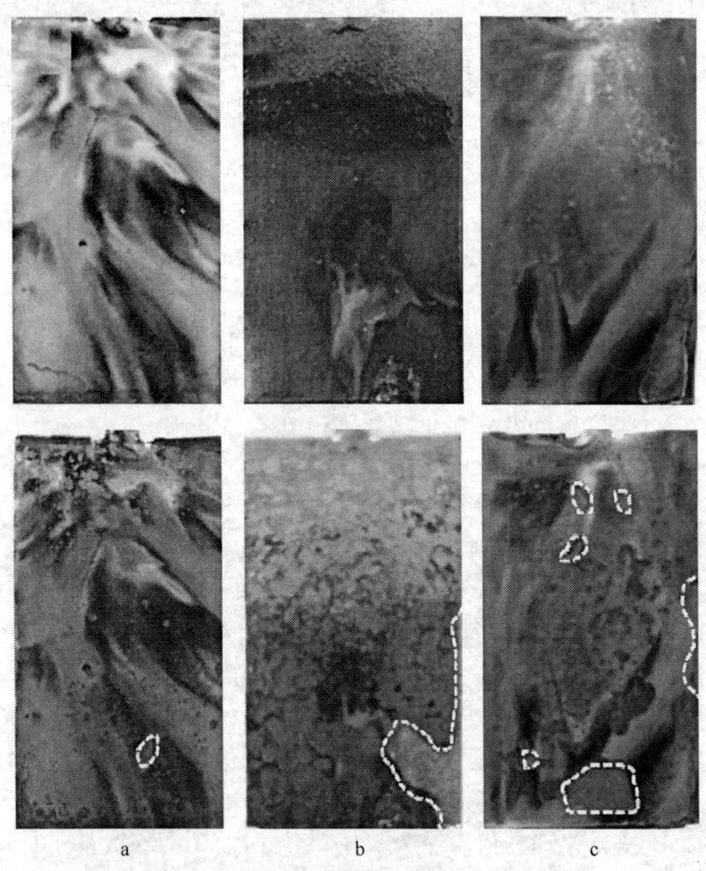

图 4-4 不同酸腐蚀钛基后制备镀层的热震结果

a—20%HCl，240℃；b—20%H_2SO_4，200℃；c—10%$H_2C_2O_4$，240℃

从图 4-4 中的热震试验对比结果可以看出，10%$H_2C_2O_4$ 与 20%HCl 的热震终点温度都为 240℃，表明这两种酸在相对应条件下腐蚀处理的钛基所制备出的镀层结合力相差不大，但从表面镀层的脱落状况来看，显然前者的镀层脱落状况要更严重，后者镀层脱落就不那么明显了。而 20%H_2SO_4 处理的钛基体所制备出的镀层结合力表现得就要差一些，热震终点温度仅为 200℃且镀层脱落状况也比较严重。综上所述，10%$H_2C_2O_4$ 与 20%HCl 腐蚀出的钛基体形貌结构是有利于提升二氧化铅镀层与钛基体结合力的，而使用 20%H_2SO_4 蚀刻钛基体时，镀层表现出的与钛基体的结合力就要差一些。主要原因可能是，经 20% H_2SO_4 腐蚀的钛基体表面结构的均匀程度不及 10% $H_2C_2O_4$ 与 20%HCl 腐蚀处理的钛基体，还有 20% H_2SO_4 对钛基腐蚀或许过度了，导致相同涂敷次数的锡锑氧化涂层没有完全覆盖钛基表面，锡锑氧化涂层分布不均匀，致使镀层结合力变差。

用 10%HCl、15%HCl 和 20%HCl 分别处理过的钛基体，通过热涂覆的方法制备 Sb-SnO_2 底层再镀上 β-PbO_2 镀层后，采用热震试验比较了所得镀层与钛基体的结合力差异，试验结果如图 4-5 所示。

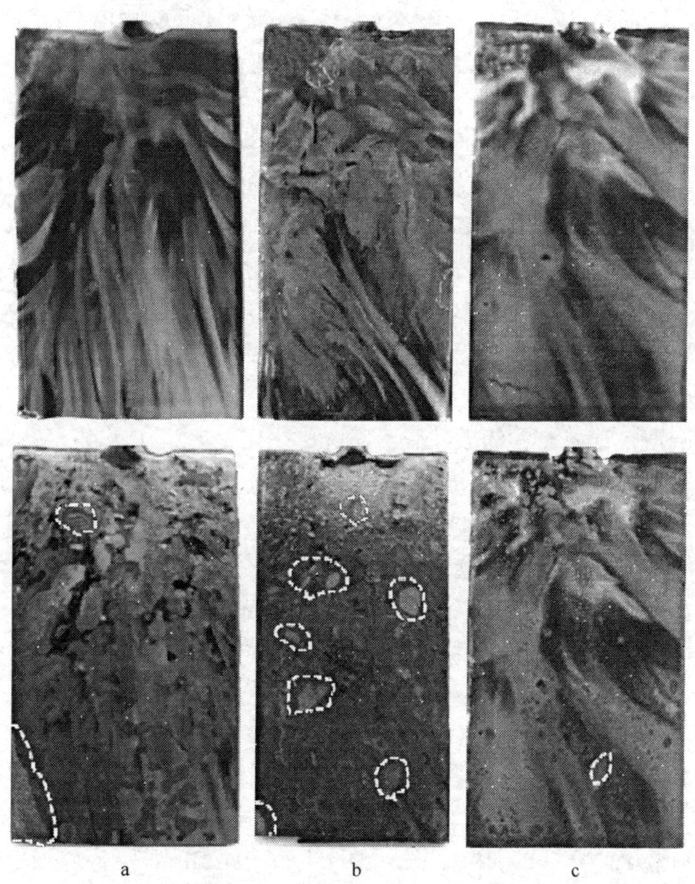

a　　　　b　　　　c

图 4-5　不同浓度 HCl 腐蚀钛基后制备镀层的热震结果

a—10%HCl，240℃；b—15%HCl，240℃；c—20%HCl，240℃

与上一组热震试验相同，热震后镀层脱落情况已用白色虚线在图中标出，但在这一组试验中，热震的终点温度均为240℃。从热震的试验结果可以看出，在10%~20%这个浓度范围内，HCl在其他条件相同的情况下腐蚀处理的钛基体所制备出的镀层与基体的结合力差别并不显著，但从镀层脱落的情况来看，显然以20%HCl处理过的钛基体所制备出的镀件，其镀层所表现出的结合力要更好一些。从图4-3的形貌分析也可以看出，10%、15%和20%这三个浓度的HCl所腐蚀的钛基体微观形貌相差并不大，这才导致了所制备出的镀层结合力相差也不大，但从热震试验的结果也反映出，基体表面的细微差别在镀层的结合力上也同样会体现。

从以上的分析可以得出，在试验过程中为了得到较高结合力的二氧化铅镀层，在酸腐蚀步骤中选用20%HCl处理钛基体。但在大规模的工业应用中，考虑到酸的重复使用性及经济因素，可以控制HCl浓度在10%~20%范围内。

用20%HCl在80℃、90℃和沸腾这三个温度条件下处理的钛基体，通过热涂覆的方法制备Sb-SnO_2底层再镀上β-PbO_2镀层后，采用热震试验比较了所得镀层与钛基体的结合力差异，试验结果如图4-6所示。

同样，这组试验的镀层脱落状况已用白色虚线在图4-6中标出，图4-6a和b的热震终点温度为240℃，图4-6c的热震终点温度为220℃。用20%HCl在80℃、90℃和沸腾这三个温度条件下处理的钛基体，所制备出的镀层表现出与钛基体结合力的强弱，在热震试验测试比较中80℃和90℃这两个反应温度条件下所代表的钛基体，制备出的镀层并没有在热震终点温度上体现出差别。但在沸腾条件下腐蚀的钛基体，在220℃的热震温度条件下就出现了镀层脱落，而且脱落的面积也比较大。在240℃的热震温度条件下，图4-6a中较狭长的虚线圈中存在一条裂纹，另外镀件研究面还有少量镀层脱落；图4-6b中所示的镀层脱落很少。从以上的试验结果分析可得出，在80~90℃这个温度区间内，用20%HCl腐蚀处理的钛基体，表现在镀层结合力上的差别并不大，但就镀层脱落的趋势看，还是90℃的处理条件下得到的钛基体，镀层所表现出的结合力要好一些。至于对

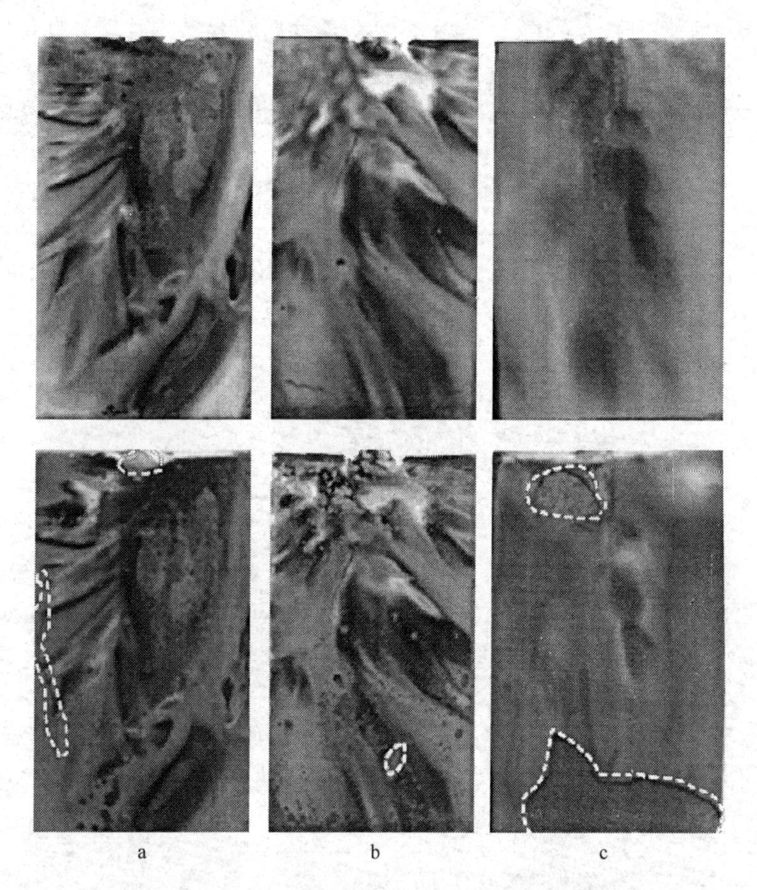

图 4-6 不同温度下 20%HCl 腐蚀钛基后制备镀层的热震结果

a—80℃，240℃；b—90℃，240℃；c—沸腾，220℃

沸腾的处理条件就显得不可取了，不仅 HCl 的挥发损失量大，而且处理过的钛基所制备出的镀层结合力也不好。

4.5 钛基底层氧化物电极材料

在钛基体上制备 β-PbO_2 活性层时，由于钛基体与 β-PbO_2 活性层之间的结构差异，会产生较大的内应力，使钛基体与 β-PbO_2 活性层的结合力下降，所以在钛基体与 β-PbO_2 活性层之间需要加一层有利于提升结合力的导电层。SnO_2 具有良好的电化学稳定性，而且与 TiO_2 和 PbO_2 一样都属于金红石型晶系。其晶胞尺寸介于 TiO_2 和 β-PbO_2 之间，对于钛基 PbO_2 电极，采用 SnO_2 作为过渡的导电层，有利于降低 TiO_2 和 β-PbO_2 之间由于晶格不匹配产生的内应力，同时它们的晶格尺寸相近易形成固溶体，能阻止相界面上电阻较大的 TiO_2 的生成。因此，SnO_2 作为钛基 PbO_2 电极的底层，对提升钛基 PbO_2 电极的寿命是十分有利的。又由于，SnO_2 的能带宽（3.5eV），是宽禁带 n 型半导体，只有在较高的温度下，SnO_2 才具有一定的导电性。为了提高 SnO_2 的导电性能，需对 SnO_2 进行掺杂，研究发现 Sb 掺杂最有效[11]。综上所述，在本节的试验研究中，选用 Sb-SnO_2 层作为钛基 PbO_2 电极的底层。

在本部分研究中，主要是探索不同的锡锑涂液对制备出 Sb-SnO_2 层结构、形貌及物相组成的影响，并探索了以不同条件下制备出的 Sb-SnO_2 底层为基础，制备出的钛基 PbO_2 电极的稳定性及电化学性能。在本部分中，配置涂液用到的溶剂均为正丁醇，使用量均定为 20mL，并加一定量的 $SnCl_4 \cdot 5H_2O$ 和 $SbCl_3$。为防止 $SnCl_4 \cdot 5H_2O$ 和 $SbCl_3$ 在溶解于溶剂的过程中，由于水解产生沉淀，所以往往在溶剂中先加入一定量的 HCl，在本部分研究中 HCl 的添加量均为 4mL 20%HCl。另外，在本部分研究中所使用的钛基体都是经 20% HCl 在 90℃ 的温度条件下，刻蚀 2h 得到的。

4.5.1 不同锡锑物质的量比的涂液

在本部分的研究中，探索了锡锑物质的量比为 6∶1、9∶1 和 12∶1 条件下配制出的涂液，然后涂覆制备出 Sb-SnO_2 层，并分析了 Sb-SnO_2 层的形貌及物相组成。对于锡锑物质的量比为 6∶1 的涂液，$SnCl_4 \cdot 5H_2O$ 和 $SbCl_3$ 的具体用量分别为 0.006mol 和 0.001mol；对于锡锑物质的量比为 9∶1 的涂液，$SnCl_4 \cdot 5H_2O$ 和 $SbCl_3$ 的具体用量分别为 0.009mol 和 0.001mol；而对于锡锑物质的量比为 12∶1 的涂液，$SnCl_4 \cdot 5H_2O$ 和 $SbCl_3$ 的具体用量分别为 0.012mol 和 0.001mol。用不同锡锑物质的量配比制备出的 Sb-SnO_2 层，对其试样用扫描电镜进行微观形貌分析后，得到的结果如图 4-7 所示。

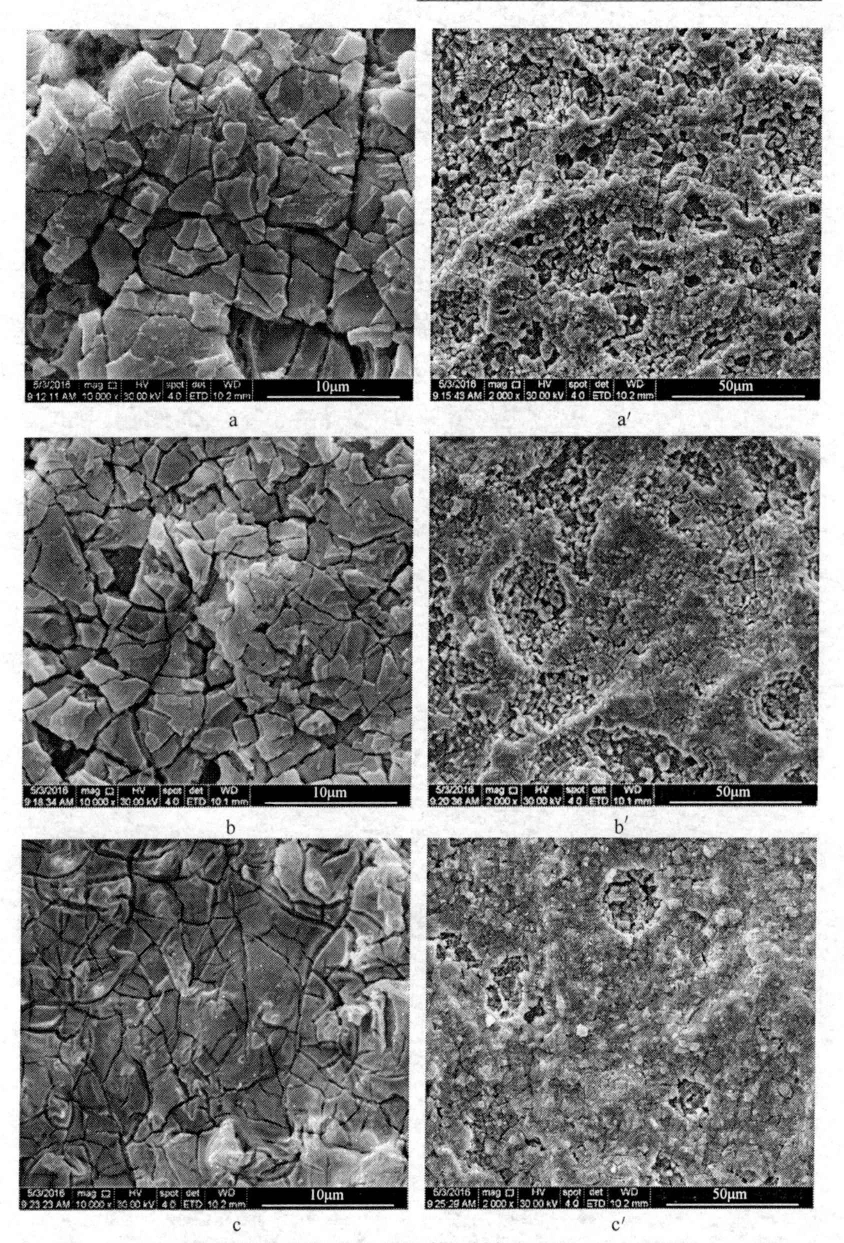

图 4-7 不同锡锑物质量比配置出的涂液制备得到的 Sb-SnO_2 层 SEM 图

a, a′—6∶1; b, b′—9∶1; c, c′—12∶1

从图 4-7a 中可以看出，当涂液中锡锑物质的量比为 6∶1 时，使用此涂液制备出的 Sb-SnO_2 层在 10000 倍的放大倍数下，表面存在较多的裂纹，且呈层片状；当放大倍数为 2000 倍时，Sb-SnO_2 层整体看起来也较均匀，如图 4-7a′所示。当涂液中锡锑物质的量比为 9∶1 时，使用此配比涂液制备出的 Sb-SnO_2 层在 10000 倍的放大倍数下，表面也存在较多裂纹且呈层片状，如图 4-7b 所示，这与锡锑配比为 6∶1 时的结果相同；但在放大倍数为 2000 倍时，Sb-SnO_2 层就显得要比配比为 9∶1 时致密一些，如图 4-7b′所示。当涂液中锡锑物质量比为 12∶1 时，在放大 10000 倍的 SEM 照片中，Sb-SnO_2 层就显得比较致密，裂纹也较少了，在放大倍数为 2000 倍的 SEM 照片中更能体现出其致密感，如图 4-7c 和 c′所示。

通过以上对不同锡锑物质的量比配置出的涂液制备得到的 Sb-SnO_2 层 SEM 图分析，可以得出，随着锡锑物质的量比的加大，Sb-SnO_2 层变得越来越致密，表面裂纹也变少了。出现这种现象的主要原因是，在本试验研究中使用的涂液都是固定溶剂使用量的，随着锡锑物质的量比的增加，涂液中总的锡锑金属离子浓度就增大，刷涂到钛基体表面上以后，锡锑金属离子分布得就比较密集，所以得到的 Sb-SnO_2 层就比较致密。但致密的 Sb-SnO_2 层并不代表制备出的钛基 PbO_2 电极拥有较好的导电性和稳定性，因为 Sb-SnO_2 层仅是钛基体与表面活性层 β-PbO_2 之间的过渡层，电极在使用过程其不作为工作界面，若电极的表面活性层已经破损到 Sb-SnO_2 底层，说明电极已经基本失效了。因此，不能以 Sb-SnO_2 层的致密程度来判断其是否有利于提升电极性能，还要进一步研究制备出活性层以后，对电极性能的影响来判断哪种形貌有利于提升电极的性能，以及决定哪种锡锑物质的量比是最合适的。

图 4-8 是不同锡锑物质量比涂液制备的 Sb-SnO_2 层 XRD 检测分析结果，从图中可以看出，XRD 分析图谱中有两种特征峰，一种是金属 Ti 的，而另一种就是锡锑氧化物，在 XRD 的分析结果中表现为 $Sn_{0.918}Sb_{0.109}O_2$。三种不同锡锑物质的量比涂液制备出的试样，测试结果中都存在着较强的金属 Ti 的特征峰，这说明三种涂液制备出的 Sb-SnO_2 层都比较薄，在进行 X 射线衍射分析测试的过程中，X 射

线穿透了 Sb-SnO_2 层，所以才在测试结果中反映出来金属 Ti 的特征峰。

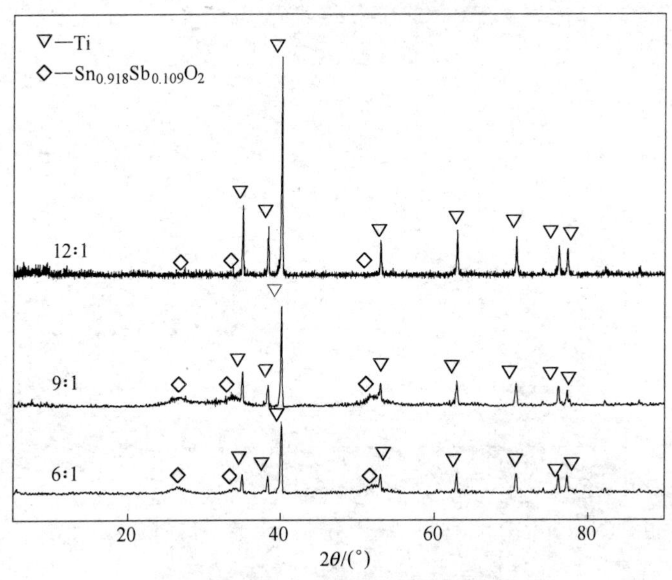

图 4-8 不同锡锑物质的量比涂液制备的
Sb-SnO_2 层 XRD 检测分析结果

由于制备出 Sb-SnO_2 层比较薄且受金属钛特征峰的影响，所以锡锑氧化物的特征峰在测试结果中表现得不太明显。而且，当锡锑物质的量比为 6 : 1 与 9 : 1 时，表现得稍明显一些且较宽，这说明这两种涂液制备出的锡锑氧化层晶粒较细；但当锡锑物质的量比为 12 : 1 时，锡锑氧化物的特征峰相对来说就不那么明显了，说明这种涂液制备出的锡锑氧化层晶粒要大一些。经过 XRD 分析表明，采用三种不同锡锑配比的涂液确实制备出了锡锑氧化层，经过 Jade 6.5 分析，可把得到的锡锑氧化物用 $Sn_{0.918}Sb_{0.109}O_2$ 表示，同时还可得出制备出的锡锑氧化层较薄的结论。

4.5.2 不同锡锑物质的量比涂液制备电极的 LSV 与 CV 曲线

把用不同锡锑物质的量比的涂液，制备得到具有 Sb-SnO_2 层的不同钛基体，按试验部分 4.2.3 节中介绍的电镀工艺镀上表面活性层 β-PbO_2 后得到的电极，分别记为 6∶1、9∶1 和 12∶1。测试得到的阳极极化曲线（LSV）如图 4-9 所示。

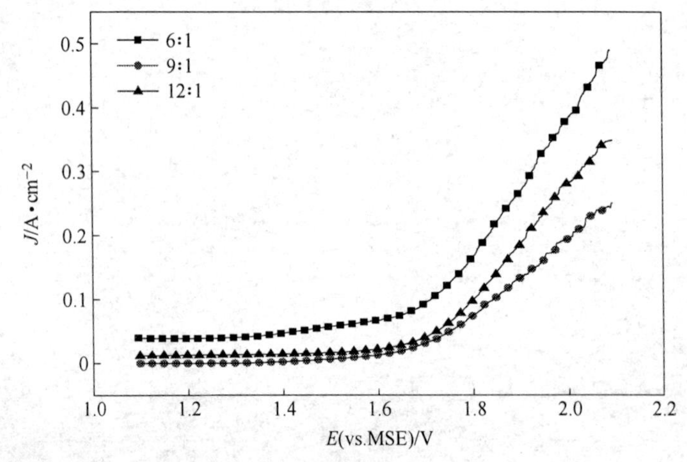

图 4-9　不同锡锑配比涂液制备的 PbO_2 电极的阳极极化曲线

从图 4-9 中可以看出：使用锡锑物质的量配比为 6∶1 的涂液制备的电极，在整个测量的电位区间内，其在相同电位下表现出的电流密度都比其他两个配比涂液制备得到的电极的电流密度高。这说明 6∶1 电极，在相同的电流密度下拥有较低的析氧电位。而 9∶1 电极在相同电位下的电流密度却是最小的，在整个测量电位区间内都比 6∶1 与 12∶1 的小。以上从图 4-9 中反映出的直观现象说明，6∶1 电极的导电性是最优的，12∶1 电极的次之，9∶1 电极的导电性最差。导致这种现象的原因可能是，锡锑物质的量比为 6∶1 的涂液制备得到 Sb-SnO_2 层比较薄，毕竟涂液总金属离子浓度要低一些，致使在其他条件相同的情况下制备出的电极导电性要好一些，因为锡锑氧化物毕竟是半导体，厚度较大对电极导电性的影响肯定是不利的。另外也可说明在此涂液中，Sb 的掺杂量，有利于得到导电性较好的 Sb-SnO_2 层。而对锡锑物质的量比为 9∶1 的涂液，则表明对此时的 Sn 离子浓度来说，Sb 的掺杂量是不合适的，得不出导电性较好的 Sb-SnO_2 层。

以上得出的分析结果，在对 6∶1、9∶1 及 12∶1 电极的循环伏安测试结果中，也得到了体现，如图 4-10 所示。在整个测试范围内，三个电极的循环伏安曲线上都仅有一个还原峰，代表的是 β-$PbO_2 \rightarrow PbSO_4$ 的反应[12]。在三条循环伏安曲线上出现的还原峰中，6∶1 电极得到的还原峰拥有最大的峰值电流密度，说明反应容易进行，电极导电性好。另外在测量范围内，6∶1 电极出现了接近 0.21A/cm^2 的最大电流密度值，进一步佐证了 6∶1 电极拥有最好的导电性。

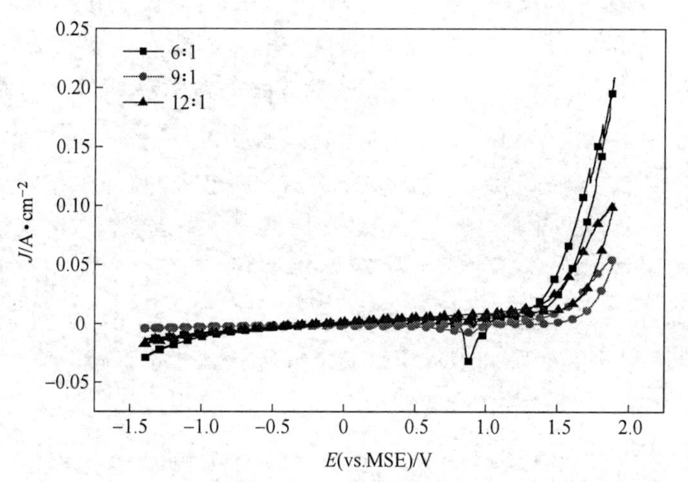

图 4-10 不同锡锑配比涂液制备的 PbO_2 电极的循环伏安图

4.6 梯度钛基二氧化铅复合电极材料

梯度钛基二氧化铅复合电极材料主要是在钛基体表面构筑涂层和镀层，形成梯度型的电极材料，改善电极的电化学性能和提高电极的使用寿命。前文中就钛基体的预处理和底层的制备进行了研究，文中关于二氧化铅的制备在此部分进行了研究，我们知道 PbO_2 按结晶类型区分有 α 型和 β 型，α-PbO_2 为斜方晶系，晶粒的尺寸结构小，结合力较强，但是导电性差，稳定性相对较好，一般从碱性铅电镀液中获得；β-PbO_2 为四方晶系，晶粒尺寸相对较大，大部分为多孔疏松结构，它的电阻率大小为 96μΩ · cm，一般从酸性铅电镀液中获得。β-PbO_2 活性层常用于湿法冶金中。和石墨电极相比较，β-PbO_2 电极具备良好的耐腐蚀性能，且和铂等贵金属制备的电极相比，β-PbO_2 电极拥有价格低的优点。在制备 PbO_2 电极的中间层 α-PbO_2 的过程中。由于阴极反应（$Pb^{2+}+2e = Pb$）可消耗溶液中的 Pb^{2+}，导致镀液中的二价铅离子的浓度迅速下降，对于制备 α-PbO_2 镀层是非常不利的。人们通常采用在电镀液中加入 PbO 的方法来解决阴极消耗中主要 Pb^{2+}的问题，但是这样便提高了 PbO_2 电极的生产成本。本文在电镀液中掺入了重铬酸钾（$K_2Cr_2O_7$），用于改变电镀过程中的阴极反应，从而稳定电镀液中 Pb^{2+} 的浓度。由于镀液中含有 Cr^{6+}，在整个电镀过程中，铬离子可能会在阴极发生价态变化，从而使得电镀液中 Pb^{2+} 浓度保持稳定，后续再对制备的镀层和制备的电极进行相关检测；现有的制备 β-PbO_2 电极的研究主要有以下几种：掺杂稀土金属离子、掺杂贱金属离子、掺杂金属氧化物颗粒、掺杂有机物等，本节在参考前人研究的基础上，选用硝酸银（$AgNO_3$）作为电沉积过程中的添加剂，主要做法是添加不同含量的硝酸银（$AgNO_3$）进入镀液中，制备镀层后进行相关的测试，判断银离子的加入是否对 β-PbO_2 镀层产生有利的影响。

4.6.1 不同重铬酸钾浓度对 α-PbO_2 镀层的影响

在 α-PbO_2 镀液中添加不同重铬酸钾浓度制备的 α-PbO_2 镀层如图 4-11 所示：可以看出四幅图中均出现了 α-PbO_2 的线性结构，未添加重铬酸钾的镀液制备出的电极如图 4-11a 所示，虽然沉积出了 α-PbO_2 但是沉积的效果不好，发生团聚的现象，这样会导致镀层表面不均匀，可能会影响与 β-PbO_2 层的结合力，从图 4-11b~d 三图可以看出，随着重铬酸钾的浓度提高，团聚现象消失，镀层表面平整，且随着重铬酸钾浓度的升高，沉积的 α-PbO_2 颗粒大小更加均匀，且镀层表面变得更加平整，这也许会增强与表面活性 β-PbO_2 镀层的结合力，表面更加平整，也可能会使电极的析氧电催化活性提高。

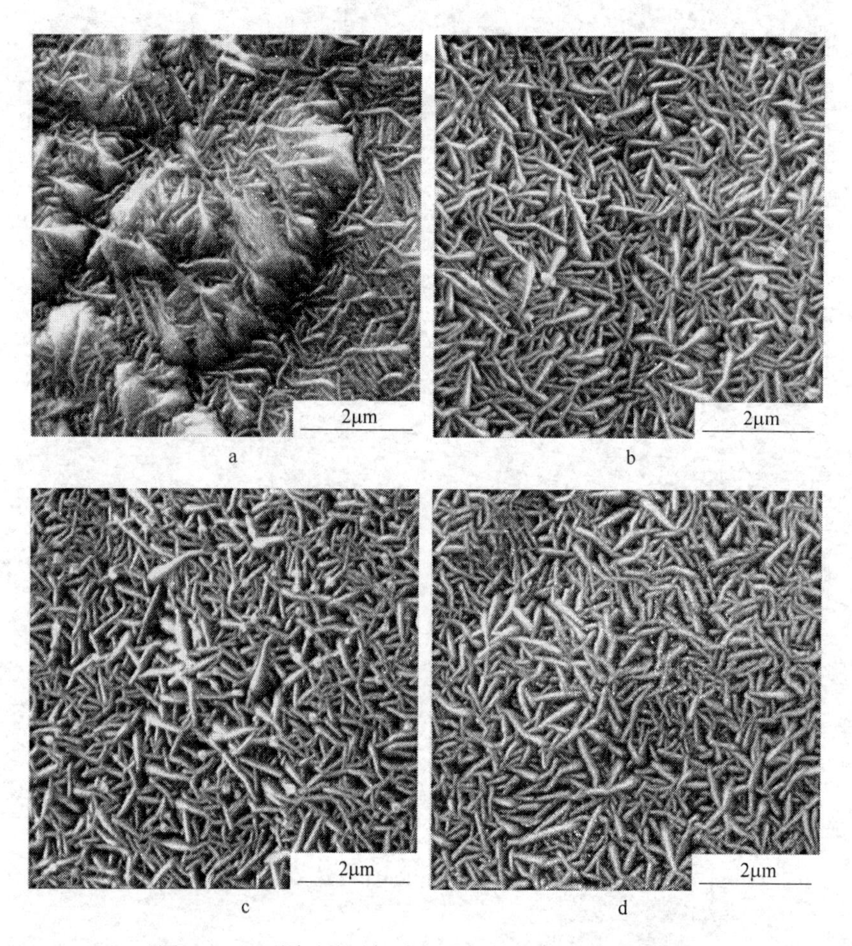

图 4-11 不同重铬酸钾浓度添加制备的 $\alpha-PbO_2$ 镀层

a—0%；b—1%；c—1.5%；d—2%

4.6.2 不同重铬酸钾浓度对电沉积 $\alpha-PbO_2$ 镀层的影响

图 4-12 为沉积 $\alpha-PbO_2$ 层时在镀液中对阳极沉积二氧化铅的极化曲线图，由图可知，在加入了不同含量的重铬酸钾后，阳极沉积二氧化铅的初始电位发生了改变，加入 1.5%和 2%的重铬酸钾进入镀液中，阳极沉积二氧化铅的初始电位为 0.23V 左右，基本接近。

而未加入重铬酸钾的镀液二氧化铅的初始沉积电位为 0.38V 左右，说明加入重铬酸钾后，使得二氧化铅的沉积具有了更小的阻力，具有了更低的沉积电势。

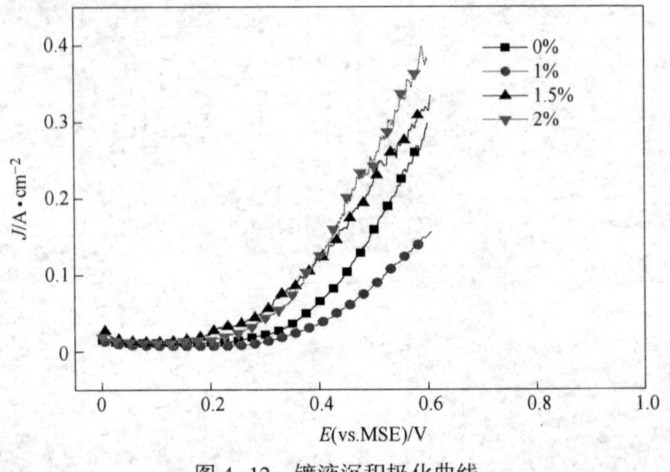

图 4-12 镀液沉积极化曲线

图 4-13 反映的是沉积过程中阴极反应的情况，查表得到 PbO 在碱性环境下还原为 Pb 的电位为 0.58V，由于镀液中还有其他离子的影响，还原铅离子的电位有所差别，从图 4-13 的还原峰可以看

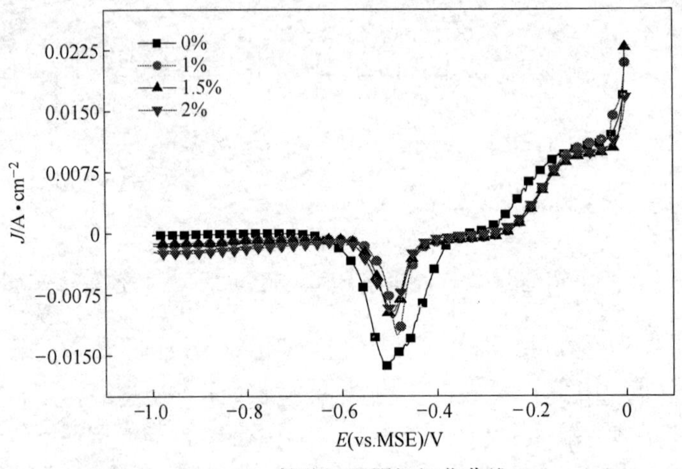

图 4-13 镀液沉积阴极极化曲线

出，随着重铬酸钾浓度的升高，还原铅离子的峰越来越小，说明重铬酸钾的加入，可以明显地抑制阴极沉积铅，进而可以使镀液中的铅离子保持稳定，不必过多地添加 PbO 进入镀液中以保持铅离子的浓度，达到了节约成本的目的。

4.6.3 不同重铬酸钾浓度制备电极析氧电催化活性

在制备好的钛基 α-PbO_2 电极上，采用相同的电沉积方法制备 β-PbO_2 镀层，从而制备好 Ti/Sb-SnO_2/α-PbO_2/β-PbO_2 电极，将制备好的电极使用电化学工作站进行阳极极化曲线的测试，测试结果如图 4-14 所示。

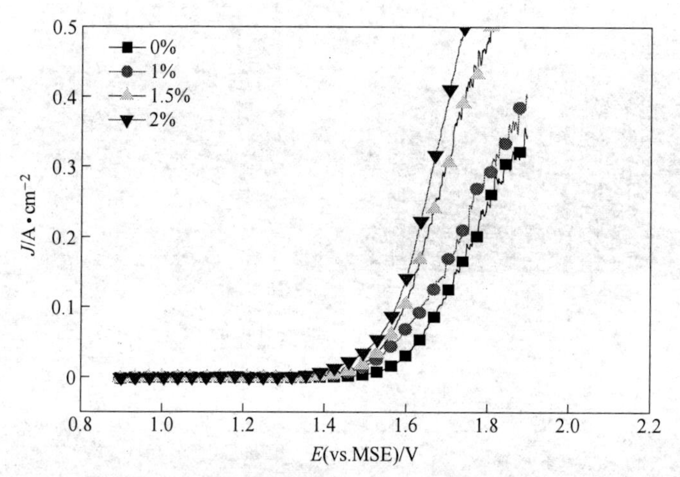

图 4-14　不同重铬酸钾制备电极的阳极极化曲线

由图 4-14 可知，在工业电沉积锌中常用的 500A/m^2 的电流密度下，制备好的电极析氧电位随着重铬酸钾浓度的增加而降低，这是由于加入了重铬酸钾之后，制备的 α-PbO_2 层更加均匀平整，从而使得 β-PbO_2 沉积的效果变好，提升了电极的析氧电催化活性，从而使得制备的电极随着重铬酸钾浓度的增大而提高。加入 2%和加入 1.5%的重铬酸钾制备的电极析氧电位相差不大，加入 2%的重铬酸钾制备的电极在工业电积锌的 500A/m^2 的电流密度下的析氧电位为 1.5962V，加入 1.5%的重铬酸钾制备的电极在工业电积锌的

500A/m² 的电流密度下的析氧电位为 1.6073V，加入 1%重铬酸钾制备的电极析氧电位为 1.6208V，未加入重铬酸钾制备的电极的析氧电位为 1.6577V，加入 2%的重铬酸钾制备的电极的析氧电位比未加入重铬酸钾制备的电极低了 0.0615V，说明重铬酸钾的加入确实可以使电极的析氧电位下降，达到提升电极电催化活性的作用。

4.6.4 不同重铬酸钾浓度制备电极的镀层结合力实验

图 4-15 表示加入不同重铬酸钾浓度制备的钛基二氧化铅电极热震试验前后的数码照片。图 4-15a 代表的是未添加重铬酸钾制备得出的电极，图 4-15a′是热震试验后的结果，其热震终点温度为

图 4-15 不同重铬酸钾制备电极热震实验图

a，a′—0%；b，b′—1%；c，c′—1.5%；d，d′-2%；a~d—热震之前；a′~d′—热震之后

240℃。从图中可以看出，热震试验后，图 4−15a 电极表面的中心出现了大面积的脱落现象，就是因为 α−PbO_2 镀层不均匀导致在镀上 β−PbO_2 后，使得中间层与表面活性层结合力较差，出现了脱落的现象，且镀层脱落并露出了电极基体。图 4−15b 代表的是加入 1%重铬酸钾后制备得出的电极，图 4−15b′是热震试验后的结果，其热震终点温度为 260℃。同样的，图 4−15c 代表的是加入了 1.5%重铬酸钾后制备得出的电极，图 4−15c′是热震试验后的结果，图 4−15d 代表的是加入了 2%重铬酸钾后制备得出的电极，图 4−15d′是热震试验后的结果，其热震温度均为 260℃。从脱落的情况来看，未加入重铬酸钾制备的电极结合力最差，出现了大面积的镀层脱落现象，而在加入重铬酸钾后制备的镀层热震情况，随着重铬酸钾加入量的提升，镀层脱落现象逐渐减小，在重铬酸钾加入量为 2%时，镀层脱落的最少，但是和加入 1.5%重铬酸钾制备电极的脱落情况相差不大。

4.6.5 不同硝酸银含量制备电极的表面形貌

加入不同含量硝酸银制备的 β−PbO_2 镀层表面形貌如图 4−16 所示，所有扫描电镜图都显示出金字塔形状的 β−PbO_2 晶粒形状，且随着硝酸银加入量的增加，金字塔形状越来越明显，且晶粒的大小随着硝酸银的含量增大而增大，且表面越来越凹凸不平，晶粒的增大可以使得电极表面接触的反应活性面积增大，而表面越来越凹凸不平也可以提高电极表面的活化面积，有更多的活性表面积参与到反应中，从而有利于提高电极的电催化活性，但是也不是晶粒越大电极表面的活性面积越大，这就使得后续对电极表面活性面积的测定显得十分重要。

4.6.6 不同硝酸银含量制备电极的析氧活性分析

在制备好的钛基 α−PbO_2 电极上，采用相同的电沉积方法制备不同硝酸银添加量的 β−PbO_2 镀层，从而制备好 Ti/Sb−SnO_2/α−PbO_2/β−PbO_2 电极，将制备好的电极使用电化学工作站进行阳极极化曲线的测试，测试结果如图 4−17 所示。

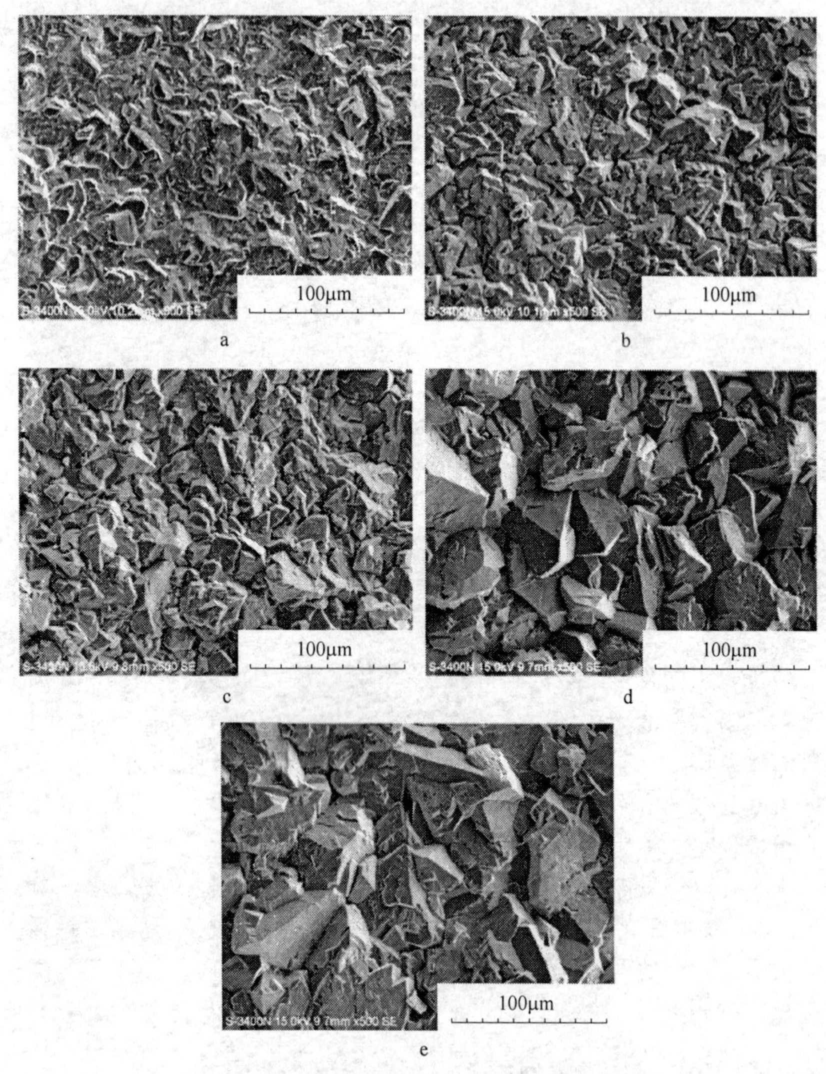

图 4-16 不同硝酸银制备电极的扫描电镜图

a—0g/L；b—2g/L；c—4g/L；d—6g/L；e—8g/L

由图 4-17 可知，在工业电沉积锌中常使用的 $500A/m^2$ 电流密度下，制备好的电极析氧电位随着硝酸银的添加量的增加而降低，有前边得出的结论：硝酸银的加入会使电极表面 β-PbO_2 晶粒变大。

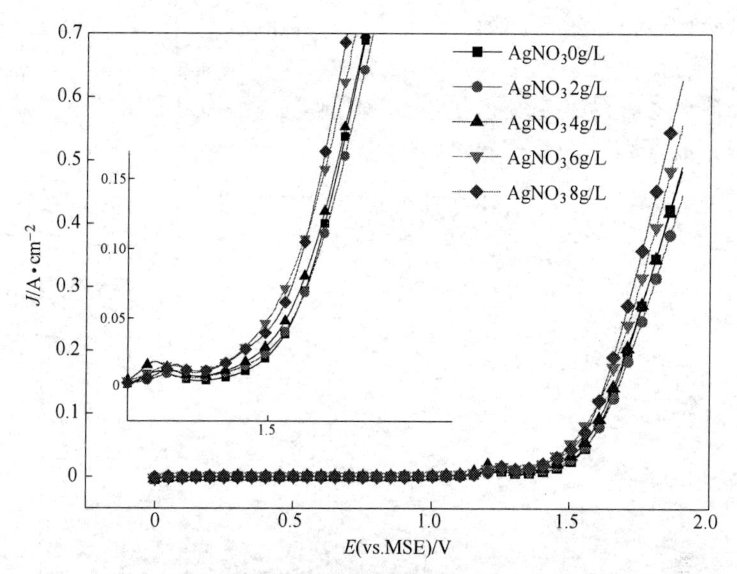

图 4-17 不同硝酸银浓度制备电极的阳极极化曲线

这是由于加入了不同含量的硝酸银之后，制备的 β-PbO_2 层表面更加凹凸不平，从而使得 β-PbO_2 镀层参与反应的面积大大提升，提升了电极的析氧电催化活性，从而使得制备的电极随着硝酸银的添加量的增大而提高。加入 6g/L 的硝酸银和加入 8g/L 的硝酸银制备的电极析氧电位相差不大，加入 6g/L 硝酸银制备的电极在工业电积锌的 500A/m^2 的电流密度下的析氧电位为 1.5016V，加入 8g/L 的硝酸银制备的电极在工业电积锌的 500A/m^2 的电流密度下的析氧电位为 1.5224V，加入 4g/L 的硝酸银制备的电极析氧电位为 1.5483V，加入 2g/L 的硝酸银制备的电极的析氧电位为 1.563V，未加入硝酸银制备的电极的析氧电位为 1.5656V。加入 6g/L 硝酸银制备的钛基二氧化铅电极的析氧电位比未加入硝酸银制备的电极低了 0.064V，说明硝酸银的加入确实是可以使制备的电极的析氧电位下降，达到提升电极电催化活性的作用。

4.6.7 不同硝酸银含量制备电极的寿命测试

不同含量硝酸银制备的电极寿命测试如图 4-18 所示，在添加量为 0~6g/L 时，寿命随着硝酸银含量的增加而增长，由 150h 增长到了 249h；当硝酸银含量上升到 8g/L 时，寿命反而略微下降，由加速寿命测试实验得出的结论为：6g/L 的硝酸银添加量制备的电极获得了最长的寿命。

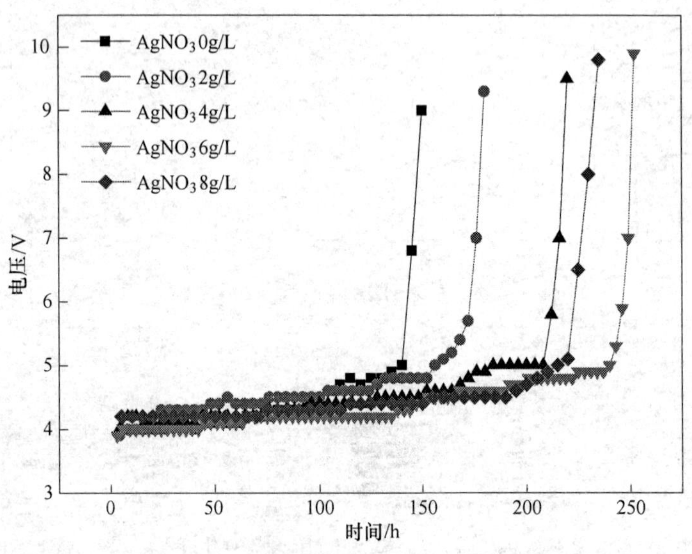

图 4-18 不同硝酸银浓度制备电极的寿命曲线

参 考 文 献

[1] 张招贤．钛电极工学［M］．北京：冶金工业出版社，2002.

[2] Zhou Minghua，Da Qinzhou，Lei Lecheng. Long life modified lead dioxide anode for organic wastewater treatment：Electrochemical characteristics and degradation mechanism［J］. Environmental Science and Technology，2005，39（1）：363-370.

[3] Lapuente R，Cases F. A voltammetric and FTIR-ATR study of the electropolymerization of phenol on platinum electrodes in carbonate medium influence of sulfide［J］. Journal of Electroanalytical Chemistry，1998，451（1）：163-171.

[4] 张招贤．钛基二氧化铅电极的改进和应用［J］．氯碱工业，1996，32（8）：17-23.

[5] Pavlović M G，Dekanski A. On the use of platinized and activated titanium anodes

in some electrodeposition processes [J]. Journal of Solid State Electrochemistry, 1997, 1 (3): 208-214.

[6] 史艳华，孟惠民，孙冬柏，等．钛基贱金属氧化物涂层阳极的研究进展 [J]. 功能材料，2007，38 (A07)：2696-2699.

[7] 黄永昌，陈厚龙．钛基二氧化铅电极上氯析出过程的研究 [J]. 应用化学，1990 (2)：25-29.

[8] 郭新艳，魏杰，王东田．钛基二氧化铅电极电催化降解 2-氯苯酚 [J]. 水处理技术，2011，37 (6)：41-44.

[9] 常照荣，上官恩波，吴锋，等．钛基二氧化铅作为阳极电解制备羟基氧化镍的研究 [J]. 功能材料，2007，38 (5)：816-818.

[10] 童效平，王惠君．电解法生产氯酸钠的阳极研究 [J]. 无机盐工业，2000，32 (1)：14-15.

[11] 王雅琼．含 Sb-SnO_2 中间层的钛基金属氧化物电极的结构与性能研究 [D]. 南京：南京理工大学，2009.

[12] 杨海涛．铅基合金阳极在锌电积过程中的成膜特性研究 [D]. 昆明：昆明理工大学，2014.

5 不锈钢基二氧化铅复合电极材料

5.1 概述

金属阳极由金属基体和表面活性层组成。金属基体起骨架和导电作用。阳极参加电化学反应的是活性涂层。对基体金属的要求是具有较好的耐化学腐蚀性，有一定的机械强度，便于加工制造，表面容易形成钝化膜而本身导电性良好。因为物质的用途在很大程度上取决于物质的性质。选取不锈钢作为基体是由于不锈钢的下列特点：(1) 不锈钢的主要成分是铁，而铁元素在地壳中分布很广（约占 5.1%），不锈钢又是较易制得的常用的化工、机械、建筑等的原材料，原材料较易获得。(2) 铁是一种可再生的资源。废弃的铁又可回收重熔炼成不锈钢，既节约又少污染。(3) 不锈钢具有良好的耐蚀性和耐候性。其表面还有一层致密的氧化物保护膜，不易受到腐蚀。(4) 在金属材料中，不锈钢硬度高；弹性系数小；良好的力学性能；优良的铸造性能。(5) 和钛一样，不锈钢也属于阀型金属，在盐水电解用作阴极时是导电的，但作为阳极时不导电，具有单向载流的性质，符合基体金属的选用原则。(6) 和钛比较，不锈钢价格低，每吨 6 万元左右，而钛每吨将近 32 万元，不锈钢价格不到钛的 20%，选用不锈钢作基体，大大降低了阳极的成本。使用不锈钢为基体制备二氧化铅电极引起了近年来研究人员的关注，叶匀分[1]研究了以不锈钢作基体制备 PbO_2 电极是可行的，黏附力较好，层间欧姆电位降小；而以钛作为 PbO_2 电极的基体，层间有明显的欧姆降。J. Feng[2] 对不锈钢基制备 α-PbO_2 的催化活性进行研究，并确定 α-PbO_2 镀层的镀液体系为含有饱和 PbO 的氢氧化钠溶液。张殿宏[3] 以不锈钢为基体材料，运用溶胶-凝胶工艺方法制备不锈钢基 Sb 掺杂 SnO_2 电极材料。将该电极材料用作阳极，工业纯钛板为阴极，Na_2SO_4 为电解液进行苯酚溶液电解实验。结果发现：随着苯酚量的增加，苯酚和 COD 的去除率减低，去除量增大。电极材料具有很好的电催化效果，3h 的电解实验，可使苯酚的浓度从 100mg/L 降到 3.8mg/L，COD 去除率达到 95%。宋曰海[4]制备了不锈钢基 CeO_2-PbO_2 阳极材料，发现该材料具有较高的开路电位和良好的耐蚀性，析氧电位达到 2.01V。并且在催化处理模拟罗丹红 B 染料废水时，具有良好的催化效果。赵强[5]等以不锈钢为基体制备了二氧化铅电极，并将该电极作为阳极用于漂白三倍体毛白杨化学浆，发现：不锈钢基二氧化铅阳极具有较好的电催化活性，较高的脱木素选择性；丁于红[6]等以不锈钢为基体制备了复合 PbO_2 电极，先电沉积制备 α-PbO_2 为中间层，再制备 β-PbO_2 活性层，并将该复合阳极应用于电催化氧化降解甲基橙，结果表明：不锈钢基 PbO_2 电极对不同的印染废水均有较好的脱色效果，降解 20min 脱色率几乎达到 90%；张惠灵、王晶[7]等以不锈钢为基体制备了 PbO_2 电极，制备方法为先电沉积 α-PbO_2 中间层，再电沉积制备 β-PbO_2 活性层，并将其用于电解活性艳兰，结果表明：该电极具有较好的催化活性和对 25g/L 的活性艳兰废水具有较高的去除率；刘伟、常立民[8]等以不锈钢为基体制备了二氧化铅的涂层阳极，制备方法为在碱性铅溶液中电沉积制备 α-PbO_2 中间层，再在酸性铅液中电沉积制备 β-PbO_2 活性层以及 Fe、Ni 掺杂的不锈钢基 PbO_2 涂层，结果表明：经 Fe、Ni 掺杂的 PbO_2 电极具有较好的电化学性能，且经 Ni 掺杂的 PbO_2 电极内应力能得到消除，与基体结合较好。

石凤浜、陈步明[9]等以不锈钢为基体制备了复合 PbO_2 阳极，制备方法为在 160g/L 的 NaOH 溶液中电沉积 α-PbO_2 中间层，再在酸性硝酸铅溶液中电沉积 β-PbO_2-TiO_2-Co_3O_4 活性层，结果表明沉积 β-PbO_2-TiO_2-Co_3O_4 的最佳电流密度为 $4A/dm^2$，制备的二氧化铅电极的表面最为平整、光滑、致密；陈步明，郭忠诚[10]等制备了不锈钢基 PbO_2-WC-ZrO_2 复合电极，并确定了制备该电极的最佳工艺条件。曹建春、郭忠诚[11]等以不锈钢为基体制备了 PbO_2/PbO_2-CeO_2 复合电极材料，并将其用于锌电积，结果显示槽电压降低、电流效率提高；苗治广、郭忠诚[12]等以不锈为基体制备了不锈钢基 PbO_2-WC-ZrO_2 复合电极，研究表明：该电极与传统的铅银合金阳极相比析氧电位更低，更能满足惰性电极材料的要求。

5.2 不锈钢基前处理

为了在不锈钢表面形成良好的复合镀层，需对其基体进行如下处理：

不锈钢片→喷砂→碱洗→水洗→酸洗→水洗→复合镀二氧化铅→水洗。

5.2.1 喷砂

喷砂是用压缩空气将砂子喷射到工件上，利用高速砂粒的动能，对其表面进行清理或修饰加工的过程。其主要目的是粗化不锈钢表面，以增强镀层与基体金属的结合力。喷砂分为干喷砂与湿喷砂两种。干喷砂的磨料可以是钢砂、氧化铝、石英砂、碳化硅等，湿喷砂所用磨料和干喷砂相同，主要是事先将磨料和水混合成砂浆。本试验采用干喷砂，用石英砂磨料而且是喷细砂，主要作用是提高表面粗糙度，以提高镀层与基体金属的结合力。

5.2.2 碱洗

本实验采用理工恒达表面处理有限公司提供的碱性洗涤剂，加热至70~80℃，煮洗5min，碱洗的主要目的是去除不锈钢片表面的油污及氧化物。

5.2.3 酸洗

经过碱洗后的工件表面有残留物时，须浸入下列酸溶液，以去除表面残留氧化物。溶液及工艺条件如下：

盐酸（HCl）	300~400g/L
溶液温度	室温
处理时间	5~10min

5.2.4 水洗

水洗是电镀工艺不可缺少的组成部分，水洗质量的好坏对于电镀工艺的稳定性和电镀产品的外观、耐蚀性等质量指标有重大的影响。试验每做完一道工序，对试片都进行浸洗和漂洗，以减少镀液对下一道工序操作的影响。

5.2.5 复合电镀铅镀液的配制

将称好的固体硝酸铅用水溶解，直到溶液中无固体颗粒为止，再将量好的硝酸缓慢加入上述溶液中，同时不断地搅拌，然后加水至规定体积。最后，根据试验需求，加入一定量的固体颗粒。

5.3 锌电积用不锈钢基 PbO_2-WC-ZrO_2/PANI 复合镀层制备及性能研究

5.3.1 不锈钢基 PbO_2-WC-ZrO_2 复合镀层的制备工艺研究

为了在不锈钢表面制备 PbO_2-WC-ZrO_2 复合镀层，所需得工艺条件如下：

硝酸铅	200~250g/L
硝酸	15~20g/L
ZrO_2(2μm)	20~50g/L
WC(3μm)	20~50g/L
镀液温度	20~50℃
电流密度	2~5A/dm^2
电镀时间	1~2.5h
搅拌方式	空气搅拌

5.3.1.1 WC 浓度对镀层成分及其他性能的影响

碳化钨浓度对镀层中 WC、ZrO_2 含量以及表观形貌和结合力的影响规律见表 5-1。图 5-1 是碳化钨浓度对镀层中 ZrO_2、WC 含量的影响规律图。

表 5-1 碳化钨浓度对镀层成分及其他性能的影响

试验条件	试验结果			
WC 浓度/$g \cdot L^{-1}$	外观形貌	结合力	WC 含量（质量分数）/%	ZrO_2 含量（质量分数）/%
0	平整、均匀	合格	0	3.26
20	平整、均匀	合格	6.18	3.64
30	平整、均匀	合格	6.65	3.87

续表 5-1

试验条件	试验结果			
WC 浓度/g · L^{-1}	外观形貌	结合力	WC 含量（质量分数）/%	ZrO_2 含量（质量分数）/%
40	平整、均匀	合格	6.89	3.99
50	平整、均匀	合格	7.05	4.10
60	平整、均匀	合格	7.08	4.02

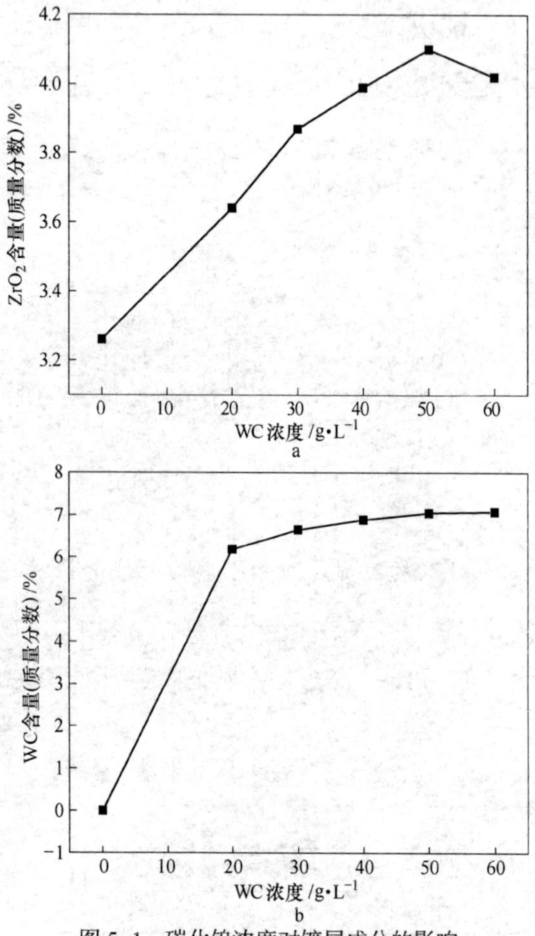

图 5-1 碳化钨浓度对镀层成分的影响

a—碳化钨浓度对镀层中 ZrO_2 含量的影响；

b—碳化钨浓度对镀层中 WC 含量的影响

从表 5-1 和图 5-1 可以看出，碳化钨浓度的增加，对镀层的外观形貌、结合力几乎没有影响。此外，复合镀层中碳化钨的含量随着碳化钨浓度的增加而增加，镀层中二氧化锆含量也随之增加，但当碳化钨浓度超过 50g/L，复合镀层中碳化钨的含量增加较少，而二氧化锆含量却有所降低。这是由于随镀液中微粒含量增加，微粒在阴极表面的碰撞概率和吸附的可能性增加，因此复合镀层中微粒含量增加。但阴极表面吸附量是有限的，易被流动的电镀液带走，所以出现增加较少甚至下降的现象。另外，从表 5-1 可明显看出，镀层中 WC 含量要比 ZrO_2 含量高得多，这是由于这两种固体微粒的导电能力不同的缘故[13]，导电性好的微粒比导电性差的易共沉积，在这里，WC 微粒的电导率为 5×10^4S/cm，而 ZrO_2 是不导电的。因此为使碳化钨尽量沉积到镀层中，同时保证镀层中含有较多的二氧化锆，镀液中碳化钨的适宜含量为 40g/L。

5.3.1.2 ZrO_2 浓度对镀层成分及其他性能的影响

二氧化锆浓度对镀层中 WC、ZrO_2 含量以及表观形貌和结合力的影响规律见表5-2。二氧化锆浓度与镀层中 WC、ZrO_2 含量关系如图 5-2 所示。

表 5-2 二氧化锆浓度对镀层成分及其他性能的影响

试验条件	试验结果			
ZrO_2 浓度/$g \cdot L^{-1}$	外观形貌	结合力	WC 含量（质量分数）/%	ZrO_2 含量（质量分数）/%
0	平整、均匀	合格	6.56	0
20	平整、均匀	合格	6.64	2.85
30	平整、均匀	合格	6.73	3.48
40	平整、均匀	合格	6.89	3.87
50	平整、均匀	合格	7.05	4.01

由表 5-2 和图 5-2 可知，二氧化锆加入量对复合镀层影响与碳化钨相似，二氧化锆浓度的增加，对镀层的外观形貌和结合力几乎没有

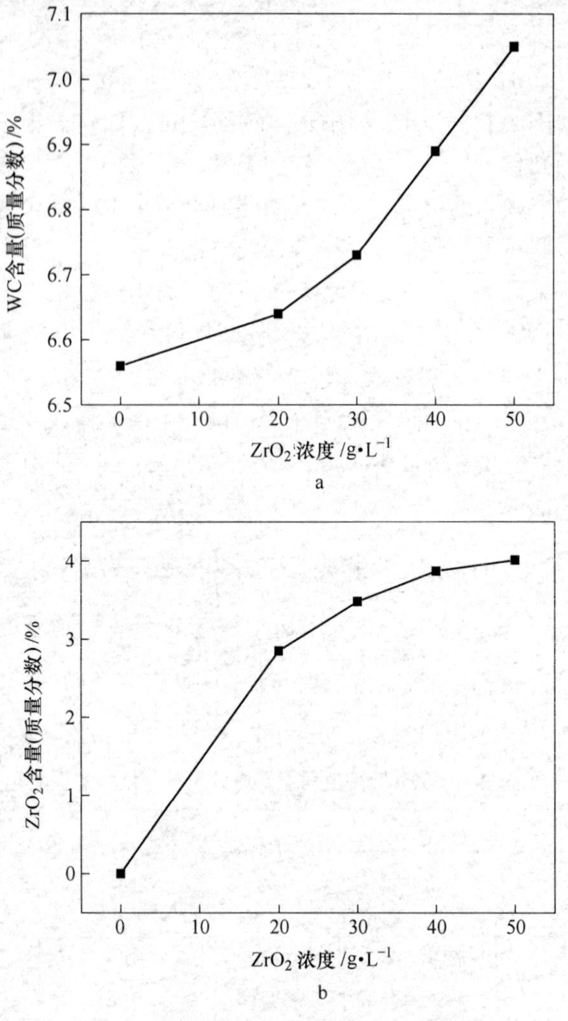

图 5-2　二氧化锆浓度对镀层成分的影响

a—二氧化锆浓度对镀层中 WC 含量的影响；

b—二氧化锆浓度对镀层中 ZrO_2 含量的影响

影响。此外，随着二氧化锆浓度的增加，复合镀层中二氧化锆和碳化钨的含量都有所增加，但当二氧化锆浓度超过 40g/L，复合镀层中二氧化锆的含量增加较少。其原因与碳化钨的相似。因此，在试验过程中，在保证有较高镀层中 WC 含量的情况下，二氧化锆浓度控制在 50g/L 为宜。

5.3.1.3 温度对镀层成分及其他性能的影响

表 5-3 列出了温度对镀层中 WC、ZrO_2 含量以及表观形貌和结合力的影响规律。温度对镀层中 WC、ZrO_2 含量的影响规律如图 5-3 所示。

表 5-3 温度对镀层成分及其他性能的影响

试验条件	试验结果			
温度/℃	外观形貌	结合力	WC 含量（质量分数）/%	ZrO_2 含量（质量分数）/%
20	平整、均匀	合格	7.08	4.10
30	平整、均匀	合格	6.95	4.06
40	平整、均匀	合格	6.84	3.89
50	起泡、不平整	不合格	6.75	3.78

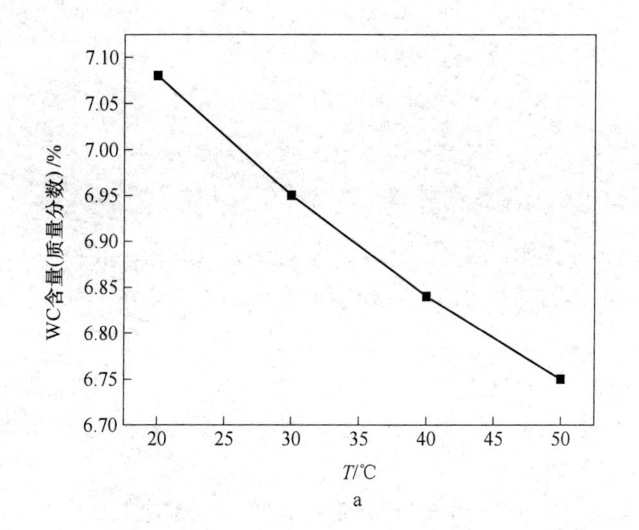

a

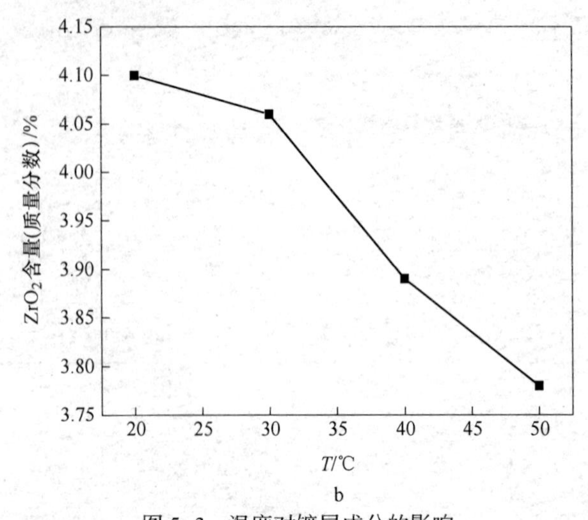

图 5-3　温度对镀层成分的影响

a—温度对镀层中 WC 含量的影响；b—温度对镀层中 ZrO_2 含量的影响

由表 5-3 和图 5-3 可看出，镀层中 WC、ZrO_2 含量都随着温度的升高而降低。当温度超过 30℃后，镀层中 WC 含量下降趋于平缓，而 ZrO_2 含量下降得比较快，而在此温度之前，镀层中 WC、ZrO_2 含量变化很少。这种现象是离子热运动与微粒悬浮性能的综合反映。当温度升高，离子运动加剧，离子的剧烈运动将使阴极对微粒的吸附能力降低，不利于微粒的共沉积；同时，温度升高，镀液黏度下降，悬浮能力变差，微粒快速下降沉到镀槽底部，这些都对微粒埋入镀层造成困难。

5.3.1.4　电流密度对镀层成分及其他性能的影响

一般来说，当电流密度增大时，过电位会相应地提高，因而电场力增强，那么阴极对吸附着阳离子微粒的静电力增强，所以在这种情况下，电流密度的增大对 Pb 与微粒的共沉积有一定的促进作用，但是另外，阴极电流密度进一步提高，微粒在阳极上的沉积可能赶不上 Pb 的沉积，这样一来镀层中微粒含量下降，可能导致碳化钨和二氧化锆的沉积效果变差。

表 5-4 列出了电流密度对镀层中 WC、ZrO_2 含量及表观形貌和

结合力的影响规律。电流密度对镀层中 WC、ZrO_2 含量的影响如图 5-4 所示。

表 5-4 电流密度对镀层成分及其他性能的影响

试验条件	试验结果			
J/A · dm^{-2}	外观形貌	结合力	WC 含量（质量分数）/%	ZrO_2 含量（质量分数）/%
2.0	不均匀	合格	6.86	3.86
3.0	平整、均匀	合格	7.38	4.10
4.0	粗糙、有气孔	不合格	6.78	3.78
5.0	粗糙、大量气孔	不合格	6.65	3.62

根据实验的要求，取电流密度为 2.0～5.0A/dm^2 进行了试验。由表 5-4 可看出，当电流密度为 2.0A/dm^2，试样上沉积的镀层很薄且镀层质量很差，表面平整均匀、不脱皮；当电流密度为 4.0～5.0A/dm^2 时，试片表面沉积的镀层比较粗糙，结合力也不好，固体微粒含量有所降低。图 5-4 表明，镀层中固体微粒的含量随着电流密度的增大而增加。这是因为，在此电流密度范围内，阴极表面对微粒的吸附能力随电流密度的增大而增强，阴极表面吸附的微粒增多且相对稳定，微粒的沉积速度增加大于铅的沉积速度的增加。而

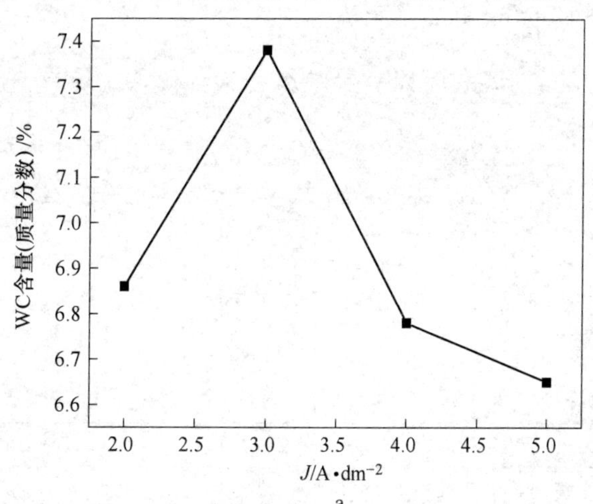

a

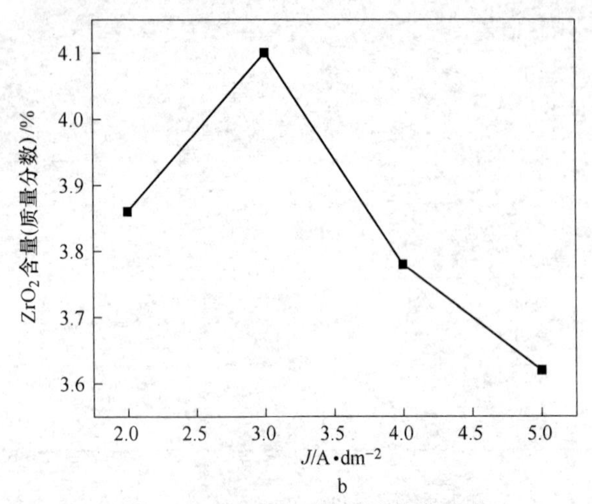

图 5-4 电流密度对镀层成分的影响

a—电流密度对镀层中 WC 含量的影响；b—电流密度对镀层中 ZrO_2 含量的影响

当电流密度达到 3.0A/dm^2 以后，随着电流密度增大，微粒沉积速度的增加比铅的沉积速度的增加慢，故镀层中 WC 含量反而有所降低，ZrO_2 含量则基本保持不变。由此可见电流密度太低，不利于复合镀层的沉积；电流密度太高，试样表面容易脱皮，结合力变差。因此，综合考虑外观形貌、结合力等因素，把电流密度选在 3.0A/dm^2 左右，所得镀层的综合性能较好。

5.3.1.5 电沉积时间对镀层成分及其他性能的影响

在 1～3h 的时间范围内，电沉积得到复合镀层，对镀层的外观形貌、结合力、WC 含量和 ZrO_2 含量进行分析测试，结果见表 5-5 及图 5-5。

表 5-5 电沉积时间对镀层中固体微粒含量和其他性能的影响

试验条件	试验结果			
时间/h	外观形貌	结合力	WC 含量（质量分数）/%	ZrO_2 含量（质量分数）/%
1	平整、不均匀	合格	7.32	4.02
1.5	平整、均匀	合格	7.22	3.94

续表 5-5

试验条件	试验结果			
时间/h	外观形貌	结合力	WC 含量（质量分数）/%	ZrO_2 含量（质量分数）/%
2	平整、均匀	合格	7.13	3.86
2.5	平整、均匀	合格	7.03	3.78
3	平整、均匀	合格	6.87	3.63

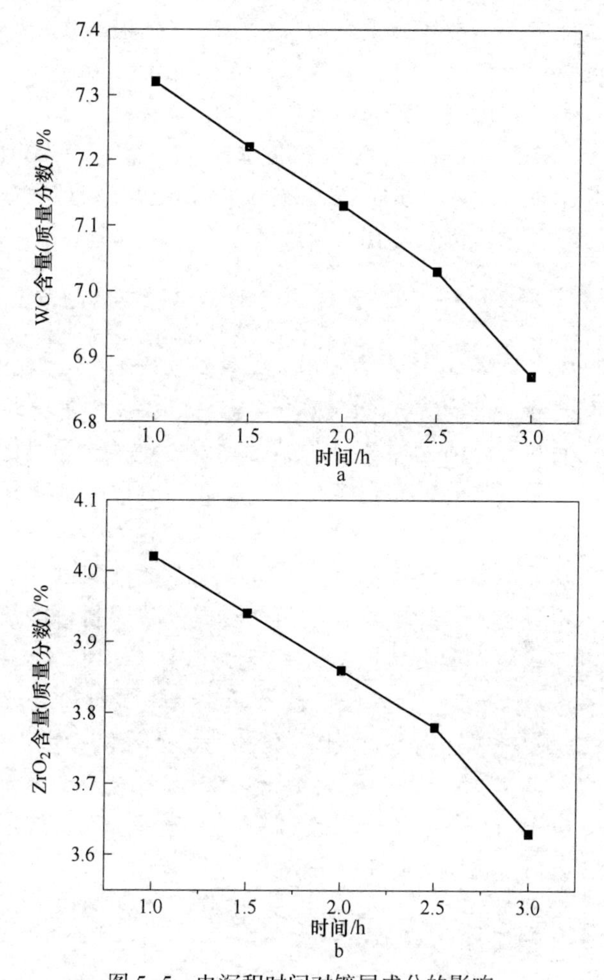

图 5-5　电沉积时间对镀层成分的影响

a—电沉积时间对镀层中 WC 含量的影响；b—电沉积时间对镀层中 ZrO_2 含量的影响

表 5-5 和图 5-5 表明，电镀时间对在不锈钢表面上电沉积所得镀层的表面形貌和结合力影响不大，只是当时间太短时，由于沉积到试片表面的物质太少，所以沉积不是很均匀。且随着时间的延长，镀层中固体颗粒的含量有减少的趋势，这是由于随着时间的延长溶液中固体颗粒悬浮的量减少。当电镀时间达到 1.5h，其表面形貌都很好，结合力也比较好。此外，由表 5-5 可知，当电镀时间超过 1h，复合镀层中固体微粒含量基本保持不变，故根据实验需要，为获得较厚的镀层，在以后的试验中，均取 2.5h 为电镀时间。

为获得满足做析氧反应的阳极用复合电极材料，确定了最佳工艺条件：WC 浓度为 40g/L，ZrO_2 浓度为 50g/L，温度为 20℃，电流密度为 3.0A/dm^2，电沉积时间为 2.5h。在此条件下，可获得 PbO_2-7.55%（质量分数）WC-4.10%（质量分数）ZrO_2 复合电极材料。

5.3.2　不锈钢基 PbO_2-WC-ZrO_2/PANI 复合镀层的制备工艺研究

SS/PbO_2-WC-ZrO_2 作为惰性阳极已具备良好的耐蚀性，但是一旦其表面有裂缝、坑洞等，酸溶液将很容易浸入其内部，对其基体腐蚀，而一般的不锈钢在 Cl 存在下，容易发生点蚀，导致构件的使用寿命缩短，而适当的表面防腐蚀处理和表面改性是解决问题的基本途径之一。

近来还发现，导电聚合物在金属防腐蚀工程领域也具有巨大的应用潜力。相对于其他导电聚合物而言，聚苯胺原料价廉易得、合成简便、电导率较高且具有良好的稳定性，具有很好的应用前景。1985 年，DeBerry 发现，聚苯胺能使不锈钢的电位维持在稳定钝化区，使其处于阳极保护状态。美国 Los Alamos 国家实验室（I. ANL.）和美国航空部（NASA）联合研究组于 1991 年首次成功地将导电高分子聚苯胺应用于钢铁防腐蚀，在碳钢上涂覆聚苯胺底层，再外涂环氧树脂，获得了优良的防腐蚀效果。

本节主要研究在 SS/PbO_2-WC-ZrO_2 复合惰性阳极材料的基础上电化学合成聚苯胺膜，主要研究了 H_3PO_4 和 H_2SO_4 这两种不同酸掺杂下电镀聚苯胺，并对其析氧电位、耐腐蚀性做了测试与比较。

镀液的组成及工艺条件是基于上述正交实验及条件实验，具体镀液组成及工艺条件如下：

硫酸/磷酸	0.5~1.5mol/L
苯胺	0.1~0.5mol/L
镀液温度	20℃
电流密度	0.2~1.0A/dm^2
电镀时间	0.5~2h
搅拌方式	磁力搅拌

经正交实验，获得了最佳工艺条件如下。

（1）硫酸掺杂最佳工艺：

硫酸	0.5mol/L
苯胺	0.1mol/L
镀液温度	20℃
电流密度	0.2A/dm^2
电镀时间	0.5h
搅拌方式	磁力搅拌

（2）磷酸掺杂最佳工艺：

磷酸	0.5mol/L
苯胺	0.1mol/L
镀液温度	20℃
电流密度	0.2A/dm^2
电镀时间	1h
搅拌方式	磁力搅拌

5.3.3 SS/PbO_2-WC-ZrO_2/PANI 镀层形貌物相分析

5.3.3.1 镀层形貌分析

最佳工艺条件下 SS/PbO_2 复合电极材料表面形貌如图 5-6 所示。最佳工艺条件下 SS/PbO_2-WC-ZrO_2 复合电极材料表面形貌如图 5-7 所示。最佳工艺条件下 SS/PbO_2-WC-ZrO_2/PANI 复合电极材料表面形貌如图 5-8 所示。

a　　　　b

图 5-6　最佳工艺条件下 SS/PbO_2 复合电极材料表面形貌

a—放大 2000 倍；b—放大 5000 倍

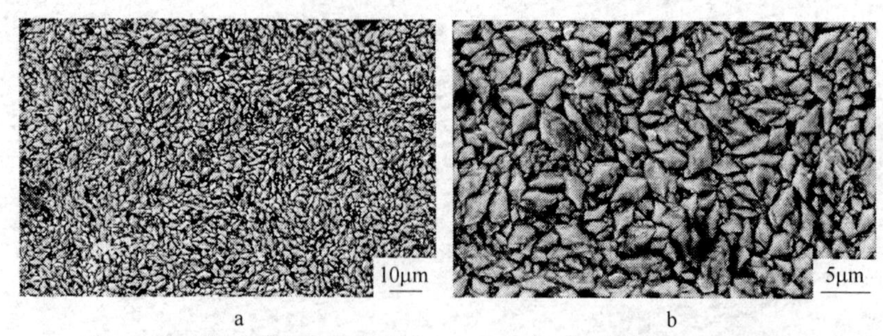

a　　　　b

图 5-7　最佳工艺条件下 SS/PbO_2-WC-ZrO_2 复合电极材料表面形貌

a—放大 1000 倍；b—放大 3000 倍

a　　　　b

图 5-8　最佳工艺条件下 SS/PbO_2-WC-ZrO_2/PANI 复合电极材料表面形貌

a—放大 2000 倍；b—放大 5000 倍

从图 5-6、图 5-7 可以看出镀层致密均匀，颗粒排列整齐且呈八面体结构；比较两图可以看出，SS/PbO_2复合电极与SS/PbO_2-WC-ZrO_2复合电极表面形貌差别不大，说明固体粉末WC及ZrO_2的加入对镀层表面形貌无太大影响；图5-8中则显示镀层覆盖着一层均匀致密的细小颗粒，说明聚苯胺已被很好地沉积于镀层之上。

5.3.3.2　SS/PbO_2-WC-ZrO_2等复合电极材料的成分分析

采用能谱分析仪对SS/PbO_2-WC-ZrO_2和SS/PbO_2-WC-ZrO_2/PANI复合电极材料进行镀层成分分析，如图5-9所示。

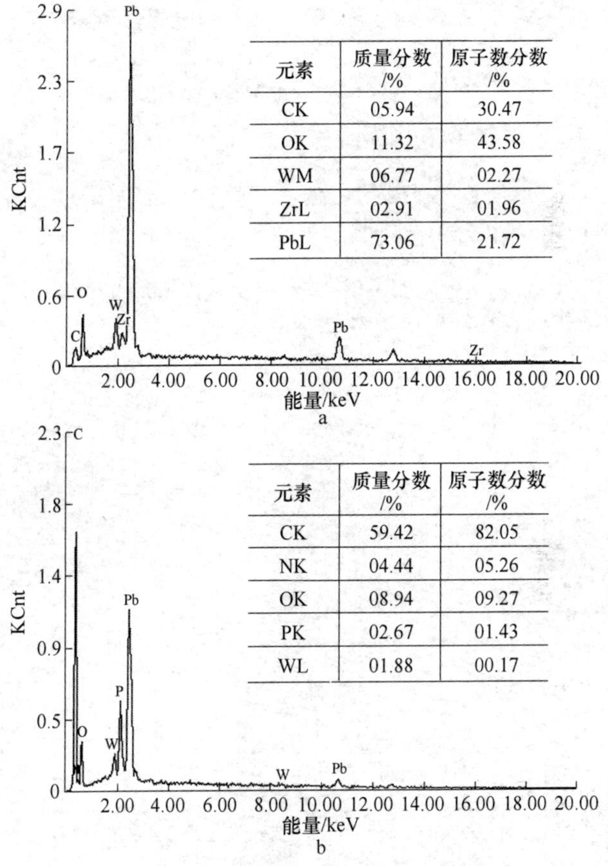

元素	质量分数/%	原子数分数/%
CK	05.94	30.47
OK	11.32	43.58
WM	06.77	02.27
ZrL	02.91	01.96
PbL	73.06	21.72

元素	质量分数/%	原子数分数/%
CK	59.42	82.05
NK	04.44	05.26
OK	08.94	09.27
PK	02.67	01.43
WL	01.88	00.17

图5-9　复合电极材料的能谱分析图

a—SS/PbO_2-WC-ZrO_2复合电极材料；b—SS/PbO_2-WC-ZrO_2/PANI复合电极材料

由图 5-9a 可以看出，镀层中铅元素的含量最多，同时也有 W 及 Zr 元素，说明电镀过程中加的 WC 和 ZrO_2 粉末均沉积到镀层中，且 W 的含量多于 Zr 的含量，表明复合电沉积过程中 WC 的沉积效果要好于 ZrO_2 的沉积效果，这是由于 WC 导电，而 ZrO_2 不导电，因此 WC 更容易沉积到镀层中。图 5-9b 结果显示，镀层中主要成分为 C、N、O 三种元素，而其他元素很少，这说明聚苯胺被均匀地电镀到 SS/PbO_2-WC-ZrO_2 复合电极表面，聚苯胺膜覆盖了电极表面，因此其他元素的含量很少。

5.3.4 PbO_2-WC-ZrO_2/PANI 复合镀层的电化学性能

5.3.4.1 SS/PbO_2-WC-ZrO_2/PANI 复合电极材料不同酸掺杂电化学性能对比

取最佳工艺条件下制得的试样，采用天津市电子仪器厂生产的 TD3690 型恒电位仪和自行研制的电化学测试软件进行了阳极极化曲线的测定。

其阳极极化曲线如图 5-10 所示。

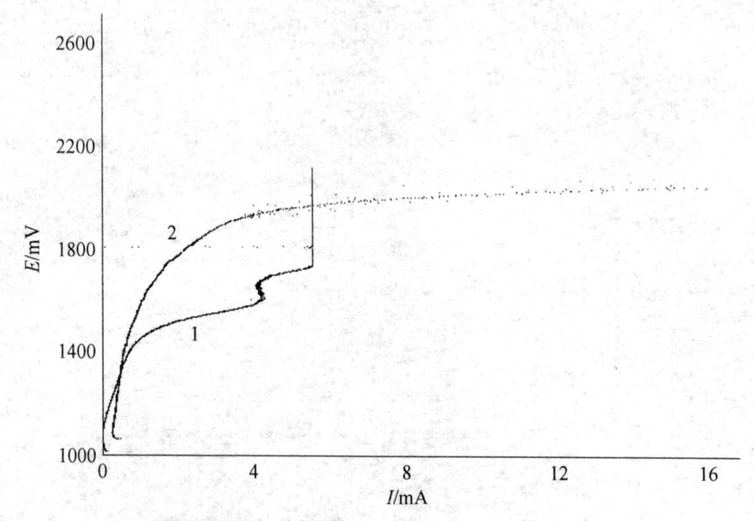

图 5-10 不同酸掺杂下的电极析氧极化曲线

由图 5-10 可以看出，磷酸掺杂下制得的阳极材料析氧电位明显低于硫酸掺杂下制得的阳极材料。其析氧电位值分别是 1450mV 和 1710mV，同时也比无聚苯胺镀层的复合阳极低 300mV 左右，说明电镀聚苯胺能有效降低析氧电位，提高析氧催化活性。

5.3.4.2 SS/PbO_2-WC-ZrO_2/PANI 复合电极材料不同酸掺杂其他综合性能对比

从表 5-6 可以看出磷酸掺杂下制得的试样综合性能较好，而硫酸掺杂下制得的试样导电性较差，不适合做阳极材料。因此，以后建议选择磷酸掺杂制备此阳极材料。

表 5-6 不同酸掺杂下电镀聚苯胺其他综合性能影响

酸体系	外观形貌	结合力	导电性
磷酸掺杂体系	平整、均匀	合格	较好
硫酸掺杂体系	平整、均匀	合格	很差

通过对比硫酸和磷酸掺杂下电镀聚苯胺复合电极的电化学性能及导电性等其他综合性能，得到最佳工艺条件下的 SS/PbO_2-WC-ZrO_2/PANI 复合阳极，其析氧电位为 1450mV，较无聚苯胺镀层阳极的析氧电位低 300mV，较普通铅银合金阳极低 400mV，说明电镀聚苯胺后，可以有效降低析氧电位，提高析氧催化活性。

5.4 锌电积用不锈钢基 α-PbO_2-ZrO_2 复合镀层制备及性能研究

5.4.1 不锈钢基 α-PbO_2-ZrO_2 复合镀层的制备工艺研究

5.4.1.1 基材及预处理

采用不锈钢作为复合镀层材料的基体，牌号为 3Cr13，尺寸为 30mm×20mm×1mm。工作时每次用砂纸打磨至光亮，用除油剂清除表面油污，之后放入酒精溶液中浸泡 10min，再用蒸馏水清洗干净，之后用于电沉积。

5.4.1.2 复合镀层材料制备

从碱性镀液中，在不锈钢基体表面进行 $\alpha-PbO_2$、$\alpha-PbO_2-CeO_2$、$\alpha-PbO_2-B_4C$、$\alpha-PbO_2-ZrO_2$ 及 $\alpha-PbO_2-CeO_2-B_4C$ 复合镀层材料的电沉积制备实验。碱性镀液组成：160g/L NaOH，45g/L 黄色氧化铅，20g/L CeO_2（平均粒径为 30nm），20g/L B_4C（平均粒径为 6μm），20g/L ZrO_2（平均粒径为 10μm）。电沉积工艺条件：镀液温度为 40℃，电流密度为 $10mA/cm^2$，电沉积时间为 4h。电沉积阳极为不锈钢，阴极为不锈钢板。

为保证 CeO_2 和 B_4C 纳米颗粒在碱性镀液和沉积层中分散均匀，电沉积之间采用超声设备对含有纳米颗粒的镀液分散 30min。电沉积过程中采用机械搅拌对镀液分散，机械搅拌速率为 400r/min。

5.4.1.3 复合镀层材料测试

利用电化学工作站（CS350），采用三电极体系，测试复合惰性阳极材料在 $ZnSO_4-H_2SO_4$ 溶液（35℃）中的阳极极化曲线（扫描速率为 30mV/s）、循环伏安曲线（扫描速率为 30mV/s）和塔菲尔曲线（扫描速率为 10mV/s）。三电极体系为：以复合惰性阳极材料为工作电极，有效面积为 $1cm^2$，其余部分用环氧树脂密封；铂片为辅助电极，Hg/Hg_2Cl_2 为参比电极。$ZnSO_4-H_2SO_4$ 溶液组成为：50g/L Zn^{2+}，150g/L H_2SO_4；利用扫描电子显微镜（型号：quanta200，美国 FEI 生产），测试复合镀层材料表面微观组织特征，放大倍数为 1000× 和 26000×。

5.4.2 $\alpha-PbO_2-ZrO_2$ 镀层的表面形貌分析

不锈钢基体表面制备的 $\alpha-PbO_2$、$\alpha-PbO_2-B_4C$、$\alpha-PbO_2-CeO_2$、$\alpha-PbO_2-ZrO_2$ 及 $\alpha-PbO_2-CeO_2-B_4C$ 复合镀层的表面微观组织特征如图 5-11 所示。从图 5-11 可以看出：在不锈钢基体表面制备的 $\alpha-PbO_2$ 沉积层晶粒较粗大，形状接近于八面体。当 CeO_2、B_4C、ZrO_2 或 CeO_2 和 B_4C 纳米颗粒与 $\alpha-PbO_2$ 在发生共沉积后，明显改变了 α-

PbO_2 的电结晶形貌，其晶粒从八面体形状变为针状，复合镀层晶粒尺寸明显降低，晶粒大小较均匀，晶粒轮廓清晰，微观组织结构较致密。

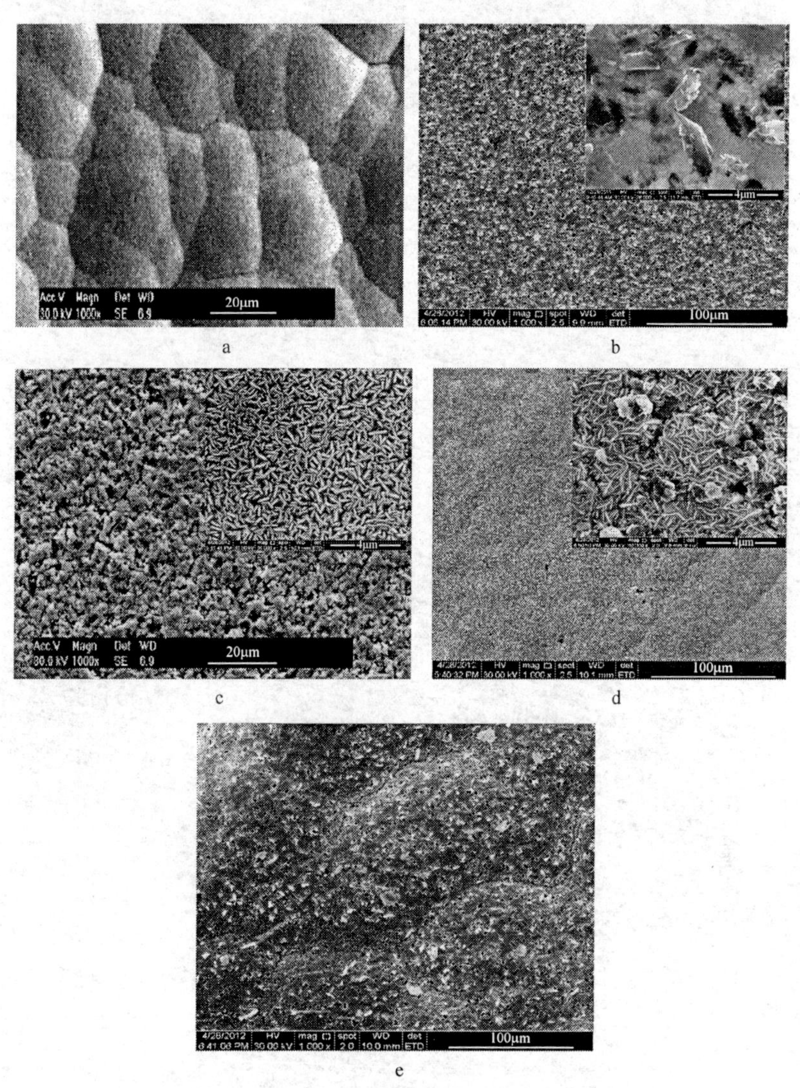

图 5-11　复合 α-PbO_2 镀层的表面微观组织特征

a—α-PbO_2；b—α-PbO_2-B_4C；c—α-PbO_2-CeO_2；

d—α-PbO_2-ZrO_2；e—α-PbO_2-CeO_2-B_4C

在电结晶过程中，碱性镀液中加入 CeO_2 和 B_4C 或 ZrO_2 颗粒后，除能减小放电步骤的可逆性并使新晶粒的生长速度增大外，还可以吸附在原有晶面上，特别是生长点上，并由此减慢了原有晶面的生长速度。而且由于颗粒在晶体表面吸附时可以降低晶体的表面能，有利于新晶核的生成，加快晶核的生长速度。因此，当 ZrO_2、CeO_2、B_4C 或 CeO_2 和 B_4C 纳米颗粒与 α-PbO_2 发生共沉积特别是两种颗粒协同作用时，细化效果最明显。

5.4.3 α-PbO_2-ZrO_2 复合镀层的电化学性能

5.4.3.1 α-PbO_2-ZrO_2 复合镀层的阳极极化曲线

电催化活性是评价电催化阳极性能的主要参数之一，理想的阳极材料是在满足同样阳极主反应速度下消耗尽可能少的能量，即阳极反应的析氧电位最低。不锈钢基体表面制备的不锈钢基/α-PbO_2、不锈钢基/α-PbO_2-CeO_2、不锈钢基/α-PbO_2-B_4C、不锈钢基/α-PbO_2-ZrO_2 及不锈钢基/α-PbO_2-CeO_2-B_4C 复合镀层在 $ZnSO_4$-H_2SO_4 溶液中的阳极极化曲线如图 5-12 所示。

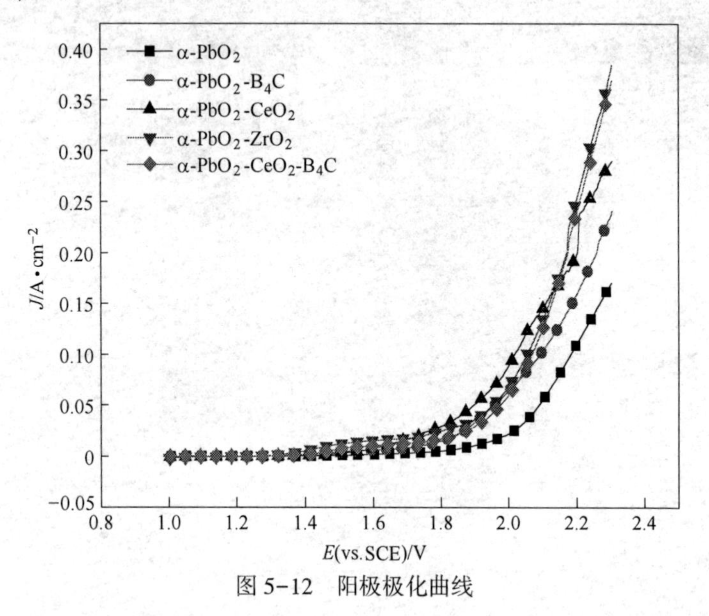

图 5-12 阳极极化曲线

从图 5-12 可看出，在 $ZnSO_4$-H_2SO_4 溶液中，当电位为 1.00～1.44V 时，CeO_2、B_4C、ZrO_2 或 CeO_2 和 B_4C 颗粒与 α-PbO_2 发生共沉积对复合镀层的阳极行为没有明显的影响。但当电位高于 1.44V 以后，复合镀层表面开始发生析氧反应。当电位为 1.64～2.14V 时，在相同电流密度下，复合镀层表面析氧电位从高到低依次为：α-PbO_2>α-PbO_2-B_4C 或 α-PbO_2-CeO_2-B_4C>α-PbO_2-CeO_2>α-PbO_2-ZrO_2。当电位提高 2.14～2.30V 时，在相同电流密度下，复合镀层表面的析氧电位从高到低变化为：α-PbO_2>α-PbO_2-B_4C>α-PbO_2-CeO_2>α-PbO_2-CeO_2-B_4C>α-PbO_2-ZrO_2。

从图 5-12 还可以看出，在 $ZnSO_4$-H_2SO_4 溶液中，不锈钢表面制备的 α-PbO_2 镀层的析氧电位最高。当 CeO_2、B_4C、ZrO_2 或 CeO_2 和 B_4C 颗粒与 α-PbO_2 发生共沉积后，复合镀层的析氧电位明显降低，说明 α-PbO_2-B_4C、α-PbO_2-CeO_2、α-PbO_2-ZrO_2、α-PbO_2-CeO_2-B_4C 复合镀层的析氧电催化活性均好于 α-PbO_2 镀层。不锈钢表面制备的 α-PbO_2-CeO_2 复合镀层在低电位区析氧电位最低，α-PbO_2-ZrO_2 复合镀层在高电位区析氧电位最低，说明 α-PbO_2-CeO_2 和 α-PbO_2-ZrO_2 复合惰性阳极材料分别在低电位区和高电位区具有较好的析氧电催化活性。从图 5-12 可以看出，在相同的电流密度条件下，加入颗粒制得的复合 α-PbO_2 镀层的析氧电位均明显低于单纯的 α-PbO_2 镀层。通过对图 5-12 中的阳极极化曲线进行线性拟合，并结合 Tafel 公式（$\eta=a+b\lg i$）求出过电位以及交换电流密度，得到了各复合 α-PbO_2 镀层的析氧动力学参数，如表 5-7 所示。

表 5-7 复合 α-PbO_2 镀层的析氧动力学参数

镀层类别	η(500A/m^2)/V	a	b	i_0/A · cm^{-2}
α-PbO_2	1.100	1.527	0.328	2.2106×10^{-5}
α-PbO_2-B_4C	0.984	1.499	0.396	1.6392×10^{-4}
α-PbO_2-CeO_2	0.934	1.359	0.327	7.1896×10^{-5}
α-PbO_2-ZrO_2	0.898	1.493	0.457	5.6032×10^{-4}
α-PbO_2-CeO_2-B_4C	0.942	1.429	0.374	1.5106×10^{-4}

注：η 为析氧过电位；a、b 为塔菲尔常数；i_0 为交换电流密度。

从表 5-7 可以看出，在相同的电流密度下，$\alpha-PbO_2-CeO_2$、$\alpha-PbO_2-B_4C$、$\alpha-PbO_2-ZrO_2$ 及 $\alpha-PbO_2-CeO_2-B_4C$ 四个复合镀层的析氧过电位和交换电流密度均比 $\alpha-PbO_2$ 的低，其中 $\alpha-PbO_2-ZrO_2$ 的析氧过电位最低和交换电流密度最大，分别为 0.898V 和 5.6032×10^{-4} A/cm^2，比 $\alpha-PbO_2$ 析氧过电位低 0.202V，交换电流密度远远大于 $\alpha-PbO_2$ 的。过电位越小，电极反应的阻力越小；交换电流密度越大，电极反应越易发生。因此 $\alpha-PbO_2-ZrO_2$ 复合镀层具有最好的电催化活性。

5.4.3.2 $\alpha-PbO_2-ZrO_2$ 复合镀层的循环伏安特性

不锈钢基体表面制备的 $\alpha-PbO_2$、$\alpha-PbO_2-CeO_2$、$\alpha-PbO_2-B_4C$、$\alpha-PbO_2-ZrO_2$ 及 $\alpha-PbO_2-CeO_2-B_4C$ 复合镀层在 $ZnSO_4-H_2SO_4$ 溶液中的循环伏安曲线如图 5-13 所示。

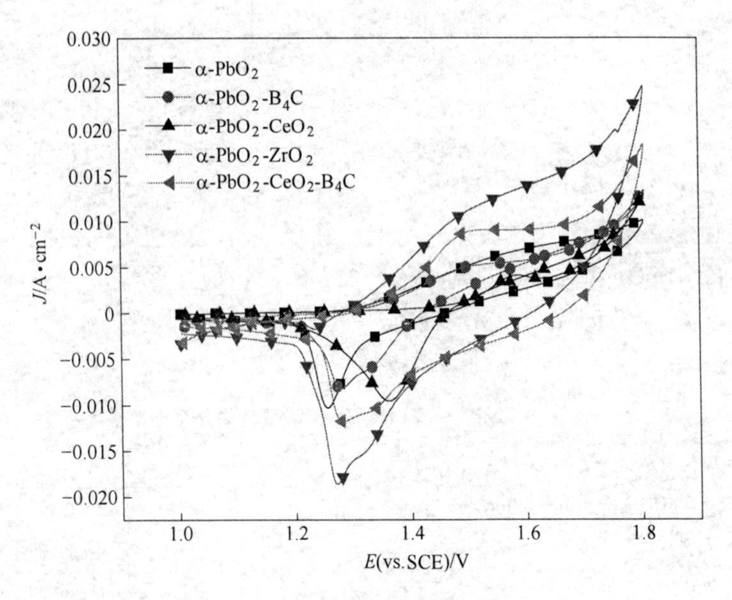

图 5-13 复合镀层的循环伏安曲线

从图 5-13 可以看出，各循环伏安曲线上分别只出现一个氧化峰和还原峰，可能是因为镀层表面是二氧化铅，此时铅元素的价态为

+4 价，处于铅元素的最高价态，不能发生氧化反应而只能发生还原反应，在正向扫描过程中，在高电位时发生了析氧反应，此时电解液中的水发生氧化反应产生氧气，即 $2H_2O = 4H^+ + O_2 + 4e^-$。说明掺杂纳米颗粒 CeO_2、B_4C 和 ZrO_2 没有改变电极在 $ZnSO_4$-H_2SO_4 溶液中的反应机理，但是明显提高了电极的电催化性能，使得还原峰的电位正移，从图 5-13 可以看出 α-PbO_2、α-PbO_2-CeO_2、α-PbO_2-B_4C、α-PbO_2-ZrO_2 及 α-PbO_2-CeO_2-B_4C 的还原峰的电位依次为 1.25V、1.38V、1.29V、1.295V 及 1.27V，与电极反应的标准电极电势表对照，这五个还原峰可能分别对应：Pb_2O_3/Pb_3O_4、PbO_2/Pb、Pb_2O_3/Pb_3O_4、Pb_2O_3/Pb_3O_4、Pb_2O_3/Pb_3O_4。

对图 5-13 中各曲线进行积分，得到的值为伏安电荷，即 $Q = It$，如表 5-8 所示。伏安电荷值与材料的电化学表面积近似成正比，在一定程度上可以体现阳极材料电催化性能的优劣。

表 5-8　不同复合 α-PbO_2 镀层的循环伏安电荷量

镀层类型	伏安电荷/$C \cdot cm^{-2}$
α-PbO_2	0.05732
α-PbO_2-B_4C	0.12277
α-PbO_2-CeO_2	0.06973
α-PbO_2-ZrO_2	0.13458
α-PbO_2-CeO_2-B_4C	0.10009

从表 5-8 可以看出，加入颗粒 B_4C、CeO_2、ZrO_2 制备出的复合镀层的循环伏安电荷均大于单一的 α-PbO_2 镀层，且 α-PbO_2-ZrO_2 的循环伏安电荷为 0.13458C/cm^2，其值最大，说明 α-PbO_2-ZrO_2 具有最好的电催化活性。

5.4.3.3　α-PbO_2-ZrO_2 复合镀层的塔菲尔特性分析

不锈钢基体表面 α-PbO_2、α-PbO_2-CeO_2、α-PbO_2-B_4C、α-PbO_2-ZrO_2 及 α-PbO_2-CeO_2-B_4C 复合镀层在 $ZnSO_4$-H_2SO_4 溶液中的塔菲尔（Tafel）极化曲线如图 5-14 所示，对应的自腐蚀电位和腐

蚀电流密度如表 5-9 所示。

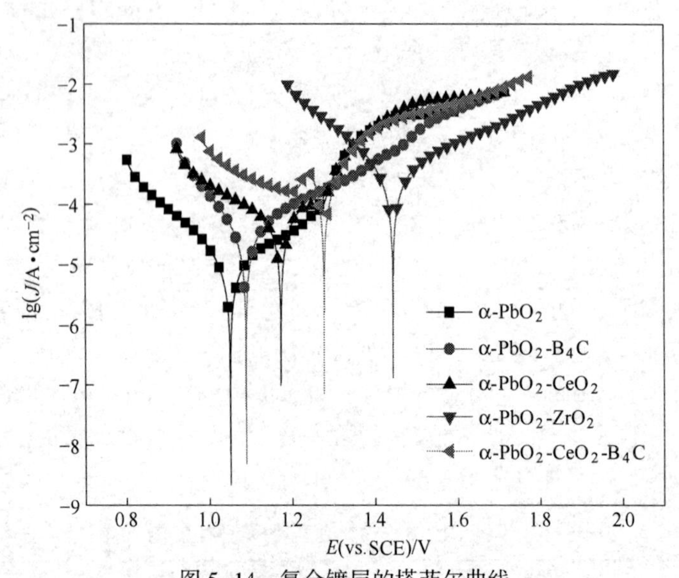

图 5-14 复合镀层的塔菲尔曲线

表 5-9 复合镀层的腐蚀电位和腐蚀电流

镀层类型	腐蚀电位 E_{corr}/V	腐蚀电流密度 I_{corr}/A
$\alpha-PbO_2$	1. 051	2.344×10^{-5}
$\alpha-PbO_2-B_4C$	1. 173	1.604×10^{-5}
$\alpha-PbO_2-CeO_2$	1. 089	2.189×10^{-5}
$\alpha-PbO_2-ZrO_2$	1. 443	5.489×10^{-6}
$\alpha-PbO_2-CeO_2-B_4C$	1. 290	2.241×10^{-5}

腐蚀电流密度和腐蚀电位是表征材料耐蚀性的重要参数，一般情况下，材料的腐蚀电位越大，同时腐蚀电流密度越小，则表明该材料具有良好的耐蚀性。从表 5-9 可以看出加入颗粒 B_4C、CeO_2、ZrO_2 制备出的复合镀层的腐蚀电位均大于单一的 $\alpha-PbO_2$ 镀层，且腐蚀电流密度均小于单一的 $\alpha-PbO_2$ 镀层，说明加入上述颗粒可以有效增强 $\alpha-PbO_2$ 镀层的耐蚀性。并且从表 5-9 中可以看出 $\alpha-PbO_2-ZrO_2$ 具有最高的腐蚀电位和最小的腐蚀电流密度，说明 $\alpha-PbO_2-ZrO_2$ 的耐蚀性最好。

5.5 锌电积用不锈钢基α-PbO_2-ZrO_2/β-PbO_2-ZrO_2-CNT 复合镀层及性能研究

5.5.1 不锈钢基α-PbO_2-ZrO_2/β-PbO_2-ZrO_2-CNT 复合镀层的制备工艺研究

5.5.1.1 实验药品及设备

制备β-PbO_2-ZrO_2及β-PbO_2-ZrO_2-CNT 复合镀层的实验药品及设备分别如表 5-10、表 5-11 所示。

表 5-10 实验药品

药品名称	药品类型	生 产 厂 家
氢氧化钠	AR	汕头市西陇化工厂有限公司
黄色氧化铅	AR	天津市冈船化学试剂科技有限公司
二氧化锆	AR	—
碳纳米管	AR	—
硝酸铅	AR	天津市登峰化学品有限公司
硝酸	AR	天津市登峰化学品有限公司
氟化钠	AR	北京市红星化工厂
硫酸锌	AR	天津市博迪化工有限公司
硫酸	AR	汕头市达濠区精细化学品有限公司

表 5-11 实验设备

名 称	生 产 厂 家
扫描电镜（Quanta200）	美国 FIM
DDZ-20A 整流器	浙江省绍兴市合力整流器厂
HH-S_{1S}电热恒温水浴锅	金坛市环保仪器厂
DJIC 增力电动搅拌器	金坛市环保仪器厂
超声波	深圳市艾科森自动化设备有限公司
JA5003 型电子天平	上海恒平科学仪器有限公司
CorrTest 电化学工作站	武汉科思特仪器有限公司

5.5.1.2 复合镀层制备

为了在不锈钢表面形成良好的 α-PbO_2-ZrO_2 复合镀层，具体操作工艺如下：

不锈钢片→打磨→水洗→除油→水洗→电沉积 α-PbO_2-ZrO_2 复合镀层→水洗→硝酸洗→电沉积复合 β-PbO_2 复合镀层→水洗→干燥→分析测试。

α-PbO_2-ZrO_2 复合镀层的制备工艺条件：160g/L NaOH，45g/L 黄色氧化铅，20g/L ZrO_2（平均粒径：10μm）。电沉积工艺条件：镀液温度为 40℃，电流密度为 10mA/cm^2，电沉积时间为 4h。电沉积阳极为不锈钢，阴极为不锈钢板。

β-PbO_2-ZrO_2 及 β-PbO_2-ZrO_2-CNT 复合镀层的制备工艺条件：镀液组成为 250g/L 硝酸铅、10g/L 硝酸、0.5g/L NaF、5～20g/L CNT、10～40g/L ZrO_2；水浴温度为 55℃、搅拌速率为 400r/min、沉积时间为 6h、电流密度为 30mA/cm^2；阳极：不锈钢基 α-PbO_2-ZrO_2，阳极尺寸为 30mm×20mm×1mm，阴极为电解铅板，pH 值为 1。

5.5.1.3 镀层表征及电化学性能测试

利用电化学工作站（CS350），采用三电极体系，测试不锈钢/α-PbO_2-ZrO_2/β-PbO_2-ZrO_2(CNT) 复合惰性阳极材料在 $ZnSO_4$-H_2SO_4 溶液（35℃）中的阳极极化曲线（扫描速率为 30mV/s）、循环伏安曲线（扫描速率为 30mV/s）和塔菲尔曲线（扫描速率为 10mV/s）。三电极体系为：以复合惰性阳极材料为工作电极，有效面积为 1cm^2，其余部分用环氧树脂密封。铂片为辅助电极，Hg/Hg_2Cl_2 为参比电极。$ZnSO_4$-H_2SO_4 溶液组成为：50g/L Zn^{2+}，150g/L H_2SO_4；利用扫描电子显微镜（型号：quanta200，美国 FEI 生产），测试复合惰性阳极材料表面微观组织特征，放大倍数为 30000×和 26000×。利用 D8ADVANCE 型 X 射线衍射仪测试复合阳极材料的相结构。

5.5.2 α-PbO_2-ZrO_2/β-PbO_2-ZrO_2-CNT 镀层的表面形貌分析

α-PbO_2-ZrO_2/β-PbO_2、α-PbO_2-ZrO_2/β-PbO_2-ZrO_2 及 α-PbO_2-ZrO_2/β-PbO_2-ZrO_2-CNT 的表面微观组织如图 5-15 所示。

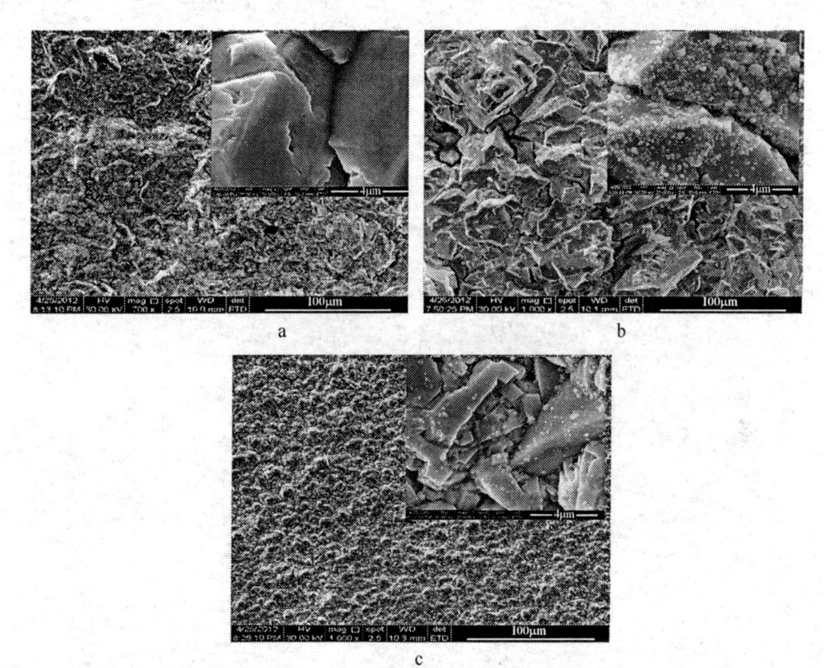

图 5-15 不同 β-PbO_2 镀层的 SEM 图

a—α-PbO_2-ZrO_2(20g/L)/β-PbO_2；b—α-PbO_2-ZrO_2(20g/L)/β-PbO_2-ZrO_2(30g/L)；c—α-PbO_2-ZrO_2(20g/L)/β-PbO_2-ZrO_2(30g/L)-CNT(10g/L)

从图 5-15 可以看出，纯 β-PbO_2 晶粒粗大，晶粒呈棱柱状分布，晶粒表面平整度较差。当掺杂 ZrO_2 颗粒后制备 β-PbO_2-ZrO_2 的复合镀层，晶粒明显变细，晶粒形状由棱柱形变成片状结构，ZrO_2 颗粒呈球形镶嵌在 PbO_2 晶格表面。在 ZrO_2 和 CNT 颗粒共掺杂制备的 β-PbO_2-ZrO_2-CNT 复合镀层，PbO_2 晶粒比单独掺杂制备的 β-PbO_2-ZrO_2 晶粒小，且 ZrO_2 呈点状镶嵌在 PbO_2 晶格表面，可以看到微小的碳纳米管分布于片状的 PbO_2 晶粒之间。说明掺杂 ZrO_2 或 CNT 颗粒均可细化 PbO_2 晶粒，并且两种颗粒共掺杂时，可以发挥协同作用，PbO_2 晶粒细化效果最明显。

β-PbO_2、β-PbO_2-ZrO_2 及 β-PbO_2-ZrO_2-CNT 沉积层的 XRD 图谱，分别如图 5-16~图 5-18 所示。

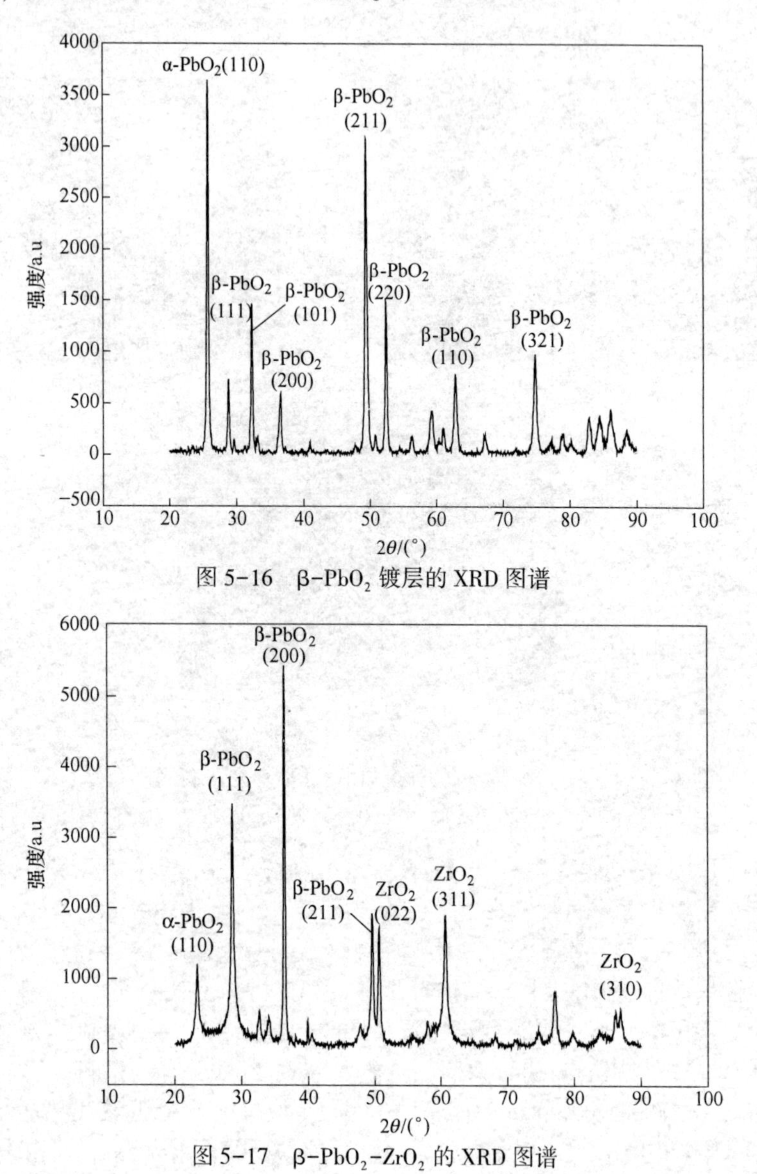

图 5-16　β-PbO_2 镀层的 XRD 图谱

图 5-17　β-PbO_2-ZrO_2 的 XRD 图谱

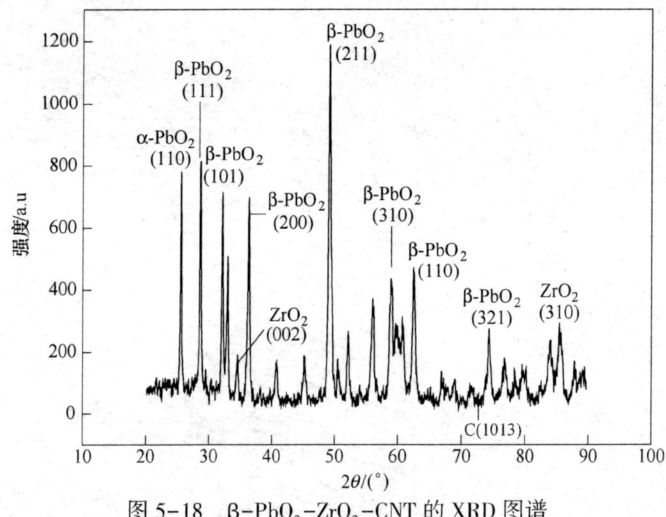

图 5-18 β-PbO_2-ZrO_2-CNT 的 XRD 图谱

从图 5-16~图 5-18 可以看出，不掺杂 ZrO_2、CNT 颗粒制得的纯 β-PbO_2 镀层里面含有 PbF_2、PbO、$PbO_{1.57}$及 Pb_3O_4 杂质，且杂质的衍射峰均较强。ZrO_2、CNT 颗粒掺杂制备的 β-PbO_2-ZrO_2 及 β-PbO_2-ZrO_2-CNT 镀层的 XRD 图谱未观察到杂质相的生成，PbO_2 主要以 β-PbO_2 为主，含有少量的 α-PbO_2，说明 ZrO_2、CNT 颗粒的掺杂可以有效抑制杂质与 PbO_2 发生共沉积。

ZrO_2 颗粒掺杂使 β-PbO_2 的衍射峰强度增大，但是衍射角发生负偏移。当两种颗粒 ZrO_2 和 CNT 共同掺杂时，衍射峰强度最强，但 β-PbO_2 相大大增加，说明 ZrO_2 和 CNT 共掺杂可促进 β-PbO_2 相生成，且和单独掺杂 ZrO_2 相比，β-PbO_2 相的衍射峰最强的晶面分别为（200）和（211），衍射角分别为 36.266°和 48.742°，衍射角发生正向偏移。且 β-PbO_2-ZrO_2 及 β-PbO_2-ZrO_2-CNT 镀层的 XRD 图谱均出现 ZrO_2 相的衍射峰，且衍射峰明显。

5.5.3 α-PbO_2-ZrO_2/β-PbO_2-ZrO_2-CNT 复合镀层的电化学性能

5.5.3.1 掺杂 ZrO_2 复合阳极材料的电化学性能

A 阳极极化曲线

不锈钢/α-PbO_2-ZrO_2/β-PbO_2-ZrO_2 复合阳极材料在 $ZnSO_4$-

H_2SO_4 溶液（35℃）中的阳极极化曲线，如图 5-19 所示，对阳极极化曲线进行线性拟合，得到的析氧动力学参数如表 5-12 所示。

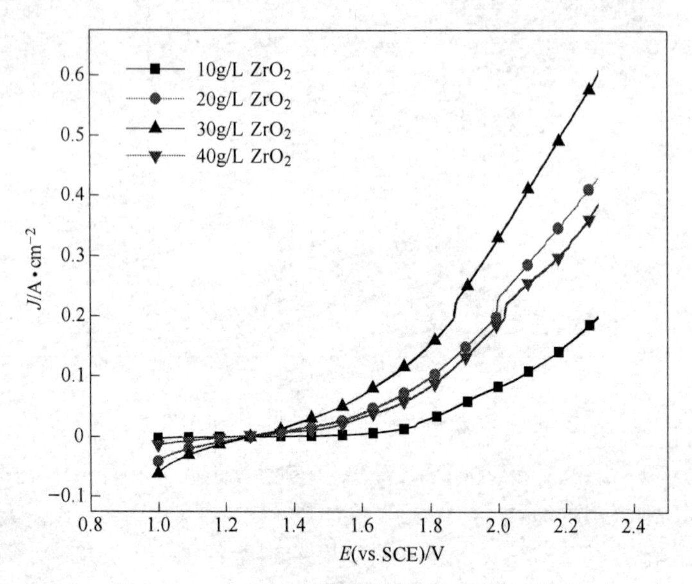

图 5-19 β-PbO_2 制备镀液中 ZrO_2 浓度对复合阳极材料阳极极化曲线的影响

（扫描速率为 30mV/s）

表 5-12 β-PbO_2 制备镀液中 ZrO_2 浓度对复合阳极材料析氧动力学参数的影响

ZrO_2 浓度/g · L^{-1}	η(500A/m^2)/V	a	b	i_0/A · cm^{-2}
10	0.736	1.58377	0.65147	3.7062×10^{-3}
20	0.655	1.48943	0.64137	4.7614×10^{-3}
30	0.559	1.37948	0.63031	6.4778×10^{-3}
40	0.662	1.49633	0.64101	4.6309×10^{-3}

注：η 为析氧过电位；a、b 为塔菲尔常数；i_0 为交换电流密度。

从图 5-19 可以看出，当 ZrO_2 浓度大于 10g/L 时，在相同的电流密度下，电极的析氧电位明显下降。在 1.0～1.3V 时，ZrO_2 颗粒与 PbO_2 共沉积时，对复合阳极材料的阳极行为没有明显影响；但当电位高于 1.3V 时，阳极表面开始发生析氧反应。在相同的电流密度下，析氧电位的大小表现为：10g/L>40g/L>20g/L>30g/L；说明 ZrO_2 的浓度为 30g/L 时，复合阳极材料具有较低的析氧电位。原因可能是，电沉积过程伴随吸附过程，当颗粒浓度过低时，吸附的颗粒数量少，浓度适中有利于吸附过程；但浓度过高，反而不利于吸附过程，使得最终和 PbO_2 共沉积到阳极的颗粒数量减少，进而影响到阳极的电催化过程。

从表 5-12 可以看出，当 ZrO_2 的浓度为 30g/L 时，a、b 的值相对最小；结合 Tafel 公式（$\eta=a+b\lg i$），a、b 的值越小，槽电压越低，能耗越小；交换电流密度最大，过电位最小，说明电极反应时阻力小，电极反应速度快，电催化活性好。因此在 β-PbO_2 镀液中加入 ZrO_2 的浓度为 30g/L 时可以制得较为理想的复合阳极材料。

B 循环伏安特性

不锈钢/α-PbO_2-ZrO_2/β-PbO_2-ZrO_2 复合阳极材料在 $ZnSO_4$-H_2SO_4 溶液（35℃）中的循环伏安曲线，如图 5-20 所示，对循环伏

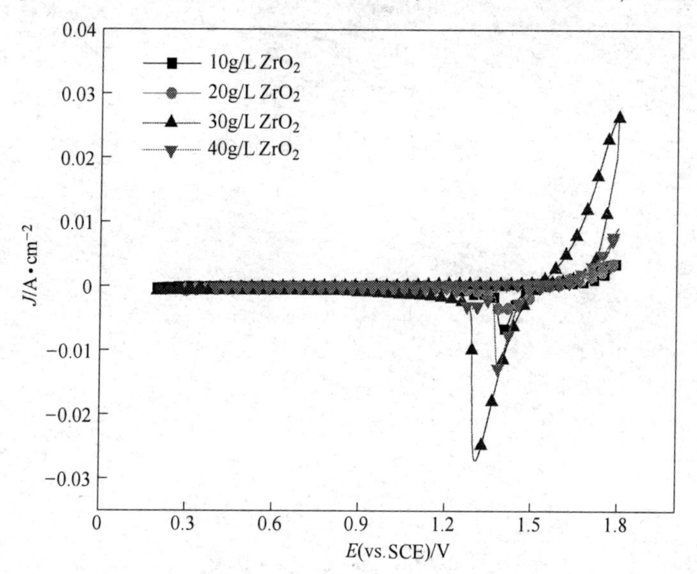

图 5-20 β-PbO_2 制备镀液中 ZrO_2 浓度对复合阳极材料循环伏安曲线的影响
（扫描速率为 30mV/s）

安曲线进行面积积分，得到的循环伏安电荷值如表 5-13 所示。

表 5-13 β-PbO_2 制备镀液中 ZrO_2 浓度对复合阳极材料循环伏安电荷的影响

ZrO_2 浓度/g · L^{-1}	伏安电荷/C · cm^{-2}
10	0.00069
20	0.00226
30	0.00682
40	0.00656

从图 5-20 可以看出，在正向扫描过程中，几乎观察不到明显的氧化峰，这是因为此时 Pb 为+4 价，处于 Pb 元素的最高价态，此时的 Pb 不会发生氧化反应，所以没有出现氧化峰。在反向扫描的过程中，β-PbO_2 镀液中 ZrO_2 的加入量为 10g/L 时制备的复合阳极材料在 1.38V 处出现一个还原峰，该峰可能对应 PbO_2/Pb；ZrO_2 的加入量为 20g/L 的复合阳极材料在 1.32V、1.40V 处分别出现一个还原峰，这两个峰可能分别对应 Pb_2O_3/Pb_3O_4、PbO_2/Pb。ZrO_2 的加入量为 30g/L 及 40g/L 的复合阳极材料在 1.30V、1.39V 处分别出现一个还原峰，这两个峰可能分别对应 Pb_2O_3/Pb_3O_4、PbO_2/Pb。

从表 5-13 可以看出随着 β-PbO_2 镀液中 ZrO_2 浓度的增加，伏安电荷值明显增大，说明 ZrO_2 的加入可以有效提高复合阳极材料的电催化性能，伏安电荷是表征电极电催化活性的重要电化学参数，其值越大表面电催化性能越好，反之电催化活性越差。从表 5-13 可以看出当 ZrO_2 浓度为 30g/L 时，伏安电荷最大为 0.00682C/cm^2，表明其电催化性能最好。

C 塔菲尔特性分析

不锈钢/α-PbO_2-ZrO_2/β-PbO_2-ZrO_2 复合阳极材料在 $ZnSO_4$-H_2SO_4 溶液（35℃）中的塔菲尔曲线，如图 5-21 所示，对 Tafel 曲线进行拟合，得到的自腐蚀电位和腐蚀电流密度如表 5-14 所示。

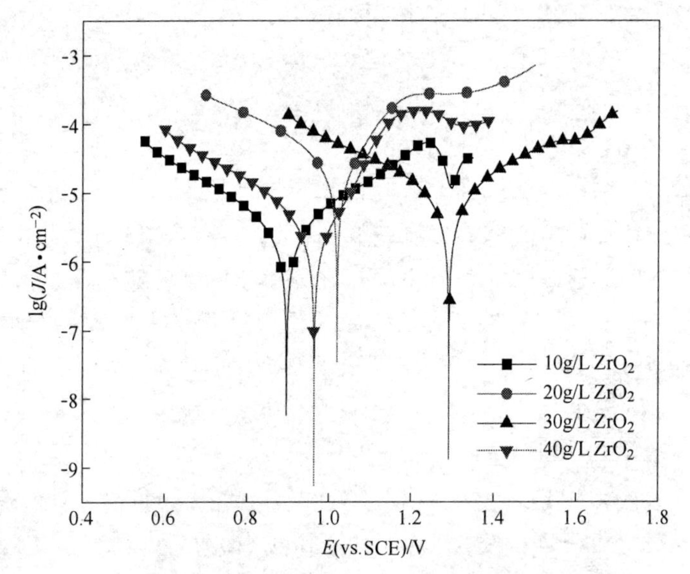

图 5-21　β-PbO_2 制备镀液中 ZrO_2 浓度对复合阳极材料塔菲尔曲线的影响

(扫描速率为 10mV/s)

表 5-14　β-PbO_2 制备镀液中 ZrO_2 浓度对复合阳极材料的腐蚀电位和腐蚀电流值的影响

ZrO_2 浓度/g · L^{-1}	腐蚀电位 E_{corr}/V	腐蚀电流密度 I_{corr}/A
10	0. 8967	6.4194×10^{-5}
20	1. 0200	2.3915×10^{-5}
30	1. 2917	1.4887×10^{-5}
40	0. 9645	1.9459×10^{-5}

腐蚀电位和腐蚀电流密度是表征材料耐蚀性的两个重要参数，在相同条件下，腐蚀电位越高，腐蚀电流密度越小，材料的耐蚀性越好。从表 5-14 可以看出，随着 β-PbO_2 镀液中 ZrO_2 浓度的增加，复合阳极材料的腐蚀电位增加，同时腐蚀电流密度明显降低，说明加入 ZrO_2 可以增强阳极材料的耐蚀性。且 ZrO_2 的浓度为 30g/L 时，腐蚀电位最大，同时腐蚀电流密度最小，说明当 ZrO_2 的浓度

为 30g/L 时，制备出的复合阳极材料在 $ZnSO_4-H_2SO_4$ 溶液中的耐蚀性最好。

5.5.3.2 掺杂 ZrO_2、CNT 复合阳极材料的电化学性能

通过实验对比研究确定了 ZrO_2 的浓度为 30g/L 时，制备出的 β-PbO_2-ZrO_2 复合阳极材料具有较低的析氧电位、良好的电催化活性及较好的耐蚀性。在此基础上，再在 β-PbO_2 制备镀液中加入 CNT（碳纳米管），以寻求性能更加优异的复合阳极材料，其中碳纳米管的加入量分别为 5g/L、10g/L、15g/L 及 20g/L。

A 阳极极化曲线

不锈钢/α-PbO_2-ZrO_2/β-PbO_2-ZrO_2-CNT 复合阳极材料在 $ZnSO_4-H_2SO_4$ 溶液（35℃）中的阳极极化曲线，如图 5-22 所示，对阳极极化曲线进行线性拟合，得到的析氧动力学参数如表 5-15 所示。

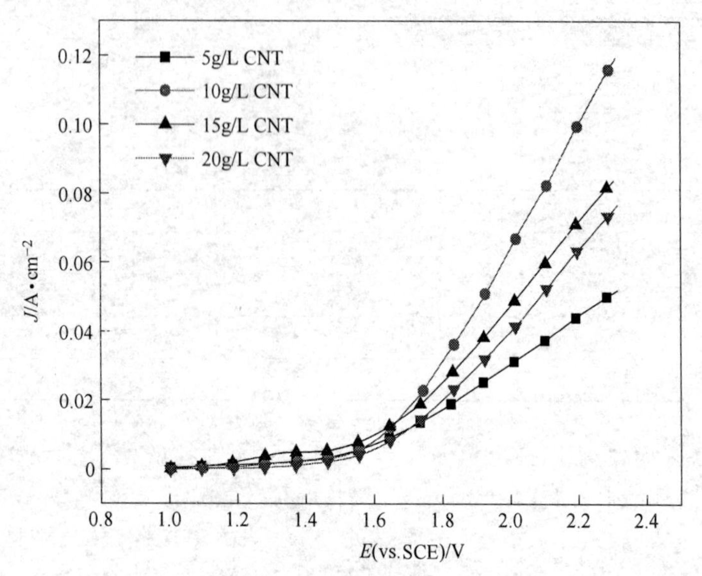

图 5-22 β-PbO_2 制备镀液中 CNT 浓度对复合阳极材料阳极极化曲线的影响

（扫描速率为 30mV/s）

表 5-15 β-PbO_2 制备镀液中 CNT 浓度对复合阳极材料析氧动力学参数的影响

CNT 浓度/$g \cdot L^{-1}$	η(500A/m^2)/V	a	b	i_0/$A \cdot cm^{-2}$
5	1.240	2.48259	0.95802	2.5623×10^{-3}
10	0.957	1.93006	0.74813	2.6312×10^{-3}
15	1.078	2.16687	0.83707	2.5785×10^{-3}
20	1.106	2.09593	0.76068	1.7566×10^{-3}

注：η 为析氧过电位；a、b 为塔菲尔常数；i_0 为交换电流密度。

从图 5-22 可以看出，β-PbO_2 制备镀液中 CNT 的添加量为 10g/L 时，在相同的电流密度下，复合阳极材料具有最低的析氧电位，但是 CNT 的添加量超过 15g/L 时，析氧电位反而增大。造成这一现象的原因可根据并联吸附理论，当 CNT 的浓度过高时，处于强吸附态的颗粒在 Pb^{2+} 未沉积牢固之前，会因外界力量的冲击而从镀层上脱落下来，这样就使得镀层中沉积的纳米颗粒 CNT 和 ZrO_2 的量减少，而这两种颗粒均可提高电极的电化学性能，因此浓度过大时复合 β-PbO_2 电极析氧电位反而增大。

从表 5-15 可以看出，β-PbO_2 制备镀液中 CNT 的浓度为 10g/L 时，复合阳极材料的析氧过电位最小为 0.957V，交换电流密度最大为 2.6312×10^{-3} A/cm^2；a 和 b 的值也相对最小；析氧过电位越小，电极反应的阻力越小，能耗越低；交换电流密度越大，电催化活性越好。由 Tafel 公式（$\eta = a + b\lg i$）可知，同等条件下，a、b 的值越小，电解过程中槽电压越小，能耗越低。且 CNT 的质量浓度为 10g/L 时制备的复合阳极材料的交换电流密度最大为 2.6312×10^{-3} A/cm^2，交换电流密度越大，电极反应时转移的电子数越多，电催化活性越好。

B 循环伏安曲线

不锈钢/α-PbO_2-ZrO_2/β-PbO_2-ZrO_2-CNT 复合阳极材料在 $ZnSO_4$-H_2SO_4 溶液（35℃）中的循环伏安曲线，如图 5-23 所示，对循环伏安曲线进行面积积分，得到的伏安电荷值如表 5-16 所示。

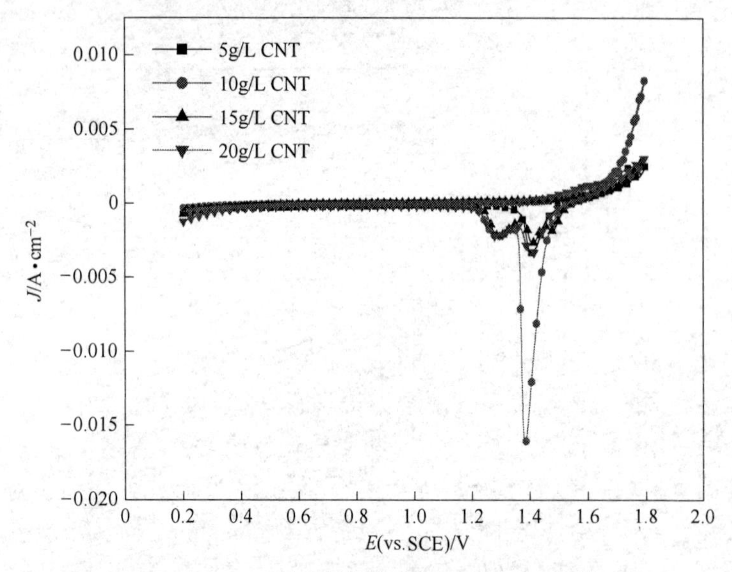

图 5-23 β-PbO_2 制备镀液中 CNT 浓度对复合阳极材料循环伏安曲线的影响

（扫描速率为 30mV/s）

表 5-16 β-PbO_2 制备镀液中 CNT 浓度对复合阳极材料伏安电荷的影响

CNT 浓度/g · L^{-1}	伏安电荷/C · cm^{-2}
5	0. 000496
10	0. 004319
15	0. 002904
20	0. 001825

从图 5-23 可以看出，在正向扫描过程中四条曲线均出现一个微弱的氧化峰，应对应氧的析出反应，即 $2H_2O = 4H^+ + O_2$。CNT 的浓度为 5g/L 时制备的复合阳极材料在约 1. 37V 处出现一个还原峰，此峰可能对应 PbO_2/Pb。CNT 的浓度为 10g/L 时制备的复合阳极材料在约 1. 22V 和 1. 38V 处分别出现一个还原峰，可能分别对应 Pb_2O_3/Pb_3O_4 和 PbO_2/Pb。CNT 的质量浓度为 15g/L 时制备的复合阳极材

料在约 1.23V、1.39V 及 1.50V 处分别出现一个还原峰，这三个还原峰可能分别对应 Pb_2O_3/Pb_3O_4、PbO_2/Pb 及 $PbO_3^{2-}/HPbO_2^-$。CNT 的质量浓度为 20g/L 时制备的复合阳极材料在约 1.21V 和 1.36V 处分别出现一个还原峰，这两个还原峰可能分别对应 Pb_2O_3/Pb_3O_4 和 PbO_2/Pb。

从表 5-16 可以看出，β-PbO_2 制备镀液中随着 CNT 浓度的增加复合阳极材料的伏安电荷增大，当 CNT 的质量浓度为 10g/L 时伏安电荷达到最大值 0.004319C/cm^2，CNT 的浓度大于 10g/L 时制备的复合阳极材料的伏安电荷又降低，说明其电催化活性最好。

C 塔菲尔特性分析

不锈钢/α-PbO_2-ZrO_2/β-PbO_2-ZrO_2-CNT 复合阳极材料在 $ZnSO_4$-H_2SO_4 溶液（35℃）中的塔菲尔曲线，如图 5-24 所示，对 Tafel 曲线进行拟合，得到的自腐蚀电位和腐蚀电流密度如表 5-17 所示。

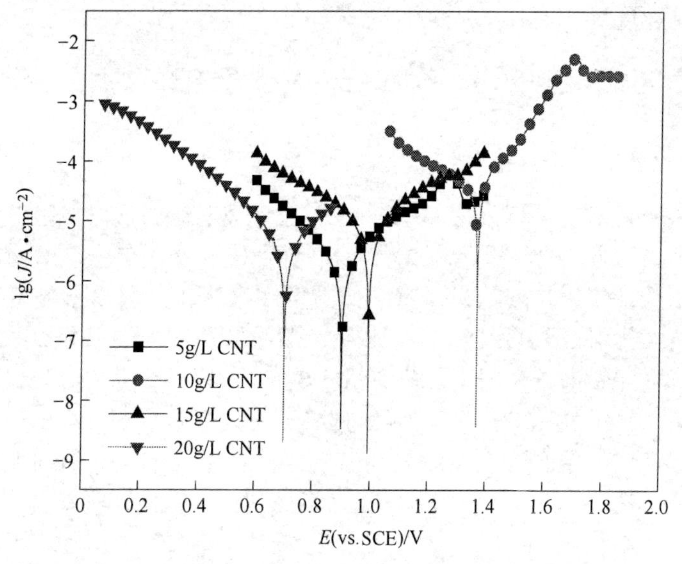

图 5-24 β-PbO_2 制备镀液中 CNT 浓度对复合阳极材料塔菲尔曲线的影响

（扫描速率为 30mV/s）

表 5-17 β-PbO_2 制备镀液中 CNT 浓度对复合阳极材料对伏安电荷的影响

CNT 浓度/$g \cdot L^{-1}$	腐蚀电位 E_{corr}/V	腐蚀电流密度 I_{corr}/A
5	0.899	4.531×10^{-6}
10	1.368	1.276×10^{-6}
15	0.831	2.407×10^{-5}
20	0.701	7.034×10^{-6}

从表 5-17 可以看出，镀液中不同 CNT 浓度下制备的复合阳极材料的腐蚀电流值相差不大，在腐蚀电流密度相差不大的情况下，腐蚀电位越大，材料的耐蚀性越好。从表 5-17 可知，当 CNT 的浓度为 10g/L 时制备的复合阳极材料的腐蚀电位为 1.368V，其值最大，表明该复合阳极材料在 $ZnSO_4-H_2SO_4$ 溶液中具有较好的耐蚀性。

5.6 锌电积用不锈钢基 α-PbO_2-CeO_2-Co_3O_4 复合镀层制备及性能研究

5.6.1 不锈钢基 α-PbO_2-CeO_2-Co_3O_4 复合镀层的制备工艺研究

5.6.1.1 电极的制备

试验采用规格为 20mm×40mm×2mm 型号不锈钢基体做阳极。所用药品均为分析纯，颗粒 CeO_2、Co_3O_4 为纳米级颗粒。由于纳米颗粒的团聚现象，导致纳米级颗粒的粒度在微米级，但不影响复合镀的制备。为保证 CeO_2 和 Co_3O_4 颗粒在镀液体系中很好地分散，在电沉积二氧化铅前，在超声设备中超声 30min，以保证颗粒的分散。

将不锈钢片在 1 号~4 号砂纸打磨，使其表面平整且粗糙，增加基体和镀层的结合力。然后放在碱性除油剂中除油。除油剂加温到 60℃，煮洗 20min，其目的是除去表面的油渍和氧化物。然后用蒸馏水冲洗干净待用。

5.6.1.2 电极制备工艺流程和工艺条件

为了在不锈钢表面形成良好的 α-PbO_2-CeO_2-Co_3O_4 复合镀层，

具体操作工艺如下：

不锈钢片→打磨→水洗→除油→水洗→电镀 α-PbO_2-CeO_2-Co_3O_4 复合镀层→水洗→干燥→分析测试。

4mol/L 的氢氧化钠溶液中加入黄色氧化铅至饱和，0~20g/L 的 CeO_2 颗粒，0~40g/L 的 Co_3O_4 颗粒，温度为 20~50℃，电流密度为 0.5~2A/dm^2，电镀时间 1~4h，采用机械搅拌电镀液。

5.6.1.3 镀层的形貌、成分和电化学分析

镀层的表面形貌采用 SEM（XL30 ESEM philip，Holand）。镀层表面成分采用 EDX（PHOENIS，EDAI，USA）检测镀层的表面元素及各元素的原子比。镀层晶相采用荷兰 Philips 公司的 X'pert X 射线衍射仪（XRD）分析，X 射线源为 Cu 靶 Kα。实验采用武汉科思特仪器有限公司生产的 CorrText 电化学工作站进行极化曲线、循环伏安、交流阻抗等的测定。所采用的溶液为 $ZnSO_4$-H_2SO_4 溶液，溶液组成为 50g/L Zn^{2+}，150g/L H_2SO_4，实验温度为 35℃。电化学工作站示意图见图 5-25。

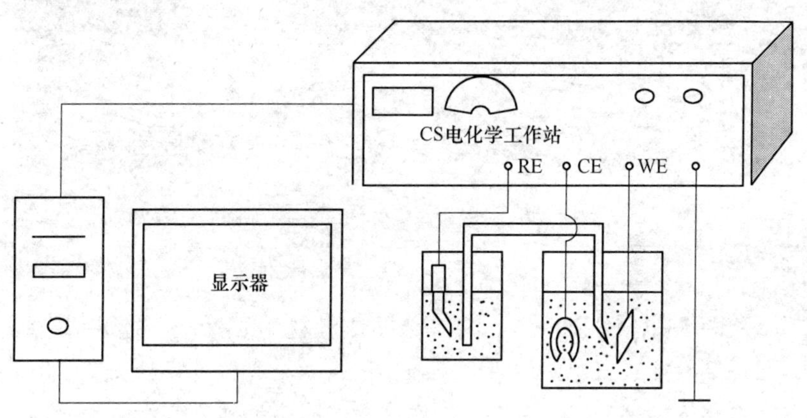

图 5-25　电化学工作站示意图

5.6.2 α-PbO_2-CeO_2-Co_3O_4 镀层的表面形貌分析

通过各因素对镀层性能的研究，选取最佳工艺条件下制备 α-

PbO_2 镀层、$\alpha-PbO_2-Co_3O_4$ 镀层、$\alpha-PbO_2-CeO_2$ 镀层、$\alpha-PbO_2-CeO_2-Co_3O_4$ 镀层。其中图 5-26a ~ d 分别对应的是 $\alpha-PbO_2$ 镀层、$\alpha-PbO_2-Co_3O_4$ 镀层、$\alpha-PbO_2-CeO_2$ 镀层、$\alpha-PbO_2-CeO_2-Co_3O_4$ 镀层在 1000 倍下的 SEM 照片。

图 5-26 $\alpha-PbO_2$ 复合镀层的 SEM 图

a—$\alpha-PbO_2$；b—$\alpha-PbO_2-CeO_2$；c—$\alpha-PbO_2-Co_3O_4$；d—$\alpha-PbO_2-CeO_2-Co_3O_4$

从图 5-26a 可以看出，未掺杂固体颗粒的 $\alpha-PbO_2$ 镀层晶胞较大，且呈叠加状态，比较紧密。图 5-26b 为添加惰性颗粒 CeO_2 的镀层，其表面较光滑，晶胞完全改变，这说明添加惰性颗粒 CeO_2 能使电极表面形成屏蔽作用[14]，抑制 $\alpha-PbO_2$ 晶胞的生长，很好地细化晶粒。图 5-26c 为添加 Co_3O_4 活性颗粒的镀层，其表面的晶胞包裹 Co_3O_4，表面不再那么平整且晶格结构发生改变。此外，表面凹凸不平，增加了镀层的比表面积。而图 5-26d 是添加活性颗粒 Co_3O_4 和

惰性颗粒 CeO_2 的 SEM 图，从该图可以看出，表面晶粒细小且形貌粗糙。可能因为 CeO_2 和 Co_3O_4 的作用，可以看出这种电极不仅表面粗糙，比表面积增大，而且晶粒细小耐腐蚀性能提高。

图 5-27 为掺杂不同颗粒制备的 α-PbO_2 镀层物相组成，其衍射峰值与 JCPDS 卡片对照。图中可以发现，添加的颗粒均在镀层中出现，且没发现其他物质的干扰峰。α-PbO_2 镀层呈现在（200）界面择优生长，且强度较为厉害，导致其他的衍射峰被弱化。同时，还发现有较小的 PbO 物质的衍射峰（卡片 65-0402），可能是由在沉积

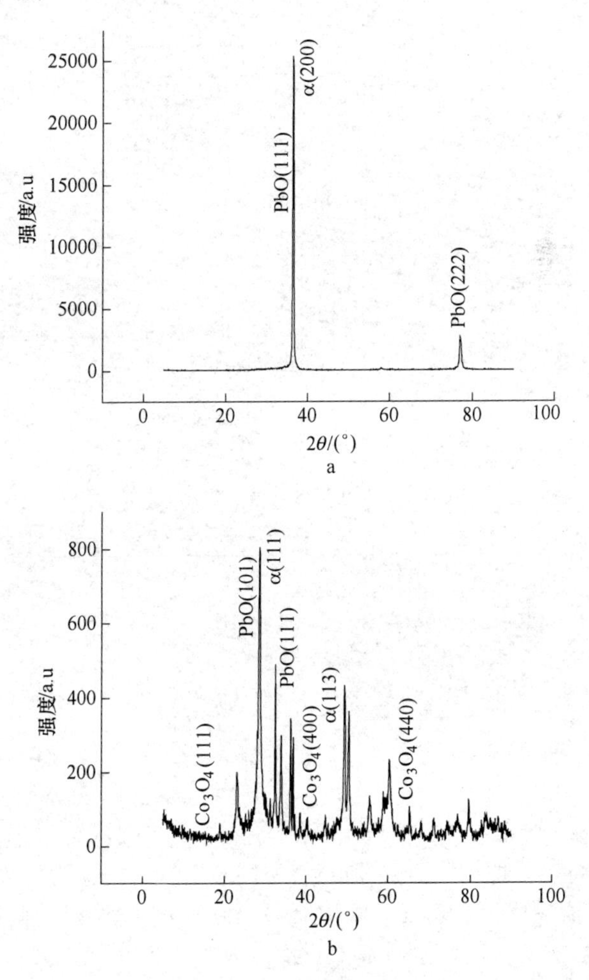

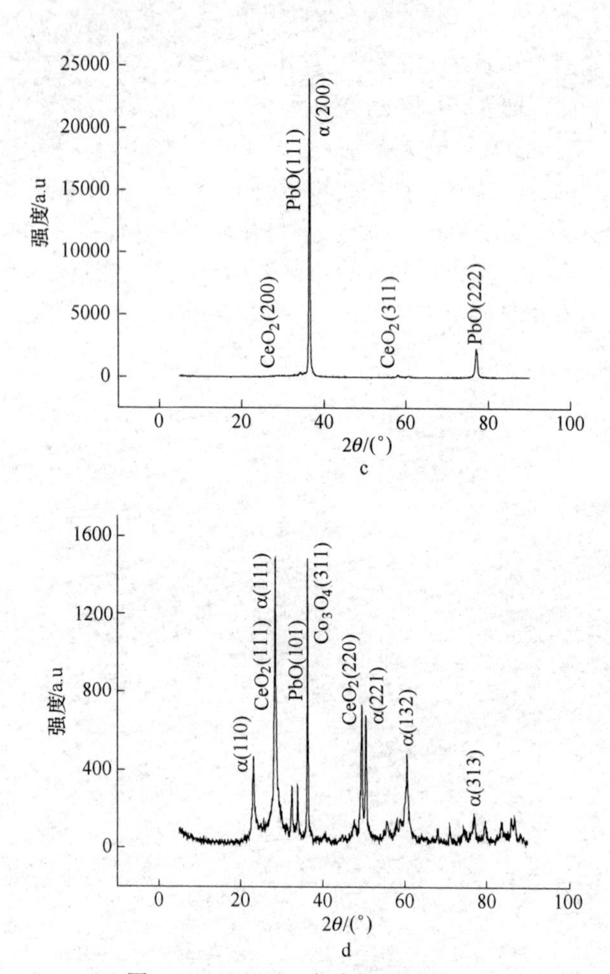

图 5-27 α-PbO_2 复合镀层的 XRD 图

a—α-PbO_2；b—α-PbO_2-Co_3O_4；c—α-PbO_2-CeO_2；d—α-PbO_2-CeO_2-Co_3O_4

过程中部分不溶 PbO 与 α-PbO_2 产生共沉积导致的。颗粒 CeO_2 的添加，使 α-PbO_2 在（200）界面生长有所减少，从 SEM 图片可以看出 CeO_2 添加使 α-PbO_2 颗粒细化，导致择优生长减弱。但是，添加 Co_3O_4 颗粒后，抑制了 α-PbO_2（200）的生长，衍射强度明显减弱，且出现其他晶面的生长峰。添加 CeO_2 和 Co_3O_4 混合颗粒的镀层衍射有所增加。

5.6.3 $\alpha-PbO_2-CeO_2-Co_3O_4$ 复合镀层的电化学性能

试验采用三电极体系，不锈钢基 $\alpha-PbO_2$，不锈钢基 $\alpha-PbO_2-CeO_2$，不锈钢基 $\alpha-PbO_2-Co_3O_4$，不锈钢基 $\alpha-PbO_2-CeO_2-Co_3O_4$ 为工作电极，铂电极为辅助电极，饱和甘汞电极为参比电极，在 35℃，50g/L Zn^{2+}，150g/L H_2SO_4 水溶液中。测试阳极极化曲线如图 5-28 所示。对阳极极化曲线进行拟合计算，得不同镀层材料的析氧动力学参数如表 5-18 所示。

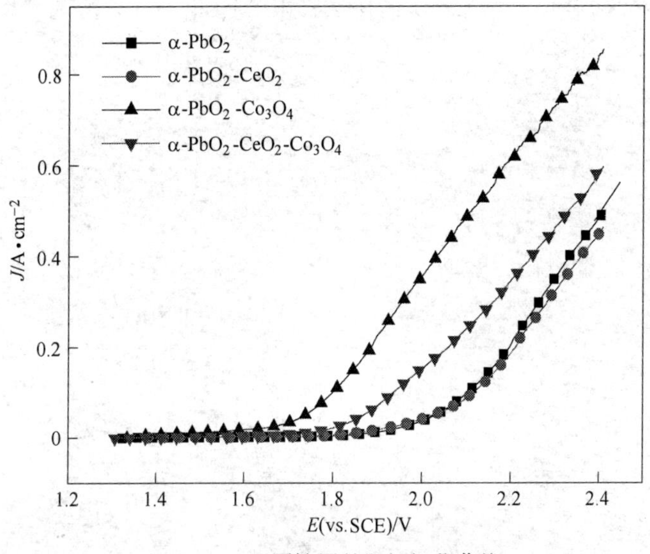

图 5-28 不同镀层的阳极极化曲线

表 5-18 不同镀层材料的析氧动力学参数

镀 层	a/V	b/V	i_0/A · cm^{-2}
$\alpha-PbO_2$	1.05456	0.31867	4.906×10^{-4}
$\alpha-PbO_2-CeO_2$	1.06919	0.3313	5.926×10^{-4}
$\alpha-PbO_2-Co_3O_4$	0.86992	0.41176	7.715×10^{-3}
$\alpha-PbO_2-CeO_2-Co_3O_4$	0.94334	0.32131	1.159×10^{-3}

通过阳极极化曲线，可以看出添加 CeO_2 没有改变 PbO_2 电极的

析氧电位，而 Co_3O_4 的添加明显降低 PbO_2 电极的析氧电位。但只添加 Co_3O_4 颗粒容易导致电极表面粗糙，添加 CeO_2 和 Co_3O_4 不仅可以使表面平整，而且可以降低电极的析氧电位。

通过测定阳极极化曲线，并用 Tafel 公式（$\eta=a+b\lg i$）对极化曲线数据进行线性拟合，得到 a，b 和 i_0 值，从表 5-18 可以看出不锈钢基 α-PbO_2-CeO_2-Co_3O_4 电极的交换电流密度为 $1.159\times10^{-3}A/cm^2$ 大于不锈钢基 α-PbO_2 电极的电流密度 $4.906\times10^{-4}A/cm^2$，不锈钢基 α-PbO_2 电极的 a 值最大，说明该电极相对于其他电极的析氧过电位高，槽电压较大，耗电多及催化活性低。因此，可以说明在同样的条件下不锈钢基 α-PbO_2-CeO_2-Co_3O_4 有较好的电催化活性。

5.6.3.1 Tafel 曲线

试验采用三电极体系，不锈钢基 α-PbO_2、不锈钢基 α-PbO_2-CeO_2、不锈钢基 α-PbO_2-Co_3O_4、不锈钢基 α-PbO_2-CeO_2-Co_3O_4 为工作电极，铂电极为辅助电极，饱和甘汞电极为参比电极，在 35℃，50g/L Zn^{2+}，150g/L H_2SO_4 水溶液中。测试 Tafel 曲线如图 5-29 所

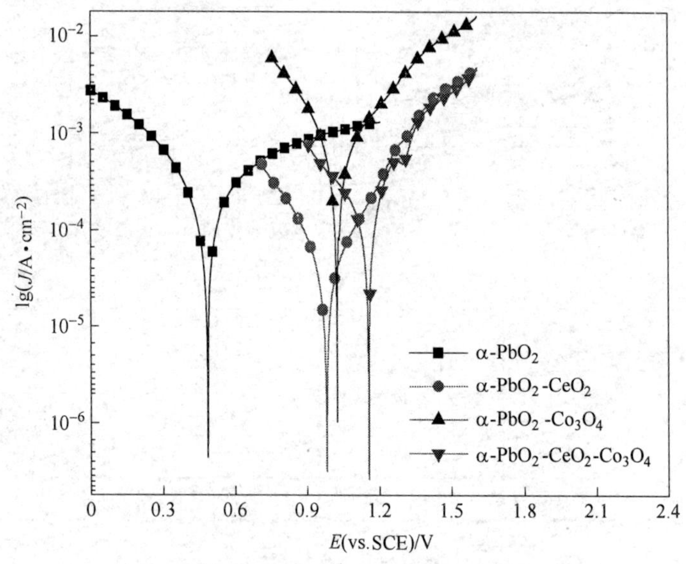

图 5-29 不同镀层的 Tafel 曲线

示。对 Tafel 曲线进行拟合计算，得不同镀层材料的腐蚀电位和腐蚀电流密度如表 5-19 所示。

表 5-19 不同镀层材料的腐蚀电位和腐蚀电流密度

镀 层	腐蚀电位/V	腐蚀电流密度 I_{corr} /$A \cdot cm^{-2}$
α-PbO_2	0.4817	2.24×10^{-4}
α-PbO_2-CeO_2	0.9796	6.78×10^{-5}
α-PbO_2-Co_3O_4	1.023	8.04×10^{-4}
α-PbO_2-CeO_2-Co_3O_4	1.154	5.30×10^{-4}

从前面的理论知识可以知道，电极材料的腐蚀电位越大，腐蚀电流密度越小，则电极材料的耐腐蚀性能越好。相反，则较差。从图 5-29 和表 5-19 可以看出，不锈钢基 α-PbO_2-CeO_2-Co_3O_4 镀层的腐蚀电位最大，为 1.154V，腐蚀电流密度为 $5.30\times10^{-4}A/cm^2$，相对较小。由此可以得出，不锈钢基 α-PbO_2-Co_3O_4-CeO_2 镀层的耐腐蚀性能最好。依次推断所有镀层的耐腐蚀性能大小为：不锈钢基 α-PbO_2-CeO_2-Co_3O_4>不锈钢基 α-PbO_2-CeO_2>不锈钢基 α-PbO_2-Co_3O_4>不锈钢基 α-PbO_2。可能是由于惰性 CeO_2 的添加，细化 α-PbO_2 晶粒，使得表面致密性较好，耐腐蚀性能得到提升。活性 Co_3O_4 的添加能很好地提高电极材料的催化性能，但是电极材料的耐腐蚀性能却没有得到提高，从电极材料的表面形貌也可以看出，只掺杂 Co_3O_4 的镀层表面会变得粗糙，使得镀层材料的致密性较差，进而影响镀层材料的耐腐蚀性能。惰性 CeO_2 和活性 Co_3O_4 的添加，体现出两种颗粒的优点，不仅提高电极材料的耐腐蚀性能，而且材料的电催化活性也得到明显的提高。

5.6.3.2 循环伏安曲线

试验采用三电极体系，不锈钢基 α-PbO_2、不锈钢基 α-PbO_2-CeO_2、不锈钢基 α-PbO_2-Co_3O_4、不锈钢基 α-PbO_2-CeO_2-Co_3O_4 为

工作电极，铂电极为辅助电极，饱和甘汞电极为参比电极，在35℃，50g/L Zn^{2+}，150g/L H_2SO_4 水溶液中。测试循环伏安曲线如图 5-30 所示。

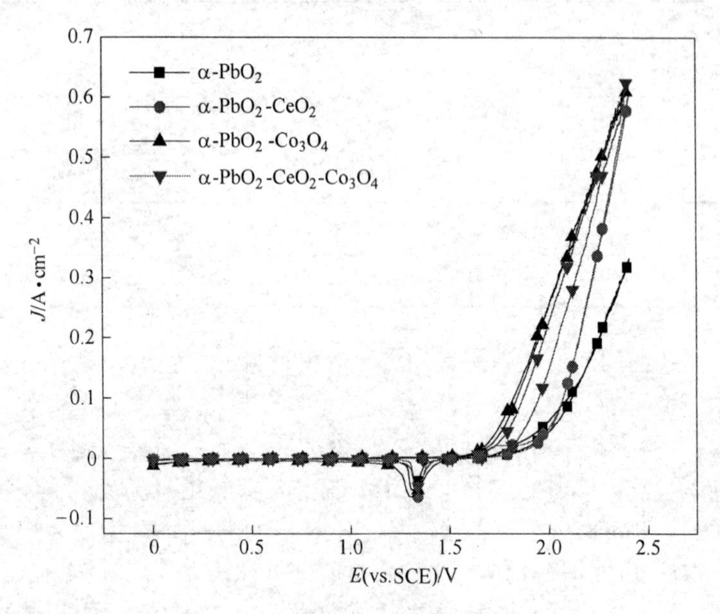

图 5-30 不同镀层的循环伏安曲线

从图 5-30 可以看出，循环伏安曲线有一个还原峰和氧化峰，可能是因为表面是二氧化铅，其铅价位为+4 价，为最高价在正方向扫描时，不能发生氧化，只有高电位下发生析氧反应，电解液中的 H_2O 被氧化生产氧气（$2H_2O = 4H^+ + O_2 + 4e^-$）。说明复合颗粒的掺杂没有改变电极的反应机理，但是可以提高电极材料的催化性能。掺杂 Co_3O_4 和 CeO_2 的 PbO_2 电极材料的析氧电位得到降低，从正方向扫描的曲线可以看出。还原峰主要是二氧化铅的还原（$PbO_2 + 4H^+ + 2e^- = Pb^{2+} + 2H_2O$）。不锈钢基 α-$PbO_2$ 电极的还原电位为 1.331V，复合掺杂 Co_3O_4 和 CeO_2 的不锈钢基 PbO_2 电极的还原电位为 1.325V，可见复合掺杂 Co_3O_4 和 CeO_2 颗粒可以改变电极材料的电位和电流。

5.7 锌电积用不锈钢基 α-PbO_2-CeO_2-Co_3O_4/β-PbO_2-CNT 复合镀层制备及性能研究

5.7.1 不锈钢基 α-PbO_2-CeO_2-Co_3O_4/β-PbO_2-CNT 复合镀层的制备工艺研究

5.7.1.1 试验材料及药品

基体为 20mm×40mm×2mm 的不锈钢，黄色氧化铅、氢氧化钠、硝酸铅、硝酸、氟化钠等，均为分析纯药品。水为二次去离子水。α-PbO_2 层制备使用不锈钢板做阴极，β-PbO_2 层制备使用纯铅板做阴极。CeO_2、Co_3O_4 和 CNT 为纳米颗粒。为了尽可能保证颗粒的分散均匀，电镀前使用超声设备对电镀液进行超声分散 30min。

碳纳米管为工业级多壁碳纳米管，纯度>90%，管长 10~20μm，外径>50nm，内径为 5~15nm，成分：C 为 92.65%，Fe 为 0.23%，Ni 为 2.76%，S 为 0.12%。碳纳米管分散液活性物质含量>90%，浊点为 68~70℃（中国科学院成都有机化学研究所）。

5.7.1.2 电极制备

为了在不锈钢表面形成良好的 β-PbO_2-CNT 复合镀层，具体操作工艺如下：

不锈钢片→打磨→水洗→除油→水洗→电镀 α-PbO_2-CeO_2 镀层→水洗→电镀 β-PbO_2-CNT 镀层→水洗→干燥→分析测试。

镀液组成及工艺条件介绍如下。

α-PbO_2 中间层制备的镀液组成及工艺条件：平均电流密度为 1.5A/dm^2，镀液温度为 40℃，电沉积时间为 2h，黄色氧化铅浓度为 50g/L，氢氧化钠浓度为 160g/L，CeO_2（7.04μm）浓度为 15g/L，Co_3O_4（1.03μm）浓度为 30g/L。

β-PbO_2 表层制备的镀液组成及工艺条件：电流密度为 2~6 A/dm^2，镀液温度为 50℃，电沉积时间为 4h，$Pb(NO_3)_2$ 浓度为

250g/L，HNO_3 浓度为 10g/L，NaF 浓度为 0.5g/L，CNT 浓度为 10~30g/L。

5.7.1.3 镀层的表征和电化学性能测试

表面形貌分析采用电子扫描电镜（FEI，QUANTA200，USA），CNT 掺杂镀层物相组成由 XRD 测试（3D/max，Japan）。电化学测试在电化学工作站（CS350，武汉科思特仪器有限公司）上进行，采用三电极体系，不锈钢基 β-PbO_2-CNT 电极作为研究电极（面积为 1cm×1cm），饱和甘汞电极作为参比电极，铂电极为辅助电极。以由 50g/L 的 Zn^{2+} 和 150g/L 的 H_2SO_4 溶液为介质，温度为 35℃。阳极极化用恒电位线性扫描，扫描速率为 50mV/s，最大电位为 2.4V。Tafel 曲线扫描速率为 50mV/s。循环伏安扫描速率为 10mV/s。电位范围为 0~2.4V。

5.7.2 α-PbO_2-CeO_2-Co_3O_4/β-PbO_2-CNT 镀层的表面形貌分析

选取不添加 CNT 和添加 CNT 的量为 20g/L，制备不锈钢基/β-PbO_2 镀层和不锈钢基/β-PbO_2-CNT 复合镀层，然后对材料镀层做 SEM。图 5-31a、b 分别对应不锈钢基/β-PbO_2 镀层和不锈钢基/β-PbO_2-CNT 复合镀层的 5000 倍的表面形貌。图 5-31a′、b′为 10000 倍的表面形貌。

a

a′

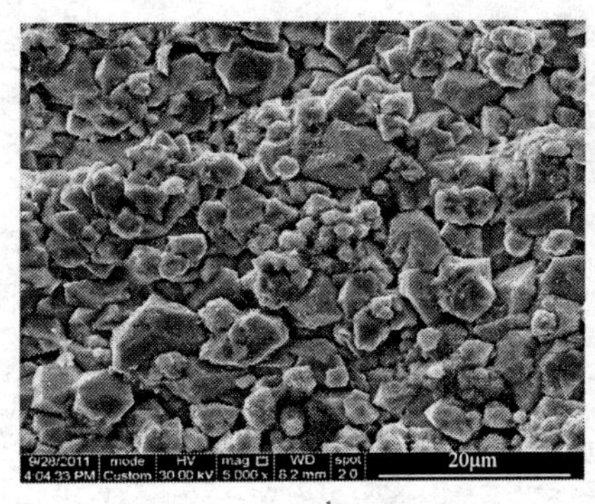

b

b′

图 5-31 不锈钢基/$\beta-PbO_2$ 镀层（a，a′）和不锈钢基/$\beta-PbO_2$-CNT 复合镀层（b，b′）的 SEM

从图 5-31 可以看出，不锈钢基/$\beta-PbO_2$ 镀层和不锈钢基/$\beta-PbO_2$-CNT 复合镀层不同，晶粒的形貌发生改变，未添加 CNT 的 $\beta-PbO_2$ 镀层的晶粒形貌呈正八面体形状，晶粒相对粗大。添加 CNT 的 $\beta-PbO_2$ 复合镀层的晶粒表面不均匀。有正八面体的 $\beta-PbO_2$ 颗粒，还有表面分布的 CNT，以及受 CNT 的影响，表面生成的小的八面体 $\beta-PbO_2$ 晶粒。但是表面上 CNT 的分布不是很均匀，可能是表面晶粒产生凹凸不平的面，使得 CNT 进入到凹处而被埋入导致的。

分别对 CNT、不锈钢基/$\beta-PbO_2$ 镀层和不锈钢基/$\beta-PbO_2$-CNT 复合镀层做 XRD 衍射扫描，结果如图 5-32 所示。

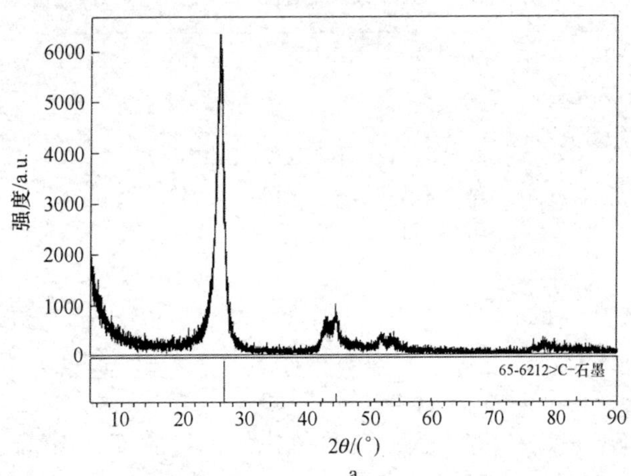

a

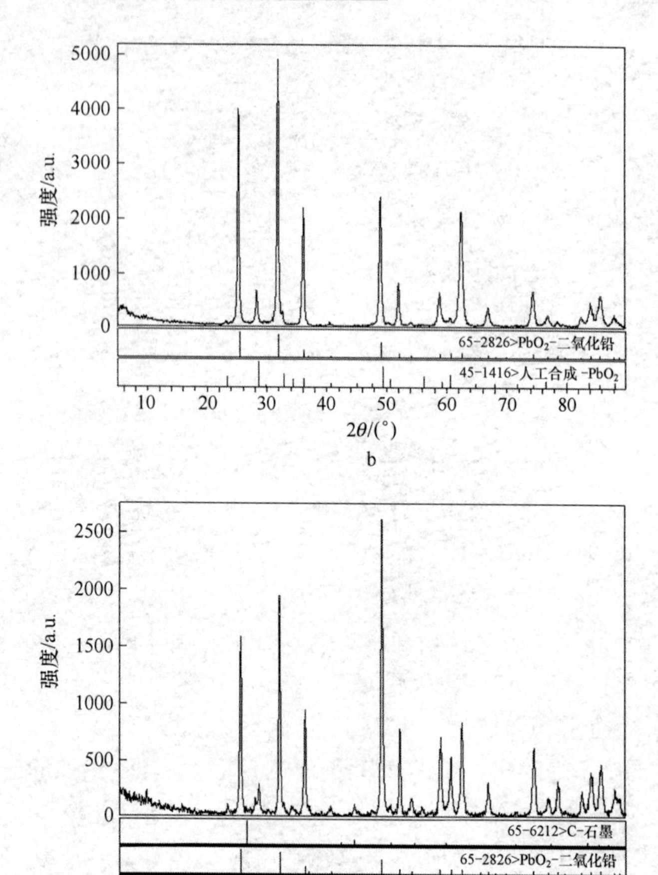

图 5-32 不同镀层的 XRD

a—碳纳米管颗粒；b—不锈钢基/β-PbO_2 镀层；

c—不锈钢基/β-PbO_2-CNT 复合镀层

通过图 5-32a 可以看出，碳纳米管的峰对应的是 C 的峰值，但是发现有偏差，可能是因为碳纳米管中含有杂质元素的影响，导致峰的偏移。对于碳纳米管 2θ 在 26.49°、42.36°、44.53°、54.49°、85.48°均出现 C 的衍射峰（65－6212），其晶面指数为（002）、

(100)、(101)、(004)、(105)。图 5-32b 在 2θ 为 25.30°、32.00°、36.23°、49.11°和 52.17°均出现 $\beta-PbO_2$ 的衍射峰（65-2826 卡片），其晶面指数分别为（110）、（101）、（200）、（211）和（220），同时也发现有 $\alpha-PbO_2$ 的衍射峰（45-1416），在 35.06°、40.50°、60.62°、74.38°、85.74°等处，其对应的晶面指数分别为（200）、(112)、(132)、(330)、(151)。对于复合制备的不锈钢基/$\beta-PbO_2$-CNT 复合镀层的 XRD 衍射图片可以看到，图 5-32c 出现 C、$\alpha-PbO_2$ 和 $\beta-PbO_2$ 的衍射峰，可能由于碳纳米管的影响，衍射峰的衍射强度减弱，说明碳纳米管的添加可以起到细化晶粒的作用，导致衍射峰发生偏移。图 5-32c 中主要是 $\beta-PbO_2$ 的衍射峰最强，说明复合镀层中主要是以 $\beta-PbO_2$ 为主。进一步证实碳纳米管的添加不会改变复合镀层的成分。

5.7.3　$\alpha-PbO_2-CeO_2-Co_3O_4/\beta-PbO_2$-CNT 复合镀层的电化学性能

5.7.3.1　阳极极化曲线

图 5-33 为不同 CNT 添加量的复合镀层的极化曲线，从图中可以看出，CNT 的添加量为 20g/L 时，$\beta-PbO_2$ 复合电极的析氧电位最低。当添加量在增加，析氧电位在上升，究其原因，可能是伴随着 CNT 的添加量增加，镀液中颗粒的浓度和黏度增加，在阳极上发生碰撞和吸附到阳极上的 CNT 也相应地增加，黏度有利于颗粒在镀液中很好地悬浮。进而改善了 $\beta-PbO_2$ 复合镀层的催化活性，降低镀层的析氧电位。当 CNT 的浓度大于 20g/L 时，镀液的黏度增大，影响镀液中 Pb^{2+} 的游离，使阳极上沉积 $\beta-PbO_2$ 的量在减少，同时镀层表面吸附颗粒的数量是有限的，最终表面镀层的厚度变薄，沉积量也相应地减少，使得 $\beta-PbO_2$ 复合镀层催化活性降低，析氧电位增大。

根据图 5-34，对曲线进行电位与电流密度对数的拟合，计算出 Tafel 公式中的 a、b 值，然后再计算出 i_0、η，得到表 5-20 不同 CNT 添加量的复合镀层的析氧过电位和动力学参数。

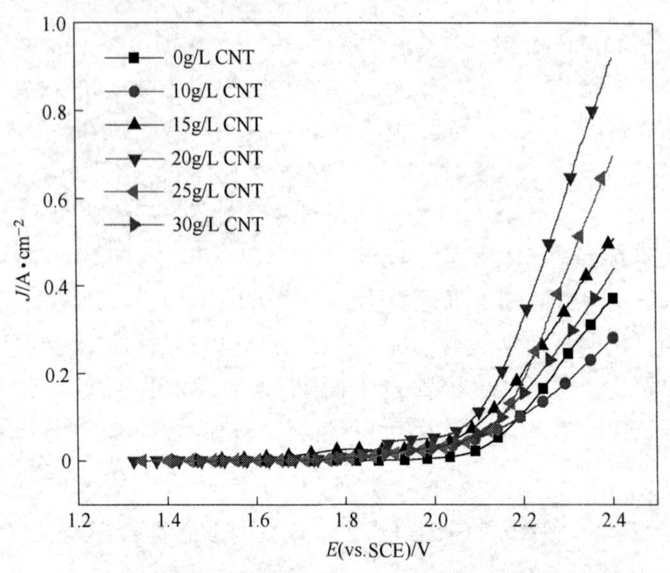

图 5-33 不同 CNT 质量浓度下 β-PbO_2 复合镀层的阳极极化曲线

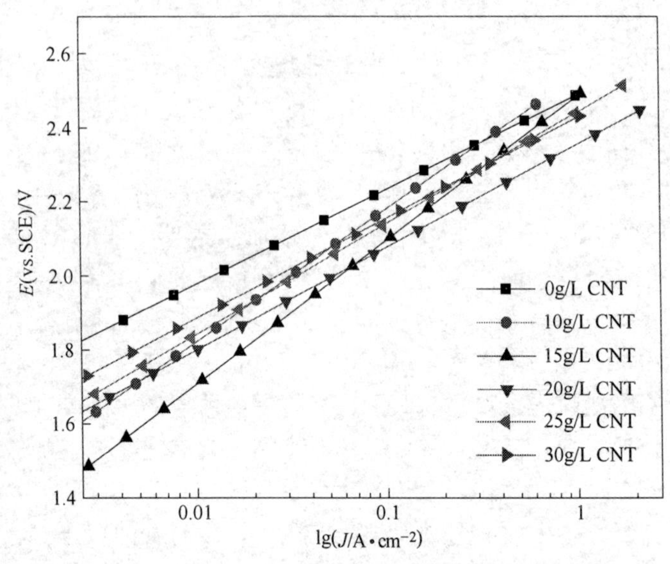

图 5-34 不同 CNT 浓度下的电位和电流密度对数的关系

表 5-20　不同 CNT 浓度下的 $\beta-PbO_2$ 镀层的析氧过电位和动力学参数

CNT 浓度 /g · L^{-1}	不同电流密度（A/cm^2）下的 η/V				a/V	b/V	i_0 /A · cm^{-2}
	0.05	0.1	0.15	0.2			
0	0.756	0.883	0.878	0.910	1.088	0.255	5.41×10^{-5}
10	0.673	0.781	0.844	0.888	1.139	0.358	6.58×10^{-4}
15	0.618	0.696	0.764	0.812	1.084	0.388	1.6×10^{-3}
20	0.595	0.678	0.727	0.761	0.955	0.277	2.91×10^{-3}
25	0.651	0.741	0.794	0.831	1.041	0.300	3.39×10^{-4}
30	0.676	0.757	0.805	0.838	1.027	0.270	1.57×10^{-4}

表 5-20 中的数据可以得到，添加 CNT 的镀层电极材料的 a 和 b 值均比不添加 CNT 的镀层电极要小，可见添加 CNT 可以提高电极的催化性能。CNT 的浓度为 20g/L 时，a、b 的值相对最小，说明该镀层电极在电解时槽电压最低，电耗最少，超电压最小，电耗也相应地最小。交换电流密度为 2.91×10^{-3} A/cm^2，其值最大，说明该电极材料的电催化性较好，电极反应速度较快，其可逆性较好。在电流密度分别为 0.05A/cm^2、0.1A/cm^2、0.15A/cm^2、2A/cm^2 下，CNT 的浓度为 20g/L 的析氧过电位最低，说明该电极的电催化活性较好，电耗较低。

5.7.3.2　Tafel 曲线

图 5-35 为不同 CNT 添加量的复合镀层的 Tafel 曲线，对制备的曲线数据通过处理，得到腐蚀电流密度 I_{corr} 和腐蚀电位 E_{corr} 的值如表 5-21 所示。

表 5-21　不同 CNT 浓度下的 $\beta-PbO_2$ 复合镀层的腐蚀电位和腐蚀电流

CNT 浓度/g · L^{-1}	腐蚀电位 E_{corr}/V	腐蚀电流密度 J_{corr}/A · cm^{-2}
0	0.894	3.79×10^{-5}
10	0.975	1.24×10^{-5}
15	0.956	3.51×10^{-5}
20	1.119	2.41×10^{-4}

续表 5-21

CNT 浓度/g · L^{-1}	腐蚀电位 E_{corr}/V	腐蚀电流密度 J_{corr}/A · cm^{-2}
25	0.994	4.20×10^{-5}
30	0.903	2.01×10^{-5}

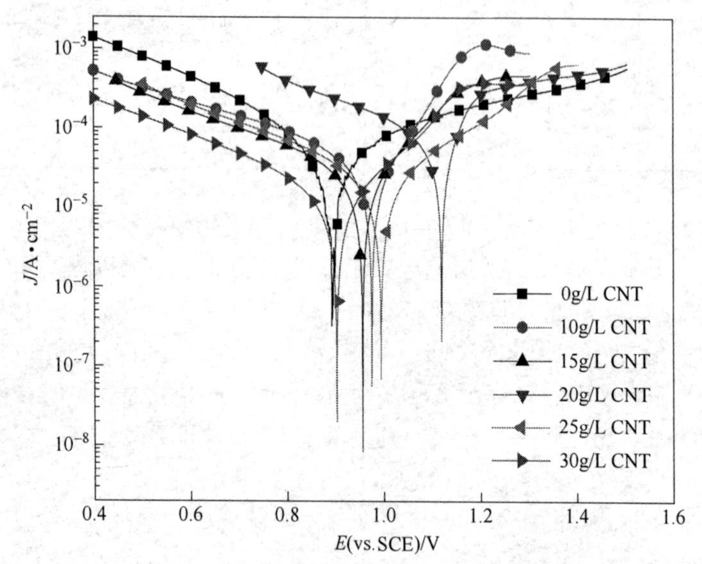

图 5-35 不同 CNT 浓度下的 β-PbO_2 镀层的 Tafel 曲线

从表 5-21 中可以看出，掺杂不同含量的 CNT 的腐蚀电位均比没掺杂高。添加 CNT 的量为 20g/L 时，β-PbO_2 复合镀层腐蚀电位最高，达到 1.119V，没有掺杂 CNT 的 β-PbO_2 复合镀层腐蚀电位为 0.894V。在腐蚀电流密度方面，没有呈现出与腐蚀电位的线性关系。但是没有掺杂 CNT 的 β-PbO_2 复合镀层腐蚀电流也是相对较大。在 CNT 的量为 20g/L 时，β-PbO_2 复合镀层电极的腐蚀电流密度相对较小。综合考虑，掺杂 CNT 为 20g/L 时，β-PbO_2 复合镀层电极材料的耐腐蚀性能最好。可能是由于 CNT 沉积到基质 β-PbO_2 中，细化镀层晶粒，有效地填充晶粒间的缝隙，导致镀层的孔隙度下降，使得镀层的耐腐蚀提高。同时，CNT 的浓度在 20g/L 时，在镀层上的沉积量最多，镀层的耐腐蚀最好。

5.7.3.3 循环伏安曲线

掺杂不同含量的 CNT，制备 β-PbO_2 复合镀层。以 50g/L 的 Zn^{2+} 和 150g/L 的 H_2SO_4 溶液为介质，温度为 35℃，进行循环伏安曲线扫描。图 5-36 为添加不同 CNT 含量的循环伏安曲线。

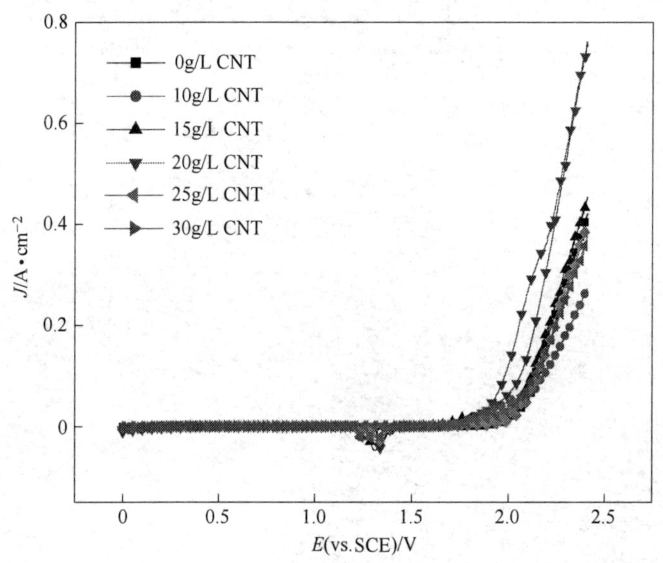

图 5-36 不同 CNT 浓度下的 β-PbO_2 复合镀层的循环伏安曲线

从图中可以看出，扫描电位范围在 0~2.4V 之间，正向扫描只有一个氧化峰，反向扫描有两个还原峰。根据电极反应的电极电位可以判断正向扫描的氧化峰应为析氧反应（$2H_2O = O_2 + 4H^+ + 4e^-$），反向扫描的还原峰应为 PbO_2 还原成 Pb^{2+} 和 PbO 的还原峰。第一个还原峰为 PbO_2/$PbSO_4$ 还原峰，第二个应为 PbO_2/PbO 的还原峰。添加 CNT 后，正向出现析氧峰，反向出现还原峰。可见掺杂 CNT 不会改变 PbO_2 镀层电极的反应机理。但是，还原峰的位置发生左偏移，并且随着 CNT 的添加，还原峰呈减小趋势，当添加量超过 20g/L 时，还原峰变大。

通常认为循环伏安曲线可体现电极反应的可逆性，以及电极可逆性的好坏，电极上活性元素的氧化还原电位及反应程度。通常认为阳极材料伏安电荷（q^*）与材料表面活性面积成正比。因此认为 q^* 的大小可以判断电极材料的电催化活性[15]。选取析氧电位和析氢电位之间的循环伏安曲线进行图解积分，得到阳极材料的伏安电荷（q^*），如图 5-37 所示。通过电解液离子强度和能斯特公式，在 50g/L 的 Zn^{2+} 和 150g/L 的 H_2SO_4g/L 溶液为介质，温度为 35℃ 的条件下，计算析氧平衡电位为 1.36V，参比电极的平衡电位为 0.238V。

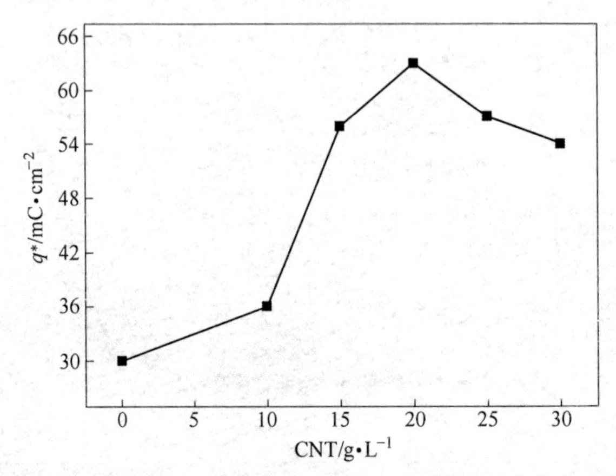

图 5-37　不同 CNT 浓度下的 β-PbO_2 复合镀层的伏安电荷

根据图 5-37 得到，添加 CNT 的量为 20g/L 时，β-PbO_2 复合镀层材料的伏安电荷最大，说明该材料的电催化活性最好，不添加 CNT 时 β-PbO_2 镀层材料的伏安电荷最小。q^* 先随着 CNT 的含量增加而增加，当 CNT 增加到 20g/L 以后，q^* 呈现出减少趋势。在 β-PbO_2 镀层材料中添加适量的活性物质 CNT 可以增大镀层的有效活性面积，改善电极的催化活性。

参 考 文 献

[1] 叶匀分，王志宏．采用过电位阳极处理废水的研究［J］．1999（11）：18-21.

[2] Feng J，Johnson D C. Electrocatalysis of anodic oxygen-transfer reaction：alpha-

lead dioxide electrodeposited on stainless steel substrates [J]. APP electrochem, 1990 (20): 116-124.

[3] 张殿宏. 不锈钢基 Sb 掺杂 SnO_2 阳极的制备及催化性能研究 [D]. 黑龙江: 黑龙江大学, 2009.

[4] 宋曰海. 不锈钢基不溶性催化电极的制备及其对难降解有机废水的电催化降解作用 [D]. 北京: 北京工业大学, 2007.

[5] 赵强, 蒲俊文, 周舒珂, 等. 不锈钢基 PbO_2 电极电化学漂白三倍体毛白杨化学浆的研究 [J]. 北京林业大学学报, 2009, 31 (1): 143-147.

[6] 丁于红, 杨丽琴, 朱成定, 等. 不锈钢基 PbO_2 电极电催化氧化降解甲基橙性能的研究 [J]. 化学工程师, 2009, 170 (11): 36-39.

[7] 张惠灵, 王晶, 彭晓兰, 等. 不锈钢基 PbO_2 电极的制备及其降解活性艳兰的研究 [J]. 环境工程, 2009, 27 (4): 6-9.

[8] 刘伟, 常立民, 计晓旭, 等. 不锈钢基二氧化铅涂层阳极的制备及电化学性能 [J]. 电镀与涂饰, 2011, 30 (7): 1-4.

[9] 石凤浜, 陈步明, 郭忠诚, 等. 电流密度对不锈钢基 $\beta-PbO_2-TiO_2-Co_3O_4$ 复合镀层性能的研究 [J]. 电镀与涂饰, 2012, 31 (1): 5-8.

[10] 陈步明, 郭忠诚, 姚金江, 等. 电沉积 $PbO_2-CW-ZrO_2$ 复合电极材料的工艺研究 [J]. 电镀与精饰, 2008, 30 (8): 8-11.

[11] 曹建春, 郭忠诚, 潘君益, 等. 新型不锈钢基 PbO_2/PbO_2-CeO_2 复合电极材料的研制 [J]. 昆明理工大学学报 (理工版), 2004, 29 (5): 38-41.

[12] 苗治广, 郭忠诚. 新型不锈钢基 $PbO_2-WC-ZrO_2$ 复合电极材料的研制 [J]. 电镀与涂饰, 2007, 26 (4): 15-17.

[13] 姚寿山, 李戈扬, 胡文彬. 表面科学与技术 [M]. 北京: 机械工业出版社, 2005.

[14] 张招贤, 钛电极工学 [M]. 北京: 冶金工业出版社, 2000.

[15] 吴红军, 阮琴, 王宝辉, 等. Ru-Co-Ce 复合氧化阳极制备及析氧性能研究 [J]. 稀有金属材料与工程, 2010, 39 (6): 1111-1115.